# Python 数値計算
## プログラミング

### Numerical Computation with **Python**

**幸谷智紀** [著]
Tomonori Kouya

講談社

# ● まえがき

　本書は Python 3 の NumPy および SciPy を利用することを前提に，数値計算の基本を解説したテキストである。浮動小数点演算の基礎から，偏微分方程式の数値解法まで，Python スクリプトを動かしながら理解するというコンセプトで執筆したつもりだが，果たしてその目的が達成できているかどうか，その判断は読者に委ねたい。

　本書のベースとなっているのは「ソフトウェアとしての数値計算」(https://na-inet.jp/nasoft/)で，2007 年までに積み上げてきた講義資料に基づく公開 Web 教材である。完成以来 10 年経つと，さすがに記述が古びてくるので，書き足すなり書き直すなりする必要を感じていたところ，奇特な方から「Python 本を書きませんか？」というお誘いがあり，自分としても近年最も勢いのあるスクリプト言語を本格的に使ってみたい欲求があったので，ホイホイと誘いに乗って古い講義ノートの虫干し作業がてら，書き出し始めたのである。

　実は著者の勤めている大学では MATLAB という，高価だが信頼性の高い数値計算ソフトウェアのサイトライセンスを導入しており，ここ数年は Excel と MATLAB を使いながら講義を行っていた。しかし，MATLAB のライセンスは卒業すると消滅してしまう。何より，高価なソフトウェアなのに，追加料金を要求する有料パッケージが存在していたりするのが気にくわない。Python ならば基本，著名なパッケージは無料で使える。このメリットは大きい。

　加えて，Python では深層学習用の TensorFlow や PyTorch すら無料で利用できるのだし，これらの下支えとして NumPy や SciPy, Autograd などの基本数値計算パッケージが存在している。今の時代向きの「ソフトウェアとしての数値計算」はこれらの基本数値計算パッケージを前提として語るべきであろう。

　ということで書き出したのはよいのだが，内容的に古い所があり過ぎて，全面改稿したりバッサリ削除した章が続出し，当初の予定通りにはなかなか進まなかった。著者の個人的な事情もあり，遅れに遅れて何とか次年度のテキスト印刷期限に間に合ったという次第である。それでも，不慣れな言語に四苦八苦しながら，よくできた数値計算パッケージと戯れるのは楽しい作業であり，関数を呼び出すだけで面倒な処理がスイスイできるようになったのを体験するにつけ，時代は進んでいるなぁと，スクラッチから自分の数値計算ライブラリを構築してきた年寄りとしては感慨深い。その分，数値計算の初心者にとってはハードルが高いと感じるかもしれないが，せっかく先人が積み上げてきたソフトウェアの上に立つことができている状況を楽しむためには，その高みに親しむことも必要であると，あえて手加減せずに具体的な問題を提示してみたのである。実際に動かせるスクリプトを目の前に突き出しているのだから，おおいにチャレンジしていただきたいものである。

なお，本書は講談社サイエンティフィク横山真吾氏の驚異的な粘り腰により，当初予定より 1 年以上遅れながらも完成に至ったものである。本文については Python スクリプトも含めて杉山剛氏に未定稿を通読していただき，有益なご指摘を多数いただいた。両氏の献身的な努力に感謝する。最後に，毎回〆切が近づくたびにイラつく著者を胃袋から支えてくれた妻・幸谷緑の内助の功に感謝申し上げる。

2020 年 8 月 28 日 (金) コロナ禍と遠州茶畑のど真ん中にて

幸谷　智紀

・サポートページ

https://github.com/tkouya/inapy

# ● 目　次

# 第14章　偏微分方程式の数値解法　　　　　　　　　　　　　　229

# 参考文献　　　　　　　　　　　　　　　　　　　　　　　　245

# 問題略解　　　　　　　　　　　　　　　　　　　　　　　247

# 索　引　　　　　　　　　　　　　　　　　　　　　　　　255

# ● 本書で使用する記号と用語

## ● 記号

### 任意の〜，ある〜が存在する

「任意の $x$」　$\forall x$

「ある $x$ が存在する」　$\exists x$

### 代入，近似値

「$a$ に $b$ の値を代入」　　$a := b$

「$a$ と $b$ は近似値」　　$a \approx b$

### 総和，総積

総和　$\displaystyle\sum_{i=k}^{n} a_i = \sum_{i=k}^{n} a_i = a_k + a_{k+1} + \cdots + a_n$

総積　$\displaystyle\prod_{i=k}^{n} a_i = \prod_{i=k}^{n} a_i = a_k \times a_{k+1} \times \cdots \times a_n$

### 数の集合

自然数の集合　$\mathbb{N} = \{0, 1, 2, ...\}$

整数の集合　$\mathbb{Z}$

有理数の集合　$\mathbb{Q}$

実数の集合　$\mathbb{R}$

複素数の集合　$\mathbb{C}$

### 複素数の実数部 (実部)，虚数部 (虚部)，共役複素数

複素数　$c = \mathrm{Re}(c) + \mathrm{Im}(c)\sqrt{-1} \in \mathbb{C}$

・・・の実数部　$\mathrm{Re}(c) \in \mathbb{R}$

・・・の虚数部　$\mathrm{Im}(c) \in \mathbb{R}$

・・・の共役複素数　$\overline{c} = \mathrm{Re}(c) - \mathrm{Im}(c)\sqrt{-1}$

### 床関数，天井関数，符号関数

床関数　$\lfloor 2.75 \rfloor = 2$　$\cdots$ 引数を超えない最大の整数

天井関数　$\lceil 2.75 \rceil = 3$　$\cdots$ 引数より大きい最小の整数

$$\text{符号関数} \quad \text{sign}(x) = \begin{cases} -1 & (x < 0) \\ 1 & (x \geq 0) \end{cases}$$

## 自然対数の底，指数関数，円周率

自然対数の底 $e = 2.718281\cdots$

指数関数 $\exp(x) = e^x,\ e = \exp(1)$

円周率 $\pi = 3.141592\cdots$

## 開区間，閉区間

開区間 $(a,b) = \{x \mid a < x < b\} \subset \mathbb{R}$

閉区間 $[a,b] = \{x \mid a \leq x \leq b\} \subset \mathbb{R}$

## 導関数，原始関数，定積分

1 変数関数 $f(x)$ の導関数 $f'(x) = \dfrac{df}{dx}(x) = \dfrac{df}{dx}$

多変数関数 $f(x_1, x_2, ..., x_n)$ の $x_i$ に関する導関数 $\dfrac{\partial f}{\partial x_i}$

1 変数関数 $f(x)$ の $n$ 階導関数 $f^{(n)}(x) = \dfrac{d^n f}{dx^n}(x)$

1 変数関数 $f(x)$ の原始関数 $\displaystyle\int f(x)dx$

1 変数関数 $f(x)$ の $[a,b]$ における定積分 $\displaystyle\int_a^b f(x)dx$

## ベクトル，行列

$n$ 次元実ユークリッド空間 $\mathbb{R}^n$

$n$ 次元複素ユークリッド空間 $\mathbb{C}^n$

$n$ 次元実ベクトル $\mathbf{x} \in \mathbb{R}^n$

$n$ 次元複素ベクトル $\mathbf{x} \in \mathbb{C}^n$

ベクトルの転置 $\mathbb{R}^n$ or $\mathbb{C}^n \ni \mathbf{x} = [x_1\ x_2\ \cdots\ x_n]^{\mathrm{T}} = \begin{bmatrix} x_1 \\ x_2 \\ \vdots \\ x_n \end{bmatrix}$

$m \times n$ 実行列の集合 $\mathbb{R}^{m \times n}$

$m \times n$ 複素行列の集合 $\mathbb{C}^{m \times n}$

$$\text{行列の転置 } \mathbb{R}^{m \times n} \text{ または } \mathbb{C}^{m \times n} \ni A = \begin{bmatrix} a_{11} & a_{12} & \cdots & a_{1n} \\ a_{21} & a_{22} & \cdots & a_{2n} \\ \vdots & \vdots & & \vdots \\ a_{m1} & a_{m2} & \cdots & a_{mn} \end{bmatrix} = \begin{bmatrix} a_{11} & a_{21} & \cdots & a_{m1} \\ a_{12} & a_{22} & \cdots & a_{m2} \\ \vdots & \vdots & & \vdots \\ a_{1n} & a_{2n} & \cdots & a_{mn} \end{bmatrix}^{\mathrm{T}}$$

$A \in \mathbb{C}^{m \times n}$ の共役　$\overline{A} = [\overline{a_{ij}}]$

$A \in \mathbb{C}^{n \times n}$ がエルミート (行列) $\Leftrightarrow A^* = \overline{A}^{\mathrm{T}} = A$

$A \in \mathbb{R}^{n \times n}$ が対称 (行列) $\Leftrightarrow A^{\mathrm{T}} = A$

$A \in \mathbb{C}^{n \times n}$ の行列式　$|A| = \det(A)$

$A \in \mathbb{C}^{n \times n}$ の固有値　$\lambda(A), \lambda_1(A), ..., \lambda_n(A)$

## ● 数学の予備知識

以下の問いに答えよ。また，回答不能の場合はその理由 (「用語が分からない」「習っていない」「習ったけど忘れた」など) を書け。解答は [→ 各章] を参照せよ。

1. 自然数 ($\mathbb{N}$)，整数 ($\mathbb{Z}$)，有理数 ($\mathbb{Q}$)，実数 ($\mathbb{R}$)，複素数 ($\mathbb{C}$) とは何か？　説明せよ。[→ 第 2 章]

2. $a = 2.3456 \times 10^2$, $b = 3.1415$ とする。このとき，$a+b, ab, a/b$ の値を求めよ。[→ 第 2 章, 第 3 章]

3. 実係数の 2 次方程式 $ax^2 + bx + c = 0$ の解を，四則演算 ($\times, +, -, /$) と平方根 ($\sqrt{\ }$) しか計算できない電卓を使って求めたい。その手順を書け。[→ 第 3 章]

4. 数列 $a_n = ar^n$ $(n = 0, 1, 2, ...)$($r, a$ は実定数) の部分和 $S_n = \sum_{i=0}^{n} a_n$ の極限値 $S = \lim_{n \to \infty} S_n$ が収束する条件を述べよ。また，収束するときの極限値 $S$ を書け。

5. 1 変数関数 $y = f(x)$ が，$x = a$ を含むある区間で $n$ 回連続微分可能であるとする。このとき，$x = a$ におけるこの関数のテイラー展開式を書け。[→ 第 5 章]

6. $n \times n$ 実行列 $A = [a_{ij}]$ $(i, j = 1, 2, ..., n)$ と $n$ 次元実ベクトル $\mathbf{b} = [b_1 \ b_2 \ \cdots \ b_n]^{\mathrm{T}}$ に対して，以下の問いに答えよ。

(a) $\mathbf{b}$ の「長さ」を表す式を書け。[→ 第 6 章]

(b) $A$ の「逆行列」とはどんなものか，説明せよ。[→ 第 7 章]

(c) 連立一次方程式 $A\mathbf{x} = \mathbf{b}$ を満足する $n$ 次元実ベクトル $\mathbf{x}$ が一意に定まる条件を述べよ。[→ 第 7 章]

7. 2 変数関数 $f(x, y) = x^2 + xy + y^2$ のヤコビ行列を求めよ。[→ 第 10 章]

8. 常微分方程式 $\frac{dy}{dx} = f(x, y)$ において，初期値 $y(x_0) = y_0$ が与えられているとき，解 $y(x)$ が一意に定まる条件を述べよ。[→ 第 13 章]

9. 偏微分方程式の具体例を 1 つ以上挙げよ。[→ 第 14 章]

● モジュール・パッケージ読み込み時の略称

NumPy → `np`

NumPy.matlib → `npmat`

matplotlib.pyplot → `plt`

Pandas → `pd`

SciPy → `sc`

SciPy.integrate → `scint`

SciPy.interpolate → `scipl`

SciPy.io → `scio`

SciPy.linalg → `sclinalg`

SciPy.misc → `scmisc`

SciPy.optimize → `scopt`

SciPy.sparse → `scsp`

SciPy.sparse.linalg → `scsplinalg`

SciPy.special → `scspf`

SciPy.stats → `scsta`

# 第1章

# 数値計算と数学ソフトウェア

そして石井は，尾見半左右の文章の中の数値解析という言葉を指して，「池田さんは，数値解析の本をやたらに持っていて，数値解析に尋常ならざる熱の入れ方だった」と語った。

だが，数値解析と突然いわれても私にはさっぱり理解出来ず，あらためて数値解析について問いなおさねばならなかった。

「数値解析というのは，要するに，すべてを近似値に計算するのです。微分とか積分といった高級なものを使わないで，全部加減乗除になおしてやってしまう。あるいは足し算，引き算でやってしまうわけです」

田原総一朗「日本コンピュータの黎明」(文藝春秋)

本書はプログラム言語の1つである「Python(パイソン)」で普通に利用できる機能を使い，さまざまな「数値計算」の技法を解説することを目的とする。言語自体は道具の1つにすぎず，基本的にユーザが環境に合わせて便利なものを使用すればよい。ボールペンで書こうが筆で書こうが，そこに記述された文字が意味するものは同じであるように，本書はC++でもFortranでもJuliaでもなく，Pythonという筆記用具で書いた「数値計算」の解説書である。本章では，まずこの「数値計算」とは何を意味する用語なのかを解説する。

## 1.1 ● 数学と計算

大部分の人々は，多分，

$$数学 = 計算 \tag{1.1}$$

と思っているんじゃないだろうか。

しかし，教養課程で古き良き時代の微分積分や線形代数 (あるいはそれに類似した科目) を叩き込まれた人ならば，式 (1.1) は納得できないだろう。「計算が数学を構成している一要素であることは間違

いない事実だが，せめて

$$\text{数学} \supset \text{計算} \tag{1.2}$$

と書くべきだ。」そう反論するに違いない。

どちらが正しいのか，ということを言い出すと，これは哲学論争になるのでこれ以上深入りしない。

では計算とは何だろう？　これは割と簡単に答えが出る。

> けいさん【計算】
> 1. 数量を計ること。はかりかぞえること。勘定すること。＊三国伝記‐一一・二「殺生は都て計算せず」
> 2. 見積ること。予想すること。「計算に入れる」
> 3. あたえられた数，量，式を一定の規則にあてはめ処理すること。また，未知の数，量，式を公式などを用い，演算の規則にしたがって求めること。「円周率の計算」

「国語大辞典 (新装版)」(小学館) より。

極めて抽象的な物言いであるが，小中高で学んできたすべての「計算」を説明しようとするとこのように言わざるを得ないだろう。特に数学で学んできた「計算」は 3 の意味で使われている。

しかしこの説明も完全ではない。特に 3 の説明の後半「演算の規則にしたがって」の「演算」は，同じ辞書を引けば

> えんざん【演算】
> 計算すること。運算。

と「計算」という言葉を使ってしまっている。これでは説明にならない。

本書では，**演算** (arithmetic) を「最もプリミティブな計算」，例えば四則「演算」のように狭くとらえることにし，「計算」については次のように定義する。

> **定義 1.1　計算 (calculation)**
>
> 　与えられた数，量，式を一定の規則にあてはめて処理すること。また，未知の数，量，式を公式，アルゴリズム (算法，algorithm) に則り，論理的なつながりを考慮しながら求めること。

前半の定義は例えば「$1+(-3) = -2$」「$(x+1)^3 + 4x + 1 = x^3 + 3x^2 + 7x + 2$」というような直線的なものを，後半の定義は「$\Box + (-3) = -2$ となる数を求めよ。」「$x^3 + 3x^2 + 7x + 2 = (x+1)^3 + (4x+1)$」というような，前者のような計算の結果から演繹することを求められるものを指していると考えてよい。

では「数値計算」とはいかなる計算を指す言葉なのか？　以下，このことについて考えることにする。

## 1.2 ● 数値計算とは？

**数値計算**とは，numerical computation の和訳である。文字通りだと「数の計算」ということにな

るが，もっぱら浮動小数点演算 (第 2 章で解説) を使用する計算一般，もしくはそれに関する研究を行う 1 つの学問分野を表す単語として使用される。特に「数値計算」の研究については一般的に**数値解析** (numerical analysis) という名前もよく使用する。本書ではどちらかと言えば親しみの湧きそうな前者をタイトルに使っているが，個人的にはあまり考慮せずにその場の雰囲気に応じて適当に使い分けている。ただし，計算そのものを表すときには後者の名称は使いづらい。

数値計算・数値解析はどのような学問か。ここではトレフェッセン (Trefethen)[39] の定義を引用しておこう。

---

**定義 1.2　数値解析 (numerical analysis)**

数値解析とは，**連続数学** (continuous mathematics) の問題に対するアルゴリズムの研究である。

---

これでは何のことか分からないかもしれない。具体的な問題[14] で考えることにする。

**例題 1.1　ある算額の問題**

東京都浅草の鳥越神社に奉納された算額 (文政 4 年，1821 年) に次の問題がある。単位の寸を省略し，現代風に書き直す。

長軸が 5，短軸が 3 の楕円において，長軸に平行な弦の長さを 4 とする。この弦が楕円から切り取る弧のうち，短い方の長さ $l$ はいくらか？

これがいわゆる連続数学の問題の一例である。早速解いてみることにする。曲線の長さを求める問題であるから，楕円 (長軸の長さを $2a$，短軸の長さを $2b$ とする) の媒介変数表示

$$\begin{cases} x &=& a\sin\theta \\ y &=& b\cos\theta \end{cases}$$

を使って

$$\int_\alpha^\beta \sqrt{\left(\frac{dx}{d\theta}\right)^2 + \left(\frac{dy}{d\theta}\right)^2}\, d\theta = \int_\alpha^\beta \sqrt{a^2\cos^2\theta + b^2\sin^2\theta}\, d\theta$$

$$= a\int_\alpha^\beta \sqrt{1 - \left(1 - \frac{b^2}{a^2}\right)\sin^2\theta}\, d\theta$$

を得る。この問題の場合 $a = 5/2, b = 3/2, \alpha = 0, \beta = \sin^{-1} 4/5$ としたときの弧の長さの 2 倍となるから

$$l = 2\cdot\frac{5}{2}\int_0^{\sin^{-1} 4/5} \sqrt{1 - \frac{16}{25}\sin^2\theta}\, d\theta = \int_0^k \frac{5\sqrt{1 - k^2 x^2}}{\sqrt{1 - x^2}}dx \tag{1.3}$$

を得る。ここで $x = \sin\theta, k = 4/5$ である。

最後の定積分 (1.3) を計算すれば完了する。さて，定積分は通常次のように行われる。関数 $F(x)$, $f(x)$ が

$$\frac{dF(x)}{dx} = f(x)$$

という関係にあるとき，定積分 $\int_\alpha^\beta f(x)dx$ は

$$\int_\alpha^\beta f(x)dx = F(\beta) - F(\alpha)$$

と計算される。しかし，この積分の場合，$F(x)$ を初等関数の有限個の組み合わせで表すことができない。とはいえ，定積分の値は存在しないのかと言えばそうではない。積分区間内で $f(x)$ は連続であることは明らかで，その際には定積分の値は 1 つに確定する。

ではどうするか？ 定積分の計算を「正確に」行うことをあきらめて，「おおよその値」を求めるように方針転換すればよい。定積分 $\int_\alpha^\beta f(x)dx$ が存在しているのであれば，閉区間 $[\alpha, \beta]$ を $n$ 分割し，各分点を $\alpha = x_0, x_1, ..., x_n = \beta$ とすれば

$$\lim_{n \to \infty} \sum_{i=0}^{n-1} f\left(\frac{x_i + x_{i+1}}{2}\right)(x_{i+1} - x_i) = \int_\alpha^\beta f(x)dx$$

となる。無限に細かく短冊に切り，各短冊 (長方形) の面積を足しこんでいけば，それが定積分の値になる。したがって，「無限に」細かくすることは現実には不可能であるが，「ある程度たくさん」細かくしていけば次第に定積分の値に近づいていくことが期待される。つまり $n \gg 1$ であれば

$$\int_\alpha^\beta f(x)dx \approx \sum_{i=0}^{n-1} f\left(\frac{x_i + x_{i+1}}{2}\right)(x_{i+1} - x_i) \tag{1.4}$$

と考えてよい。ここで $\approx$ は左右両辺の値が近いということを表している。

区間を 5, 10, ..., 500 に等分割し，式 (1.4) の右辺の有限和を計算してみると，次のようになる。

| 分割数 | 有限和の値 |
|---:|---|
| 5 | 4.242281574 |
| 10 | 4.248617984 |
| 20 | 4.25030924 |
| 40 | 4.250740169 |
| 100 | 4.250861447 |
| 500 | 4.250883653 |

したがって，この定積分の値は $l = 4.2508\cdots$（正確には $4.250884578818444964257483511671\cdots$）であろうと推察される。

このように，

1. 定積分のような連続的な問題に対しては「離散的 (discrete)」な「近似 (approximate)」を考え
2. 有限回の演算を行うことで解決を図る手順 (アルゴリズム) を探り
3. 実際に計算し，計算結果を検証する

ことを研究する学問を「数値解析」と呼び，この際に行われる計算を「数値計算」と呼ぶことにする。どのような計算であれ，近似を伴う場合は，その結果得られた値，すなわち**近似値** (approximation) がどの程度真の値に近いか，すなわち，**精度** (accuracy) はどの程度かという考察も重要である。これは，どの程度食い違いがあるのか，すなわち，どの程度の量**誤差** (error) があるのか，という考察と同じである。

加えて，アルゴリズムの**手順量** (計算量，complexity) も重要である。同程度の誤差になる近似値を得るためには，計算量の少ないアルゴリズムを使った方が計算時間が短くなるからである。

ただし，このような計算は人力では限りがある。実際，上の表は表計算ソフトウェア (Excel) を用いて計算したものである。現在はパソコンやスマートフォンをはじめとするコンピュータが満ちあふれており，このような単純計算はコンピュータで実行するのが普通である。したがって現在では「数値計算」は，もっぱら，コンピュータ上で行われる例題 1.1 のような計算という意味で用いられている。

> **問題 1.1** 定積分 (1.3) の近似値を式 (1.4) の右辺の有限和を用いて表計算ソフトウェアで計算する方法を説明し，実際に計算してみよ。

## 1.3 ● コンピュータ言語と数値計算

現在の数値計算は，もっぱら Fortran, C, C++ といったコンパイラ言語で記述されたソフトウェアライブラリ，すなわち，実行したい計算機能を多数格納した図書館のようなソフトウェアを利用する。定積分などの定型的な計算については，前述のように定義に戻って近似計算をやりなおすようなことは必要ない。自動車があるのに，10 km の道を自分の足で歩く必要がないのと同じである。

特に近年は，**統合型** (integrated) な使いやすいインターフェースを備えた数学ソフトウェアの利用が盛んであり，シミュレーションにかけたい数理モデルがすでに存在していてその結果にのみ興味がある場合などは，まずは MATLAB, Scilab, Octave や Mathematica, Maple などの統合型数学ソフトウェアに触れてみることをお勧めする。

しかし私は，10 km の道のりを自分の足で歩くように，プログラミング言語を使ってスクラッチから数値計算プログラムを書く体験もある程度は必要と考える。この場合の言語は，前述したコンパイラ言語に限らず，もっと多用途に使われている Python や Julia といったスクリプト言語でもよい。特に後者は，近年，実行速度の向上が著しく，コンパイラ言語と同等のスピードを誇るまでに至っている。本書では，近年，深層学習用途としても広く活用されている Python Version 3 以降のスクリプトによる実行例を示すことで，簡単なアルゴリズムはスクラッチから作って実行し，複雑なアルゴリズムは SciPy や NumPy といった Python に備わっている数値計算用のパッケージライブラリを使っ

```
 1:# integration.py: 定積分計算
 2:import numpy as np
 3:
 4:
 5:# 被積分関数
 6:def func(x):
 7:    return 5 * np.sqrt(1 - 0.8**2 * x**2) / np.sqrt(1 - x**2)
 8:
 9:
10:# 近似定積分
11:def integration(x_start, x_end, function, num_div):
12:    ret = 0
13:    h = (x_end - x_start) / num_div
14:    x = x_start
15:    x_next = x + h
16:
17:    for i in range(0, num_div):
18:        ret += function((x + x_next) / 2) * h
19:        x = x_next
20:        x_next = x + h
21:
22:    return ret
23:
24:
25:# 定積分
26:a, b, n = 0, 0.8, 100
27:print(f'integral[{a:f}, {b:f}] : {integration(a, b, func, n):25.17e}')
```

図 1.1　Python スクリプト例

て実行することで，自分の足を使って歩く楽しみを知ると同時に，自動車ですっ飛ばす快感も得ていただきたいと考えている。

　前節で取り上げた楕円積分を計算する Python スクリプト例 (**図 1.1**) と C プログラム例 (**図 1.2**) をここに掲載する。処理内容はどちらも同じで，

**(3) 被積分関数の値を計算する機能**　　　図 1.1 の 6〜7 行目，　　図 1.2 の 4〜7 行目
**(2) 定積分の計算 (和の計算) を行う機能**　図 1.1 の 11〜22 行目，　図 1.2 の 9〜28 行目
**(1) 実際の計算処理を実行している部分**　図 1.1 の 26〜27 行目，　図 1.2 の 30〜41 行目

となる。まず (1) が実行され，そこから (2) が呼び出されて積分計算が実行される。その際に，(2) へ引数として渡された (3) が必要に応じて呼び出されている，というイメージを思い描いてもらえればよい。ソフトウェアライブラリは (2) や (3) のような機能の集積である。

　私は数値計算を学ぶ上で，プログラミング言語を使いこなすスキルを持つことのメリットとして，次の 2 点を挙げたい。

```
 1:#include <stdio.h>
 2:#include <math.h>
 3:
 4:double f(double x)
 5:{
 6:    return 5.0 * sqrt(1.0 - 0.8*0.8*x*x) / sqrt(1.0 - x * x);
 7:}
 8:
 9:double integral(double x_start, double x_end, double (*func)(double x), \
10:long int num_div)
11:{
12:    double ret, x, x_next, h;
13:    long int i;
14:
15:    ret = 0;
16:    h = (x_end - x_start) / num_div;
17:    x = x_start;
18:    x_next = x + h;
19:
20:    for(i = 0; i < num_div; i++)
21:    {
22:        ret += func((x + x_next) / 2) * h;
23:        x = x_next;
24:        x_next = x + h;
25:    }
26:
27:    return ret;
28:}
29:
30:int main(void)
31:{
32:    long int num_div;
33:    double a, b;
34:
35:    a = 0.0;
36:    b = 0.8;
37:    num_div = 10;
38:
39:    printf("Integral[%f, %f] : %25.17e\n", a, b, integral(a, b, f, num_div));
40:    return 0;
41:}
```

図 1.2　C のプログラム例

## ブラックボックスの内部構造を類推できるようになる

　言語の文法を理解していないと，処理の詳細を把握することは難しい。しかし，このようなソースコードが公開されていれば，そして自分である程度記述することができれば，初めからソースコードが公開されていない統合型数学ソフトウェアだけを使用していたのでは分からない情報を

得ることができる。統合型数学ソフトウェアも，元はプログラミング言語で記述されたソースコードの塊である。ブラックボックス化されたものを扱う上でも，内部構造を類推する上でもプログラミング言語を扱えるスキルがあることが望ましい。

**プログラムのチューニングができるようになる**

統合型数学ソフトウェアの場合，以前よりかなり改善されたとはいえ，実行速度の面でまだ問題がある。自分の実行したいアルゴリズムに不必要な部分を呼び出すオーバーヘッドを極力減らしたり，さらに高速な数値計算ライブラリを利用したりする自由度を確保するにはプログラミング言語を習得するより他に手段がない。

他にも，あまり合理的な理由とは言いがたいが，精神的な自由度が違うことを個人的に挙げたい。商用であれフリーであれ，その統合型数学ソフトウェアでしか動かないスクリプトを作ってしまうと，どうしても実行環境に制限がかかってしまう。将来的にそのソフトウェアを使うことができるかどうかも定かではない。その点，国際規格として完成されているプログラミング言語であれば，ソースコードはたいていの開発環境で再利用可能である。この気楽さは何物にも代えがたい。

プログラミング言語は時とともに変化していくものであるが，一度培った上記のようなプログラミング上のスキルは文法上の相違を超えて活かすことができるのである。

## 1.4 ● 数学ソフトウェアの種別：数値計算と記号処理

「数学ソフトウェア」という言葉はかなり漠然としたものであるが，ここでは Mathematica や MATLAB のような対話型インターフェースを持った統合型ソフトウェアについて考える。

まず，1.2 節で定義した言葉として「数値解析」がある。もう少し説明を付加すると，「狭義の」数値解析とは，数としては CPU やその周辺の回路で直接サポートしている整数や有限桁の浮動小数点数 (後述) を用い，「すべてを近似値」で行われる計算を研究対象とする学問である。計算そのものは「数値計算」という名称で呼ばれる，ということはすでに述べた。

それに対して，人間が普段行う手計算のように

$$p(x) = 3x^2 - 5x + 1$$

という多項式に対して

$$p'(x) = 6x - 5$$
$$\int p(x)dx = x^3 - \frac{5}{2}x^2 + x + C$$

と微分は微分のまま，積分は積分のまま計算した「式」を求めたい場合に用いられるソフトウェアを総称して「数式処理ソフトウェア」と呼び，そのような処理そのものは**数式処理** (formula manipulation)，もしくは**記号処理** (symbolic process) と呼ばれることが多い。数式処理専用のソフトウェアとしては，古くは MACSYMA, Reduce など，現在では Mathematica や Maple が代表的な統合型数式処理ソフ

トウェアである。Python 環境では SymPy という記号処理用のパッケージがある。本書では記号処理は扱わないが，多項式の微積分や，**自動微分** (automatic differentiation) は記号処理的なものと言える。

　ただし，Mathematica は数式処理のみならず，使いやすい GUI やグラフィックスの機能も備え，音声まで扱うことができ，ハードウェアでサポートする範囲の浮動小数点数を使った高速な数値計算の機能も搭載している何でもアリな計算ソフトである。ソフトウェアでのみ浮動小数点数を扱っていた[注1] 従来の数式処理ソフトウェアよりも格段に速い計算が可能になった。以降，その他の数式処理ソフトウェアは Mathematica 同様，GUI を備え，グラフィックスの機能を持ち，浮動小数点数による高速な数値計算の機能もある程度はサポートするようになった。

　MATLAB はこの点，出発点が違っていた。MATLAB の名前は，<u>MA</u>trix <u>LAB</u>oratory の略称であることから分かるように，元々は浮動小数点数による線形計算を簡単に実行できるように対話形式のインターフェースを装備したのが発端であり，ベースはすべて数値計算のライブラリ，特に LAPACK である。ゆえに，MATLAB は「数値計算ソフトウェア」と言える。現在ではグラフ作成機能や文書処理ができるようになってはいるが，計算機能の根本はあまり変化していないようである。MATLAB の計算機能をかなりの部分サポートしているフリーソフトウェアとして Scilab や Octave があるが，これらはソースコードも公開されており，自由に読むことができる。実際，これらのソースコードを眺めてみれば，インターフェースまわりを除いて，現在まで培われてきた信頼ある数値計算ライブラリの集積で成り立っていることが理解できる。

　このように，GUI やさまざまな機能拡張によって一見判別しづらくなってはいるが，Mathematica に代表される「数式処理ソフトウェア」と MATLAB に代表される「数値計算ソフトウェア」の基盤はそれぞれ異なっている。以上をまとめたのが**図 1.3** である。近年の数学ソフトウェアは，**可視化機能** (visualization)，すなわち，処理結果を 2 次元，3 次元のグラフとして表現する機能を備えているのが普通であり，Python の場合は matplotlib パッケージなどが有名である。

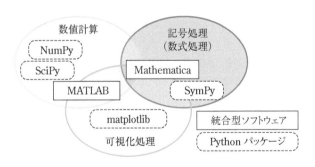

図 1.3　数学ソフトウェアの概念図

　もっとも，Mathematica や MATLAB が利用者を増やしたのは，数値計算ライブラリの整備が進

---

注 1　ハードウェアで直接扱うことのできる浮動小数点数よりも仮数部桁数が多いもの (これを多倍長浮動小数点数と呼ぶ (後述)) を利用できる，というメリットはあったが，計算時間が長くなるという難点がある。

```
In[13]:= Integrate[5 * (1-(4/5)^2*x^2)^(1/2)/(1-x^2)^(1/2), {x, 0, 4/5}] ←記号処理で積分
        を行おうとすると・・・

Out[13]= \!\(5\ EllipticE[ArcSin[4\/5], 16\/25]\) ←これ以上の計算不能

In[12]:= NIntegrate[5 * (1-(4/5)^2*x^2)^(1/2)/(1-x^2)^(1/2), {x, 0, 4/5}] ←数値計算で積
        分を実行すると・・・

Out[12]= 4.25088 ←定積分の値が出る
```

```
$ python3 ← Python 実行
Python 3.6.7 (default, Oct 22 2018, 11:32:17)
[GCC 8.2.0] on linux
Type "help", "copyright", "credits" or "license" for more information.
>>> import sympy ←記号処理パッケージ SymPy 読み込み
>>> x = sympy.Symbol('x') ← x を記号として定義
>>> expr = sympy.integrate(5*sympy.sqrt(1-(4/5)**2 * x**2)/sympy.sqrt(1 - x**
2), (x, 0, 4/5)) ←記号処理で定積分定義
>>> expr.doit() ←実行しても値が出ない
5.0*Integral(sqrt(-0.64*x**2 + 1.0)/
sqrt(-x**2 + 1), (x, 0, 0.8))
>>> import numpy as np ← NumPy 読み込み
>>> import scipy.integrate as scint ← SciPy.integrate 読み込み
>>> scint.quad(lambda x: 5 * np.sqrt(1 - (4/5)**2 * x**2) / np.sqrt(1 - x**2),
0, 4/5) ←近似計算で定積分実行
(4.250884578881845, 4.4397522375861105e-10) ←成功
```

図 1.4　Mathematica(上) と Python(下) の例

み，数式処理の研究が進んだためだけではない。OS 自身が GUI を搭載し，開発環境が提供され，さ
らにそれだけの規模のソフトウェアをスムーズに動作させるパワーを持ったハードウェアが必要であ
る。俗っぽい表現を使えば「時代がそのようなソフトウェアを出現させた」と言える。

　最後に，**図 1.4** で例題 1.1 の積分を，Mathematica と Python で実行する方法およびその結果を載
せておく。使い方の詳細については付属のマニュアルなどを適宜参照されたい。

## 1.5 ● 数値計算実行方法の相違

　Fortran, C, C++といった言語から呼び出して使用するソフトウェアライブラリの場合，コンパイ
ラを使ってソースコードから単独で実行可能な実行プログラムを生成し，数値計算の結果はこの実行
プログラムが吐き出す出力として得る。ライブラリに関数もしくはサブルーチンとして登録された機
能は，コンパイル時にリンクされて実行プログラム内に組み込まれる (静的リンクの場合)。もし，実
行結果に問題が発生したときには，デバッグ作業を行い，ソースコードを修正して再度同じ手順を実
行する (**図 1.5**)。

図 1.5　実行手順：コンパイラ言語利用時 (左)，スクリプト言語利用時 (右)

これに対して，Mathematica や MATLAB といった統合型数学ソフトウェアや，Python や Julia といった動的言語の場合，ソースコードは「スクリプト」という，直接，逐次的に数学ソフトウェアによって解釈され実行可能なプログラムの形式でユーザが作成し，計算結果は即座に得られる。デバッグ作業が必要なときはスクリプトを修正し，再度逐次実行させればよい。ソフトウェアライブラリを用いる場合に比べ，プログラムを修正して結果を再度得るまでの手順が簡潔で，試行錯誤を重ねる段階では利便性が高い。反面，構文解析を行いつつ逐次実行されるため，計算速度が実行プログラムのそれより若干低下することが多かったが，近年は特にスクリプト言語では改善されつつあり，多数のライブラリを効率的に組み合わせて使う目的としては，比較的少ない行数で記述できる Python や Julia といったスクリプト言語の人気が高まっている。

Python では，C プログラムで実装した後コンパイルし，それを動的ライブラリ [注2] として呼び出す機能が手軽に使用できる。NumPy や SciPy で提供されて機能を下支えする部分にはこの連携機能を使い，コンパイラ言語で構築された基盤的高速化ライブラリが使用されている。遅いなと感じる部分を高速化するときには，同様にコンパイラ言語によるプログラムを使用することで，ある程度は解消できるかもしれない。

---

注 2　実行時に必要な機能を読み込むタイプのライブラリ。実行プログラムが小さくなるという利点がある。

# 演習問題

1.1 次の定積分の値を求めよ。どんな方法・ソフトウェアを用いてもよい。

$$\int_0^{\pi/2} \cos(\sin x)\ dx$$

1.2 表計算 (Excel, OpenOffice Calc など), 数式処理 (Mathematica, Maple など), 数値計算 (MATLAB, Scilab, Octave など), コンパイラ言語 (Fortran, C, C++, Java など), スクリプト言語 (Python, Julia など) の, 浮動小数点演算やそれ以外の機能を調べ, その優劣を論じよ。

1.3 数値計算において特に重視される要素は

(a) 求めたい近似値と真の値との「近さ」・・・精度

(b) 近似値を求めるのに要する「時間」・・・計算時間

の2点である。本書で扱っている各種のアルゴリズムを, 異なるコンピュータ環境 (ハードウェア, OS, 言語/アプリケーションソフト) において実行し, これらの2点を調査し, 比較検討せよ。

### 第 2 章

# 数の体系，コンピュータ，浮動小数点数

| | |
|---|---|
| 伊藤 | 「たった 20 坪だけど」 |
| 設計士 | 「20.14 坪ですよ」 |
| 伊藤 | 「4000 万もしたけど」 |
| 不動産屋 | 「4321.5 万円ですよ」 |
| 伊藤 | 「家 3000 万もかかるけど」 |
| 工務店員 | 「2880 万です」 |

伊藤理佐「やっちまったよ一戸建て!!」(双葉社)

　有限のメモリしか持たないコンピュータにおいて，循環しない無限小数を正確に扱うことは原理的に不可能である。そのため，桁数を有限桁に制限した小数ですべての数値計算を行うことになり，そこには理論値との齟齬がどうしても発生する。この齟齬を**誤差** (error) と呼び，誤差を伴いながらも理論値に「近い (approximated)」有限小数を**近似値** (approximation) と呼ぶ。本章ではコンピュータにおける有限小数の表現と計算方法，誤差の定義とその発生のメカニズムについて概略を述べる。誤差をどのように求め，表現するか，誤差がどのように数値計算に影響するかという具体例は，第 4 章で Python スクリプトとともに示す。

## 2.1 ● 数の体系

　小学，中学，高校で学んできた数学において使用してきた「**数** (number)」は 5 種類あった。**自然数** (natural number)，**整数** (integer)，**有理数** (rational number)，**実数** (real number)，**複素数** (complex number) である。これらの数は無限に存在し，それぞれ**集合** (set) としてまとめられ，それぞれ $\mathbb{N}$(自然数の集合)，$\mathbb{Z}$(整数の集合)，$\mathbb{Q}$(有理数の集合)，$\mathbb{R}$(実数の集合)，$\mathbb{C}$(複素数の集合) と太字の大文字で表記される。この 5 種類の数はどのような性質を持っていたか，簡単に復習しておくことにする。
　自然数の集合 $\mathbb{N}$ を本書では

$$\mathbb{N} = \{0, 1, 2, ..., n, ...\}$$

と定義する。0 は自然数に含めないことが多いが，含んでいても困ることはない。また，自然数は他の集合の要素の**添え字** (index) としてよく用いられるが，その際には 0 も使うことが増えてきており，利便性を高める意味でも本書では自然数の 1 つとして考えることにする。

$\mathbb{N}$ は加算 (+)，乗算 ($\times$ または $\cdot$ または省略) に関して閉じている，という性質を持っている。すなわち，すべての自然数 $a, b$ に対して，$a + b$，$ab$ もまた必ず自然数になる。これを $\forall$ (「すべての」の意味) や集合の記号 $a \in \mathbb{N}$ (「$a$ は自然数」の意味) で表現すると

$$\left. \begin{array}{ccc} a + b & \in & \mathbb{N} \\ a \cdot b & \in & \mathbb{N} \end{array} \right\} \text{ for } \forall a, b \in \mathbb{N}$$

と記述できる。

整数の集合 $\mathbb{Z}$ は

$$\mathbb{Z} = \{..., -2, -1, 0, 1, 2, ...\} = \{..., -2, -1\} \cup \mathbb{N}$$

と定義される。自然数に**負** (minus) の整数を追加した集合となっており，加算，乗算だけでなく，減算 ($-$) に関しても閉じている。

有理数の集合 $\mathbb{Q}$ は，これ以上約分できない**既約分数** (irreducible fraction) の集合である。**分子** (numerator) として $\mathbb{Z}$，**分母** (denominator) として 0 を除いた自然数の集合 $\mathbb{N}^* = \mathbb{N} - \{0\}$ を使うと，これらの組み合わせとして表現でき，$\mathbb{Q} = \{p/q \mid p \in \mathbb{Z}, q \in \mathbb{N}^*\} = \mathbb{Z} \times \mathbb{N}^*$ として定義されたものと見ることもできる (**表 2.1**)。

表 2.1　有理数の集合

| 分子 → 分母 ↓ | $\cdots$ | $-2$ | $-1$ | $0$ | $1$ | $2$ | $\cdots$ |
|---|---|---|---|---|---|---|---|
| 1 | $\cdots$ | $-2$ | $-1$ | $0$ | $1$ | $2$ | $\cdots$ |
| 2 | $\cdots$ | $-1$ | $-1/2$ | $0$ | $1/2$ | $1$ | $\cdots$ |
| $\vdots$ | $\vdots$ | $\vdots$ | $\vdots$ | $\vdots$ | $\vdots$ | $\vdots$ | $\vdots$ |

$\mathbb{Q}$ は加算，乗算，減算だけでなく，割る数として 0 を除いた除算 (/) に関しても閉じている。

既約分数は **10 進小数** (decimal fraction) としても表現できるが，有限桁に収まる小数，すなわち**有限小数** (terminating decimal fraction) になるものと，同じ桁パターンが繰り返し無限に連なる**循環 (無限) 小数** (recurring decimal fraction) になるものとに分かれる。

例えば，有限小数 0.3145 は

$$\frac{3145}{10000} = \frac{629}{2000}$$

という既約分数の表現であるが，循環小数 $0.314531453145\cdots$ は

$$0.314531453145\cdots = \lim_{n \to \infty} \sum_{i=1}^{n} 3145 \cdot 10^{-4i}$$

$$= 3145 \lim_{n \to \infty} \sum_{i=1}^{n} 10^{-4i}$$

$$= 3145 \cdot \frac{10^{-4}}{1 - 10^{-4}}$$

$$= \frac{3145}{9999}$$

という既約分数の表現である。いずれの小数も $\mathbb{Q}$ の要素である。

では，循環しない無限小数，例えば

$$\sqrt{2} = 1.4142135623\cdots$$

$$\pi = 3.1415926535\cdots$$

$$e = 2.7182818284\cdots$$

はどうなるのか。これらはいずれも既約分数を四則演算を用いて無限個組み合わせることによって得られるものである (計算方法は第 5 章を参照のこと)。しかしこれらはもはや既約分数として表現できず，$\mathbb{Q}$ の要素ではない。すなわち，$\mathbb{Q}$ は無限回の四則演算に関しては閉じているとは言えない。このような**極限値** (limit value) を考えるためには循環しない無限小数，つまり**無理数** (irrational number) が必要である。

実数の集合 $\mathbb{R}$ は，$\mathbb{Q}$ と無理数の集合を合わせたもので，幾何学的には**数直線** (real line) と同一視することが多い (**図 2.1**)。

図 2.1 　$\mathbb{R}$ の表現としての数直線

$\mathbb{R}$ を構成することによって，四則演算および極限操作すべてに関して閉じた数の集合が完成したことになる。微分積分は実数の存在なくしては成り立たない理論体系である。しかしこれにもまだ不備がある。

実数を係数とする代数方程式の解は必ずしも実数の範囲に収まらない。よく知られているように，2 次 (代数) 方程式

$$x^2 - 3x + 4 = 0$$

の解は $\sqrt{-7}$，すなわち，2 乗すると $-7$ という負の実数になる要素を含まなくてはならない。実数は 2 乗すると必ず正になるので，$\sqrt{-7}$ は実数ではない。すなわち，実数係数 (実係数) の $n$ 次代数方程式 ($n \in \mathbb{N} < \infty$) の解に関しては，$\mathbb{R}$ は閉じていないことになる。

そこで，$\sqrt{-7} = \sqrt{7} \cdot \sqrt{-1}$ と実数とそうでない成分に分離し，$\sqrt{-1} = \mathrm{i}$ もしくは $\sqrt{-1} = \mathrm{j}$ を新た

に**虚数単位** (imaginary unit) と呼び，実数とは異なる数，すなわち**虚数** (imaginary number) を作ることにする。こうして複素数 $\mathbb{C}$ は $\mathbb{R}$ の直積として

$$\mathbb{C} = \{\, a + bi \mid a, b \in \mathbb{R} \,\}$$

のように，実数と実係数の虚数との和として表現される。幾何学的には $\mathbb{R}^2$ 平面と同一視されることが多く，これを**ガウス平面**と呼ぶ (**図 2.2**)。

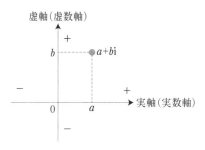

図 2.2　$\mathbb{C}$ の表現としてのガウス平面

　複素数の係数 (複素係数) を持つ $n$ 次代数方程式の解は，重複も込めて必ず $n$ 個存在し，すべて $\mathbb{C}$ の要素となる (代数方程式の基本定理)。よって，$\mathbb{C}$ は四則演算，極限操作，代数方程式の解のすべてに関して閉じていることになる。

　こうして，$\mathbb{N} \subset \mathbb{Z} \subset \mathbb{Q} \subset \mathbb{R} \subset \mathbb{C}$ という包含関係を持つ 5 種類の数の性質を示してきたが，これらはすべて無限個の要素からなる無限集合である。このうち，$\mathbb{N}, \mathbb{Z}, \mathbb{Q}$ は，$\mathbb{N}$ の要素と一対一対応 (単射) が存在する，すなわち自然数の添え字を付けることができる**可算** (countable) 無限集合であるのに対し，$\mathbb{R}$ と $\mathbb{C}$ は**非可算** (uncountable) 無限集合である。

　また，$\mathbb{Q}$ のうち循環小数として表現されるものや無理数は有限小数として表現することはできない。これらの性質はキレイな理論体系の中で扱う分には便利だが，実際に現在のコンピュータで扱おうとすると途端に厄介な問題を引き起こすことになる。

## 2.2 ● コンピュータの構成，bit，byte，2 進表記の自然数

　現在の，ごく一般的な**コンピュータ** (computer) の模式図を**図 2.3** に示す。

　コンピュータ内部における処理の流れを簡単に述べると次のようになる。外部記憶 (SSD，HDD，光ディスクなど) に保存されているファイル (データの塊) や，キーボード・マウスといった入力装置からデータが送り込まれ，一度メインメモリ (RAM) に格納される。処理の途中あるいは最後には，処理されたデータが外部記憶やディスプレイへ出力される。この内部におけるデータのやり取りは，プリント基板に焼き付けられた銅線，**バス** (bus) を介して行われ，データは数百 MHz($10^6$Hz)〜数 GHz 単位のデジタル電気**信号** (clock) に乗って届けられる。ここでいう**デジタル** (digital) とは，自然数の 0 か 1 のどちらかに相当する 2 値信号で，バス 1 本につき 1 桁分が 1 clock ごとに届けられる。すなわ

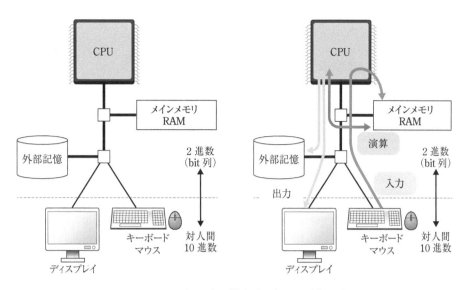

図 2.3 コンピュータの構成 (左) と処理の流れ (右)

ち，この 1 本のバスに乗る 1 桁分の 0 もしくは 1 という値が，コンピュータにおけるデータの最小単位ということになり，これを 1 bit(**ビット**, b) と呼ぶ。このバスは最低 8 本分，つまり 8 b あり，これを 1 byte(**バイト**, B) と呼ぶ。現在の PC はこのバスが 32 b(4 B)〜64 b(8 B) 分あるのが普通である。よって，コンピュータで扱うデータは，このバスに乗る，0 または 1 という 2 値に変換可能な電気信号となるものでなければならない。つまり，1 B のデータは 1 clock で 8 b の 0, 1 の塊，例えば

$$01011010$$

と表現できるようなものでなければならない。これは自然数を **2 進数** (binary number) として表現したものと同一視でき，本書では

$$(01011010)_2$$

と表記する。これは

$$(01011010)_2 = 0 \cdot 2^7 + 1 \cdot 2^6 + 0 \cdot 2^5 + 1 \cdot 2^4 + 1 \cdot 2^3 + 0 \cdot 2^2 + 1 \cdot 2^1 + 0 \cdot 2^0 = 90$$

から，$90 \in \mathbb{N}$ の 2 進表現である。

ただし，2 進表現では桁が長くなりがちなので，実用的には 2 進数を下から 3 桁ずつ束ねて表現した **8 進数** (octal number) や，4 桁ずつ束ねて表現した **16 進数** (hexadecimal number) を，コンピュータ内部のデータ表現として使用する。上記の例では，90 を 8 進と 16 進でそれぞれ表現すると

$$90 = (0 \cdot 2^1 + 1 \cdot 2^0) \cdot 8^2 + (0 \cdot 2^2 + 1 \cdot 2^1 + 1 \cdot 2^0) \cdot 8^1 + (0 \cdot 2^2 + 1 \cdot 2^1 + 0 \cdot 2^0) \cdot 8^0 = (132)_8$$

$$= (0 \cdot 2^3 + 1 \cdot 2^2 + 0 \cdot 2^1 + 1 \cdot 2^0) \cdot 16^1 + (1 \cdot 2^3 + 0 \cdot 2^2 + 1 \cdot 2^1 + 0 \cdot 2^0) \cdot 16^0 = (5a)_{16}$$

となる。16進表現の場合は10〜15までの整数をアルファベットのa〜fで表現することが慣習となっている。

1Bで表現可能なデータの範囲を2進，8進，10進，16進表現すると

| 2進表現 | | 8進表現 | | 10進表現 | | 16進表現 |
|---|---|---|---|---|---|---|
| $(00000000)_2$ | $=$ | $(000)_8$ | $=$ | $0$ | $=$ | $(00)_{16}$ |
| $(00000001)_2$ | $=$ | $(001)_8$ | $=$ | $1$ | $=$ | $(01)_{16}$ |
| $(00000010)_2$ | $=$ | $(002)_8$ | $=$ | $2$ | $=$ | $(02)_{16}$ |
| $(00000011)_2$ | $=$ | $(003)_8$ | $=$ | $3$ | $=$ | $(03)_{16}$ |
| $(00000100)_2$ | $=$ | $(004)_8$ | $=$ | $4$ | $=$ | $(04)_{16}$ |
| $(00000101)_2$ | $=$ | $(005)_8$ | $=$ | $5$ | $=$ | $(05)_{16}$ |
| $(00000110)_2$ | $=$ | $(006)_8$ | $=$ | $6$ | $=$ | $(06)_{16}$ |
| $(00000111)_2$ | $=$ | $(007)_8$ | $=$ | $7$ | $=$ | $(07)_{16}$ |
| $(00001000)_2$ | $=$ | $(010)_8$ | $=$ | $8$ | $=$ | $(08)_{16}$ |
| $(00001001)_2$ | $=$ | $(011)_8$ | $=$ | $9$ | $=$ | $(09)_{16}$ |
| $(00001010)_2$ | $=$ | $(012)_8$ | $=$ | $10$ | $=$ | $(0a)_{16}$ |
| $(00001011)_2$ | $=$ | $(013)_8$ | $=$ | $11$ | $=$ | $(0b)_{16}$ |
| $(00001100)_2$ | $=$ | $(014)_8$ | $=$ | $12$ | $=$ | $(0c)_{16}$ |
| $(00001101)_2$ | $=$ | $(015)_8$ | $=$ | $13$ | $=$ | $(0d)_{16}$ |
| $(00001110)_2$ | $=$ | $(016)_8$ | $=$ | $14$ | $=$ | $(0e)_{16}$ |
| $(00001111)_2$ | $=$ | $(017)_8$ | $=$ | $15$ | $=$ | $(0f)_{16}$ |
| $\vdots$ | | $\vdots$ | | $\vdots$ | | $\vdots$ |
| $(11111110)_2$ | $=$ | $(376)_8$ | $=$ | $254$ | $=$ | $(fe)_{16}$ |
| $(11111111)_2$ | $=$ | $(377)_8$ | $=$ | $255 = 2^8 - 1$ | $=$ | $(ff)_{16}$ |

となる。この256個の自然数にアルファベット・数字・記号を対応させたのが**ASCIIコード**である[注1]。このように，文字，画像，色情報，$\cdots$ コンピュータで扱うすべてのデータは，bit数の長短の違いはあれ，自然数を2進表記したものと同一視されるbit列として表現されるものになっており，入出力の際には10進 $\leftrightarrow$ 2進の変換が伴うことになる。

## 2.3 ● 固定小数点数と浮動小数点数

コンピュータの中ではすべてのデータが，0もしくは1の2値を1桁とするbit列になっている。では，実数はどのようにしてbit列として表現すればよいのだろうか？

前述したように，$\mathbb{R}$ は非可算無限集合である。それに対し，コンピュータが扱うことができるのはbit数によって制限される有限の自然数の集合までである。当然，有限可算集合の要素と，非可算無限集合の要素との間に一対一対応を作ることは不可能であり，よって，コンピュータが実数を正確に表

---

注1　正確にはこのうち7ビット分のみで事足りる。

現することも不可能ということになる。

　理論的に不可能なことをやろうとすれば，そこには必ず妥協が入ることになる。しかし，どうせ妥協するならば，工学的な利便性を伴うように妥協する方法を考えることで，多少の理論的齟齬は目をつぶってもらえるのではないだろうか。その結果生まれたのが**浮動小数点数** (floating-point number) という，**近似** (approximation) 方式である。コンピュータが誕生して以来，実数を bit 列で表現する方法として「不動」の位置を占めている。

　実数を bit 列にする方法は，2 段階の理論的齟齬を経由する。

　まず，使用できる bit 数に応じて，表現できる実数の範囲を有限の範囲に制限する。もし計算結果がこの範囲を超える実数になった場合は，**オーバーフロー** (overflow，桁あふれ) として無限大 ($\pm\infty$, $\pm$Inf) の扱いをする。無限大になる値を含んだ計算結果は数値でない値，すなわち**非数** (Not-a-Number, NaN) として，特別な bit パターンが割り当てられる。

　次に，使用できる bit 数に応じて桁数を決め，すべての実数をこの桁数の小数に落とし込む，つまり近似するのである。「近い」値になるように「似せ」てはいるが，元の実数とは違うものになることが多い。この操作を**丸め** (round-off) と呼び，この近似によって生じる元の値 (真値) とのずれを**丸め誤差** (round-off error) と呼ぶ。この誤差については第 3 章で詳しく述べることにする。

　この，実数を有限桁の小数に近似する方法としては，**固定小数点** (fixed-point) 方式と浮動小数点方式がある。これらの近似によって得られる実数をそれぞれ**固定小数点数** (fixed-point number)，浮動小数点数と呼ぶ。現在ではもっぱら後者が用いられる。

　コンピュータ内部におけるデータ表現は bit 列であるが，説明を簡単にするために以降は 10 進表現を用いてこの 2 つの近似方式について解説する。**基数** (base) が 2 であろうと 10 であろうと，その本質は変わらない。

　例えば，10 進 8 桁しか使えない状況を考えよう。固定小数点方式の場合は，先頭に $\pm$ の符号を表す桁を確保し，残りの桁を小数として扱う。小数点は中央付近に固定 (fixed) しておく。例えば，符号桁を除いて上位桁から 3 桁目に小数点を配置すると次のようになる。

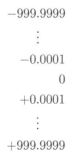

　この場合，表現可能な実数の範囲は

$$-999.9999$$
$$\vdots$$
$$-0.0001$$
$$0$$
$$+0.0001$$
$$\vdots$$
$$+999.9999$$

となる。$\pm 1000$ 以上の実数はすべてオーバーフローとして処理され，無限大 (inf) と同じ扱いとなる。

これはいかにも範囲が狭い。

それに対し，浮動小数点方式は，**小数部分** (fraction) を**仮数部** (mantissa) として確保し，加えて，**指数部** (exponent) を設け，基数の指数部ベキ乗を掛け合わせて小数点を**浮遊** (floating) させるようにする。例えば，先と同じ 10 進 8 桁しか使えない場合で，符号部に 1 桁，仮数部に 5 桁，指数部に 2 桁 (1 桁分は指数の符号部) 割り当てたとする。小数点は仮数部の 1 桁目と 2 桁目の間におくと，次のような形になる。

$$
\begin{array}{cccccccc}
1 & 2 & & 3 & 4 & 5 & 6 & 7 & 8 \\
\boxed{\pm}\;\boxed{\phantom{0}} & & . & \boxed{\phantom{0}}\;\boxed{\phantom{0}}\;\boxed{\phantom{0}}\;\boxed{\phantom{0}} & & & & \boxed{\pm}\;\boxed{\phantom{0}}
\end{array}
$$

この場合，表現可能な実数の範囲は

$$-9.9999 \cdot 10^{+9}$$
$$\vdots$$
$$-1.0000 \cdot 10^{-9}$$
$$-0.9999 \cdot 10^{-9}$$
$$\vdots$$
$$-0.0001 \cdot 10^{-9}$$
$$0 \cdot 10^{0}$$
$$+0.0001 \cdot 10^{-9}$$
$$\vdots$$
$$+0.9999 \cdot 10^{-9}$$
$$+1.0000 \cdot 10^{-9}$$
$$\vdots$$
$$+9.9999 \cdot 10^{+9}$$

となり，同じ桁数でも，固定小数点方式に比べて圧倒的に広い範囲の実数を扱うことができる (**図 2.4**)。指数部の桁数を増やせばさらにその差が広がるが，仮数部の桁数が減るため近似の**精度** (precision) は落ちる。浮動小数点数の桁数とは，この仮数部に割り当てられた桁数を指す[注2]。今の場合は 10 進 5 桁の浮動小数点数ということになる。浮動小数点数は基本，仮数部の最大桁が 0 にならないよう指数部を調整して表現する。この調整を**正規化** (normalization) と呼び，正規化が可能な浮動小数点数を**正規化数** (normal number) と呼ぶ。指数部が最小値 (図 2.4 の場合は $10^{-9}$) の場合，最小指数のまま仮数部の桁数の範囲内で数値を表現する。このような浮動小数点数を**非正規化数** (unnormal number) と呼ぶ。この場合は絶対値が $0.9999 \times 10^{-9}$ から $0.0001 \times 10^{-9}$ が非正規化数，それ以外の絶対値が $1.0000 \times 10^{-9}$ から $9.9999 \times 10^{+9}$ までが正規化数である。

以降は，この浮動小数点方式による実数の近似方法，浮動小数点数のみ扱うことにする。現在幅広

---

注 2 本書では，計算に使用する浮動小数点数 (の仮数部) の桁数を精度桁 (precision)，計算結果として得られた近似値の有効桁数 (accuracy) という使い分けを行っている。

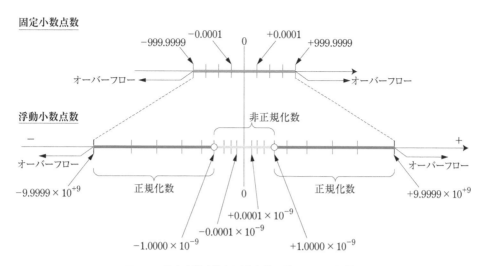

図 2.4　固定小数点数と浮動小数点数の表現可能範囲

く使用されている浮動小数点数は 2 を基数とする IEEE754 規格 (IEEE754 standard)(次章参照) である。しかし，人間が直接扱うには不都合であるため，入出力にはもっぱら 10 進表記が用いられる。本書でも説明のための例題は 10 進表記を採用するが，実際に計算されるのは 2 進に変換されたものであることを常に忘れてはならない。

　最後に，この 10 進 5 桁の浮動小数点数を用いた計算を実行してみよう。

$$\frac{1}{3} + \frac{9}{2}$$

もちろんこの答えは $29/6 = 4.8333\cdots$ である。この真値を覚えておこう。

　計算は，加算される 2 数を浮動小数点数に変換してから実施される。まず 1/3 は

$$\frac{1}{3} = 0.33333\cdots$$

$$\downarrow 正規化 (仮数部の桁を合わせる)$$

$$= 3.33333\cdots \times 10^{-1}$$

$$\downarrow 丸め (仮数部 6 桁目を四捨五入)$$

$$\approx 3.3333 \cdot 10^{-1}$$

と変換される。10 進 5 桁に収まらない場合は，このように仮数部 6 桁目以降を丸める。具体的には，10 進数の場合，6 桁目が 5 以上であれば 5 桁目に 1 を加えて 6 桁目以降を切り捨て，4 以下であればそのまま切り捨てる。これを四捨五入方式と呼ぶ。この方式は丸め誤差を極力小さくすることができるため，**RN**(round to nearest) **方式**とも呼ばれる。

　9/2 も同様に

$$\frac{9}{2} = 4.5$$
$$= 4.5000 \cdot 10^0$$

と変換される。この場合は丸め誤差は発生しない。

次に加算を行う。指数部を大きい方に揃えてから実行する。

$$
\begin{array}{r}
3.3333 \cdot 10^{-1} \quad = \quad 0.33333 \cdot 10^0 \\
+) \quad 4.5000 \ \ \cdot 10^0 \\
\hline
4.8333\boxed{3} \cdot 10^0 \\
\downarrow 丸め \\
4.8333\boxed{\phantom{0}} \cdot 10^0
\end{array}
$$

こうして，$4.8333 \cdot 10^0$ という結果を得る。

以上をまとめると，浮動小数点数同士の演算は

1. 2 数を入力し，浮動小数点数に変換する
2. 演算して，桁数に収まらなければ丸める
3. 演算結果の出力

となる。実際にはさらに，入力時には 10 進 →2 進変換，出力時には 2 進 →10 進変換が行われ，演算も 2 進演算で実行される。

このように，コンピュータにおける数値計算は，外部から与えるデータと，実際に計算されるデータの形式が異なるものであり，入力時，あるいは演算実行時には必ず変換および丸めという操作が実行され，**近似値による近似計算が行われている**ということになる。真値による正しい実数計算とのずれが生じることになるが，有限桁の 2 進浮動小数点数のみを扱うようにしたことで，非常に高速な計算が可能になっているという「工学的利便性」がもたらされたことも見逃してはならない。近似という理論的齟齬と，演算の高速性という工学的利便性，この二者は互いにトレードオフ (trade-off，「あちらが立てばこちらが立たず」の意味) の関係にある。

## 2.4 ● 丸め方式

任意の実数を有限桁の浮動小数点数に丸める方法としては，10 進数の場合，四捨五入方式と切り捨て方式がある。例えば 10 進 5 桁の浮動小数点数を使用しているときに，±1.23456 という値が与えられると，四捨五入方式では ±1.2346 へ，切り捨て方式では ±1.2345 へ丸められる。この場合，どちらの方式でも符号によらずに丸められた後の浮動小数点数が決定される。

この 2 つの方式を任意の $p$ 進数 ($p > 0$ は偶数) の場合でいうと，$p/2 - 1$ 捨 $p/2$ 入方式と切り捨て方式ということになる。

$p/2 - 1$ 捨 $p/2$ 入方式は，丸める前の実数 $a$ と距離的に最も近い浮動小数点数に丸める (round to nearest) 方式である。よってこれを **RN 方式** と呼び，常に RN 方式で丸められる浮動小数点演算の状

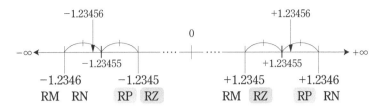

図 2.5 　丸め方式による違い

態を **RN モード** (RN mode) と呼ぶ。

　それに対して，切り捨て方式は数直線 (**図 2.5**) でいうと，常に 0 に近い方向へ丸める (round to zero) 方式であると言える。これを **RZ 方式**と呼び，この方式で常に丸められる状態を **RZ モード** (RZ mode) と呼ぶ。

　これ以外にも，現在の浮動小数点演算の主流である IEEE754 規格 (IEEE754 standard) においては 2 つの丸め方式 (RM, RP) が取り入れられており，合わせて 4 つの丸めモード (RN, RZ, RM, RP) の設定ができるようになっている。実際の IEEE754 規格は 2 進法ベースであり，RN 方式については，仮数部を最近値に近い偶数に丸める (round to even) という方式をとっていて，厳密な 0 捨 1 入計算ではないが，実用的にはそれに近いものと考えてよい。これをまとめたものを図 2.5 に示す。

　追加された RM, RP モードは丸められる実数の符号によって変化する方式である。これを例で示そう。

　RM 方式 (モード) は常に $-\infty$ 方向へ丸める (round to minus infinity) 方式である。この場合は $-1.23456$ は $-1.2346$ へ，$+1.23456$ は $+1.2345$ へ丸められる。

　RP 方式は，常に $+\infty$ 方向へ丸める (round to plus infinity) 方式である。この場合は逆に $-1.23456$ は $-1.2345$ へ，$+1.23456$ は $+1.2346$ へ丸められる。このように，RM, RP 方式では実数の符号によって丸めの方向が変化する。

　これらの丸めモードをうまく活用することで，有限桁の浮動小数点数が丸め誤差によってどの程度影響を受け，どの程度正しいのかを調べることができる。これについては第 4 章で解説する。

# 演習問題

2.1 $a = 2.3456 \times 10^2$, $b = 3.1415$ であるとき，$a+b$, $a-b$, $ab$, $a/b$ の値を 10 進 5 桁の浮動小数点演算によって求めよ。なお，丸めは四捨五入方式で行うものとする。

2.2 1 次方程式 $\sqrt{2}x - 3 = 2/3$ の解を 10 進 5 桁の浮動小数点演算で求めよ。

2.3 32 bit で表現可能な自然数の範囲を求めよ。また 64 bit で表現可能な自然数の範囲も求めよ。

2.4 任意の循環小数 $0.a_1a_2a_3a_4a_1a_2a_3a_4\cdots = 0.\dot{a_1}a_2a_3\dot{a_4}$ を分数形に変形する方法について説明し，実際に循環小数 $0.\dot{1}2\dot{3}\dot{4}$ を既約分数形に変換せよ。

2.5 1 坪 (ツボ) は，一辺の長さが 1 間 (ケン) の正方形の面積のことである。1 間は 6 尺 (シャク) であり，1 尺は 10/33 メートル (m) である。20.14 坪は何平方メートル (m$^2$) か，10 進 5 桁の浮動小数点数として答えよ。

2.6 $\pm\sqrt{2}$ を RN, RZ, RM, RP 方式でそれぞれ 10 進 5 桁の浮動小数点数に丸めよ。

### 第 3 章

# Pythonことはじめ

Pythonはパワフルで高速，ライブラリも豊富で，どんな環境でも動作します。フレンドリーで学びやすく，しかもオープン。Pythonを使った人たちが虜になるのも当然です。

https://www.python.org/about/

　本章では，以降の章で用いる必要最小限のPythonプログラミング技法とNumPyやSciPyといった数値計算には欠かせないパッケージの使用方法を述べる。ここで示したPythonスクリプトが動作するかどうか，必ず実行して確認し，これ以降の章を読み進めていただきたい。あわせて，浮動小数点演算ではつきものの誤差が悪さをする例も，スクリプトとともに示す。

## 3.1 ● Pythonの実行方法

　PythonはWindows, Linux, macOSといった主要なOSで動作する，スクリプト言語とその実行環境の総称である。本書で使用するPythonスクリプト(プログラム)は，Version 3.6.7以降で動作確認したものを使用する。実際にはLinux環境としてはUbuntu 18.04 LTS x86_64，Windows環境としてはWindows 10 Enterprise 64 bitを使用して動作確認を行っている。

　以下，コマンドライン環境で動作させることを前提に，Pythonスクリプトを実行していくことにする。Linuxでは「端末」もしくは「ターミナル (terminal)」，Windowsでは「PowerShell」もしくは「コマンドプロンプト」でPythonインタプリタが動作できるようになっているものとする。

　まず，コマンドライン環境で，Pythonインタプリタが動作するかどうかを確認してみよう。通常は`python`コマンドで起動する。下記はWindows 10でPython 3.7.3を起動したときの画面出力である。

```
$ python ← python コマンドをコマンドラインから実行
Python 3.7.3 (tags/v3.7.3:ef4ec6ed12, Mar 25 2019, 22:05:12) [MSC v.1916 64 bit
 (AMD64)] on win32
Type "help", "copyright", "credits" or "license" for more information.
>>> ←入力待ちで止まる
```

古い Python が同居している環境では下記の Ubuntu 環境のように，python3 と入力する必要があるかもしれない。

```
$ python3
Python 3.6.7 (default, Oct 22 2018, 11:32:17)
[GCC 8.2.0] on linux
Type "help", "copyright", "credits" or "license" for more information.
>>> ←入力待ちで止まる
```

以降は Python インタプリタの起動は「python」コマンドで行うものとする。必要に応じて自分の環境に合わせて読み替えていただきたい。

■1行ずつ実行する方法　プロンプト >>> が出たら，早速最初の命令，print(' こんにちは，　Python!')を実行してみよう。次のように「こんにちは，　Python!」と表示されていれば実行成功である。

```
>>> print('こんにちは，Python!') ←ここを打ち込む
こんにちは，Python! ←標準出力に文字列' こんにちは，　Python!' が表示される
>>> ← Python プロンプトに戻る
```

このように，Python では C/C++ のようなコンパイラ言語とは異なり，実行文を1行ずつ実行しては結果を見ながら対話的 (interactive) に使用することができる。単純な計算処理などを実行する際には便利である。

■ Python スクリプトを一括して実行する方法　複雑な処理を一気に実行したいときには，あらかじめ処理内容を UTF-8[注1] で記述されたテキストファイルである Python スクリプトとして作成しておき，Python コマンドに引数としてこの Python スクリプト名を与える。
　例えば，先の処理を実行するためには下記のようなスクリプト (hellow.py) を書いておく。#以降は無視されるので，コメントなどを書いておくとよい。本書ではファイル名と処理内容を冒頭に書いておくようにする。

---

注 1　Unicode という国際規格で決められた全世界の文字を，8 bit 単位でエンコードする方式。

listing 3.1　hellow.py

```
1  # hellow.py: 最初のPython スクリプト
2  print('Hellow, Python!')
```

このファイルができたら，例えばコマンドプロンプトのカレントフォルダ (ディレクトリ) と同じフォルダ位置に保存しておき，

```
$ python hellow.py ← hellow.py を実行
Hellow, Python! ←指定した文字列を標準出力に表示
$ ←コマンドプロンプトに戻る
```

として実行する。

問題 3.1　自分の学籍番号と氏名を標準出力に表示する Python スクリプト `myname_print.py` を作成して実行せよ。

## 3.2 ● 変数とデータ型

C/C++とは異なり，Python では使用したい箇所で新規に変数を使用することができる。データ型の指定も自動的に行われる。例えば，listing 3.2 に示すスクリプト (`variable.py`) では，1(整数型, int), 3.0(浮動小数点型, float), '文字列'(文字列型, str) を格納する変数型は自動的に規定されていることが分かる。

listing 3.2　variable.py

```
1   # variable.py: 変数とデータ型
2   a = 1
3   b = 3.0
4   c = '文字列'
5   print('type(a) = ', type(a))
6   print('type(b) = ', type(b))
7   print('type(c) = ', type(c))
8
9   a = '1'
10  print('type(a) = ', type(a))
```

実際，これを実行すると下記のような結果を得る。変数 a は最初は整数型になっているが，文字列として'1' が代入されると文字列型に変更されていることが分かる。

```
type(a) =  <class 'int'>
type(b) =  <class 'float'>
type(c) =  <class 'str'>
type(a) =  <class 'str'>
```

## 3.3 ● IEEE754 浮動小数点数演算

　本書では，特に指定しない限り，数値計算では浮動小数点型 (float) を使用する。Python における標準は IEEE754-1985 規格で定められている，2 を基数とする**倍精度** (double precision) 形式である。

　2 を基数とする，**図 3.1** に示すような有限桁の浮動小数点表現を，IEEE754-1985 規格の，**単精度** (single precision)・倍精度と呼ぶ。それぞれ binary32, binary64 とも表記する。Intel や AMD などの CPU では拡張倍精度も使用可能であるが，これは規格外の浮動小数点形式である。単精度や倍精度の仮数部が実際の bit 列より 1 bit 分長いのは，最初の bit が必ず 1 になるように正規化されるため，実際にはその分は削ってあるからである。これを**ケチ表現** (economical expression) もしくは**隠れビット** (hidden bit) と呼ぶ。通常，プログラミング言語で単精度・倍精度の値を 10 進数の文字列として出力すると，例えば 10.65387 は

```
10.65387
0.1065387e+02
1.065387e+01
1.065387e+1
1.065387e1
1.065387E+01
1.065387D+01
1.065387Q+01
```

のようになる。e や E, D, Q の前が 10 進数に変換後の仮数部，後ろが指数部を示している。Python の場合は，listing 3.3 のように書式指定することで，この出力形式を変更することができる。

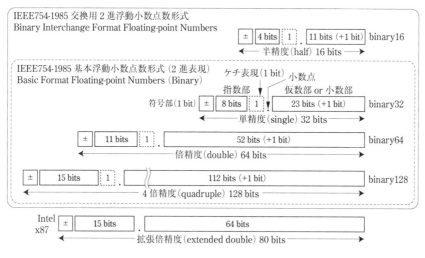

図 3.1　IEEE754 規格

listing 3.3　print_format.py

```
 1   # print_format.py: 型指定出力
 2   a = 10.65387
 3
 4   # 変数埋め込み書式指定
 5   print(f'a = {a:25.17e}')
 6   print(f'a = {a:+15.3f}')
 7   print(f'a = {a:25.17g}')
 8
 9   # format 関数使用
10   print('a = {:25.17e}'.format(a))
```

```
a =    1.06538699999999995e+01
a =            +10.654
a =                    10.65387
a =    1.06538699999999995e+01
```

　有限桁の浮動小数点数は離散的に存在するため，表現可能な数の間には隙間ができる。この隙間は指数部が大きくなるにつれて，絶対的な距離は大きくなるが相対的にはほぼ同じという特徴がある。この間隔をマシンイプシロンと呼ぶ。これにもいくつかの定義方法があるが，本書では以下のように定義する。

---

**定義 3.1　マシンイプシロン**

　1 の次に大きい最小の正の有限桁の浮動小数点数を $1 + \varepsilon_M$ と表現するとき，この $\varepsilon_M$ を**マシンイプシロン** (machine epsilon) と呼ぶ。特に基数 $m$ で仮数部が $p$ 桁の場合，

$$\varepsilon_M = m^{-(p-1)} \tag{3.1}$$

となる。

---

　したがって，IEEE754 規格の場合のマシンイプシロンは

**単精度 (binary32)** $2^{-23} \approx 1.1920928955078125 \times 10^{-7}$
**倍精度 (binary64)** $2^{-52} \approx 2.220446049250313080847263336181 6 \times 10^{-16}$

となる。
　倍精度浮動小数点演算に関する情報は，sys パッケージ内の `sys.float_info` に記してあるので，これを下記の `float_sys.py` を実行して取り出してみよう。

listing 3.4　float_sys.py

```
1  # float_sys.py: 倍精度浮動小数点情報
2  import sys
3
4  print(sys.float_info)
```

そうすれば表 3.1 のような情報を得る。これは Ubuntu 18.04, Intel Core i7-9700K 上で実行したときのものである。IEEE754 倍精度 (binary64) を float 型として利用していることが分かる。

表 3.1　sys.float_info の定義

| 要素名 | 意味 | 数値 |
|---|---|---|
| sys.float_info.max | 表現可能な最大絶対値 | $1.7976931348623157 \times 10^{308}$ |
| sys.float_info.max_exp | 指数部の最大値 | 1024 |
| sys.float_info.max_10_exp | 10 進表記の指数部の最大値 | 308 |
| sys.float_info.min | 正規化可能な最小絶対値 | $2.2250738585072014 \times 10^{-308}$ |
| sys.float_info.min_exp | 指数部の最小値 | $-1021$ |
| sys.float_info.min_10_exp | 10 進表記の指数部の最小値 | $-307$ |
| sys.float_info.dig | 10 進表記の有効桁数 | 15 |
| sys.float_info.mant_dig | 2 進仮数部桁数 | 53 |
| sys.float_info.epsilon | マシンイプシロン | $2.220446049250313 \times 10^{-16}$ |
| sys.float_info.radix | float の基数 | 2 |
| sys.float_info.rounds | 初期丸めモード | 1 |

### 3.3.1　実数の演算

前述したように，コンピュータにおける実数演算はすべて浮動小数点演算で行われる。Python では特に指定しない限りは 2 進倍精度を使用することになるが，人間が解釈できるのは文字列としての形式であるから，入力に際しては文字列→2 進表現，出力に際しては 2 進表現→文字列の変換が必要になる。

listing 3.5　input_print.py

```
1   # input_print.py: input と print
2
3   # a をキーボードから入力
4   a = input('a = ')
5   print('a = ', a, ', type(a) = ', type(a))
6
7   # b をキーボードから入力
8   b = input('b = ')
9
10  # a + b を計算
11  print('a + b = ', a + b)
12
13  # a と b を強制的に float 型に変換
```

```
14    a, b = float(a), float(b)
15
16    # a + b を浮動小数点演算
17    print('a + b = ', a + b)
```

```
a = 3 ← 3 を入力
a =  3 , type(a) =  <class 'str'> ←'3' は文字列
b = 2 ← 2 を入力 (単なる文字列)
a + b =  32   ←文字列の連結
a + b =  5.0 ←浮動小数点演算の結果
```

listing 3.5 ではキーボードから数を入力し，input 関数で受け取って変数 a, b に格納する。入力される値は文字列（'str'）なので，このままでは加算しても文字列の連結にしかならない。float 関数で float 型に変換することで，a と b の和が計算される。

以降では，入力値については必ず float 型（IEEE754 倍精度, binary64）になっているものとして扱う。

四則演算は通常のプログラミング言語同様，加算 (+)，減算 (-)，乗算 (*)，除算 (/) が使用できる。また，下記の初等関数については，math モジュールをインポートすることで使用できる。

**平方根** $\sqrt{x} \to$ sqrt(x)
**指数関数** $\exp(x) = e^x \to$ exp(x)
**べき乗** $a^x \to$ a ** x
**自然対数関数** $\log x \to$ log(x)
**常用対数関数** $\log_{10} x \to$ log10(x)
**正弦関数** $\sin x \to$ sin(x)
**余弦関数** $\cos x \to$ cos(x)
**正接関数** $\tan x \to$ tan(x)
**逆正弦関数** $\sin^{-1} x \to$ asin(x)
**逆余弦関数** $\cos^{-1} x \to$ acos(x)
**逆正接関数** $\tan^{-1} x \to$ atan(x)

下記のスクリプトでは，2 つの実数を入力し，四則演算，平方根，べき乗，指数関数，三角関数，対数関数の計算を行っている。

listing 3.6   float_calc.py

```
1    # float_calc.py: 実数型の計算
2    import math   # 数学関数
3
4    a = input('a = ')
```

```
 5    b = input('b = ')
 6    a, b = float(a), float(b)
 7
 8    # 四則演算
 9    print('a + b = ', a + b)
10    print('a - b = ', a - b)
11    print('a * b = ', a * b)
12    print('a / b = ', a / b)
13
14    # 平方根: math.sqrt
15    print('sqrt(a) = ', math.sqrt(a))
16
17    # べき乗
18    c = math.sqrt(b)
19    print('(sqrt(b))^2 = ', c ** 2)
20
21    # 指数関数, 三角関数, 対数関数
22    print('exp(a) = ', math.exp(a))
23    print('sin(a) = ', math.sin(a))
24    print('cos(a) = ', math.cos(a))
25    print('tan(a) = ', math.tan(a))
26    print('log(a) = ', math.log(a))
27    print('log10(a) = ', math.log10(a))
```

問題 **3.2**　listing 3.6 を参考にして，実係数 2 次方程式 $ax^2 + bx + c = 0$ の係数 $a, b, c$ をキーボードから入力し，解を出力するスクリプト `quadratic_eq.py` を作れ。(ヒント：まず判別式 $d = b^2 - 4ac$ を計算し，これを用いて解の公式

$$x_1 = \frac{-b + \sqrt{d}}{2a}, x_2 = \frac{-b - \sqrt{d}}{2a}$$

を計算して，$x_1$ と $x_2$ を出力すればよい。) 重解になるケース ($d = 0$) と，2 つの異なる実数解になるケース ($d > 0$) の実例を作り，正しい解が出力できていることも確認せよ。

### 3.3.2 複素数の演算

複素数 $c = \mathrm{Re}(c) + \mathrm{Im}(c) \cdot \mathrm{i} \in \mathbb{C}$ は，Python の場合，虚数単位 $\sqrt{-1}$ を `1j` として表現する。実数同様，四則演算も可能である。listing 3.7 では $a = 1.2 + 3.4\mathrm{i}$, $b = 2.3 - 4.5\mathrm{i}$ とし，$a$ と $b$ の四則演算を実行し，その結果を表示している。

listing 3.7　complex_calc.py

```
1    # complex_calc.py: 複素数型の計算
2    a = 1.2 + 3.4j  # 1.2 + 3.4 i
3    b = complex(2.3, -4.5)  # 2.3 - 4.5 i
4    print('a = ', a)
5    print('b = ', b)
```

```
6    print('i = ', 1j, ', i^2 = ', 1j ** 2)
7
8    # 四則演算
9    print('a + b = ', a + b)
10   print('a - b = ', a - b)
11   print('a * b = ', a * b)
12   print('a / b = ', a / b)
```

複素関数は cmath モジュールを読み込むことで使用できる。

**listing 3.8  complex_func.py**

```
1    # complex_func.py: 複素関数の計算
2    import cmath  # 複素関数
3
4    a = 1.2 + 3.4j  # 1.2 + 3.4 i
5    print('a = ', a)
6
7    c = cmath.sqrt(a)
8    print('sqrt(a) = ', cmath.sqrt(a))
9    print('sqrt(a)^2 = ', c ** 2)
10
11   # 指数関数, 三角関数, 対数関数
12   print('exp(a) = ', cmath.exp(a))
13   print('sin(a) = ', cmath.sin(a))
14   print('log(a) = ', cmath.log(a))
15   print('log10(a) = ', cmath.log10(a))
```

問題 3.3  quadratic_eq.py を改良し，任意の実係数 2 次方程式 $ax^2 + bx + c = 0$ の係数 $a, b, c$ に対して，実数解だけでなく，複素数解にも対応させたスクリプト quadratic_eq_c.py を作れ。また，複素数解になる事例 $(d < 0)$ を作り，正しい解が得られるかどうか確認せよ。(ヒント：math モジュールの代わりに cmath モジュールをインポートし，cmath モジュールの sqrt 関数を使用する。)

## 3.4 ● NumPy と SciPy

　本書で扱う数値計算アルゴリズムは，たいがい，SciPy という科学技術計算用のパッケージに含まれている。この下支えを行っているのが NumPy というライブラリで，SciPy が現在の形に整備されるまでは NumPy にも一部の数値計算の機能が取り込まれていた [注2]。その関係で，線形計算などの機能は NumPy にも SciPy にも重複して存在しているが，現在では SciPy の方に最新の機能が取り込ま

---

注 2　Q「NumPy と SciPy の違いは何ですか？」
　　　A「NumPy は配列要素の取り扱いと基本演算だけをサポートし，数値計算ルーチンは SciPy でサポートする，というのが理想形ではありますが，先駆けとなったパッケージとの互換性を持たせるために，SciPy にあれば済むものではありますが，NumPy にも線形計算やフーリエ変換の機能が残っています。(中略) Python で科学技術計算を行うのであれば，NumPy と SciPy の両方をインストールしておくべきで，最新の機能は NumPy ではなく SciPy の方に取り込まれていきます。」　　　　[FAQ on scipy.org より引用]

れるようになっていることから，なるべく高度な機能は SciPy で提供されるものを使うように心がけたい。とはいえ，NumPy にしかない機能もあり，SciPy は NumPy の，特に配列処理の機能に全面的に頼っている構造になっているので，SciPy を使うときには NumPy も同時に使うことになる。本節以降では，なるべくこの Python における科学技術計算の標準的な作法にしたがって，NumPy と SciPy を使っていくことにする。

すでに見てきたように，math モジュールでは実数関数の，cmath モジュールでは複素関数の機能を提供している。SciPy では，さらに複雑な特殊関数もサポートしているため，math, cmath に存在していない機能は NumPy や SciPy にあるかどうか探してみるとよい。

NumPy では math, cmath モジュールに含まれる初等関数の機能も有する。まず，NumPy を読み込み，初等関数など共通の機能を実数の引数と複素数の引数を与えた場合でどのように実行されるかを，下記のスクリプトで確認してみよう。

listing 3.9　NumPy の初等関数

```python
# np_calc.py: NumPy の初等関数機能
import numpy as np  # NumPy
import math  # math モジュール
import cmath  # cmath モジュール

a = -3.0
z = -1.0 + 2.0j

print('a = ', a)
print('z = ', z)

# 平方根: NumPy
print('np.sqrt(a) = ', np.sqrt(a))
print('np.sqrt(z) = ', np.sqrt(z))

# 平方根: math, cmath
# print('math.sqrt(a) = ', math.sqrt(a))  # エラーになる
print('cmath.sqrt(z) = ', cmath.sqrt(z))

# べき乗: NumPy
c = np.sqrt(a)
w = np.sqrt(z)
print('(np.sqrt(a))^2 = ', c ** 2)
print('(np.sqrt(z))^2 = ', w ** 2)

# べき乗: math, cmath
# c = math.sqrt(a)  # エラーになる
w = cmath.sqrt(z)
# print('(math.sqrt(a))^2 = ', c ** 2)
print('(cmath.sqrt(z))^2 = ', w ** 2)

# 指数関数，三角関数，対数関数: NumPy
print('np.exp(a)  = ', np.exp(a))
print('np.sin(a)  = ', np.sin(a))
```

```
35    print('np.log(a)    = ', np.log(a))
36    print('np.log10(a) = ', np.log10(a))
37    print('np.exp(z)    = ', np.exp(z))
38    print('np.sin(z)    = ', np.sin(z))
39    print('np.log(z)    = ', np.log(z))
40    print('np.log10(z) = ', np.log10(z))
41
42    # 指数関数, 三角関数, 対数関数: math, cmath
43    print('math.exp(a)   = ', math.exp(a))
44    print('math.sin(a)   = ', math.sin(a))
45    # print('math.log(a)   = ', math.log(a))   # エラーになる
46    # print('math.log10(a) = ', math.log10(a))  # エラーになる
47    print('cmath.exp(z)   = ', cmath.exp(z))
48    print('cmath.sin(z)   = ', cmath.sin(z))
49    print('cmath.log(z)   = ', cmath.log(z))
50    print('cmath.log10(z) = ', cmath.log10(z))
```

NumPy の場合, 実数関数としては定義域外の値を渡しても NaN(Not a Number, 非数) を返すだけで, math モジュールの関数の場合と異なり, 停止することはない. また, 実数引数でも複素数引数でもきちんと計算していることが分かる. ただし, NumPy では実数関数の値のときには実数値の引数を, 複素関数としての扱いを要求する場合は引数も複素数として与える必要がある.

問題 **3.4** quadratic_eq.py のスクリプトを改良し, NumPy の sqrt 関数を使って, 任意の実係数 2 次方程式 $ax^2 + bx + c = 0$ の係数 $a, b, c$ に対して, 複素数解にも対応させたスクリプト quadratic_eq_np.py を作り, 実数解と複素数解の両方に対応できているかどうかを確認せよ.

## 3.5 ● 絶対誤差, 相対誤差, 有効桁数

誤差の大きさを測る指標としてよく用いられるものは次の 2 つである.

---

**定義 3.2　絶対誤差, 相対誤差**

$a \in \mathbb{R}$ を真値, $\tilde{a} \in \mathbb{R}$ をその近似値とする. このとき

$$E(\tilde{a}) = |a - \tilde{a}| \tag{3.2}$$

を $\tilde{a}$ の**絶対誤差** (absolute error) という. さらに

$$rE(\tilde{a}) = \begin{cases} \left| \dfrac{a - \tilde{a}}{a} \right| = \dfrac{E(\tilde{a})}{|a|} & (a \neq 0) \\ |a - \tilde{a}| = E(\tilde{a}) & (a = 0) \end{cases} \tag{3.3}$$

を $\tilde{a}$ の**相対誤差** (relative error) という.

---

これはベクトル量まで拡大することができる (第 6 章参照)。実際に $E(\tilde{a})$, $rE(\tilde{a})$ を求める際には，真値 $a$ が不明であっても，$\tilde{a}$ よりは $a$ により近い (と思われる) 別の近似値 $\tilde{a}'$ を用いて，

$$E(\tilde{a}) \approx |\tilde{a}' - \tilde{a}| \tag{3.4}$$

$$rE(\tilde{a}) \approx \left| \frac{\tilde{a}' - \tilde{a}}{\tilde{a}'} \right| \tag{3.5}$$

を式 (3.2) や式 (3.3) の代わりに用いる。

$\tilde{a}$ が 1 次元量であるとき，どの桁までが真の値と一致しているかを示す量を用いると便利なことがある。これを次のように定義する。

---

**定義 3.3　有効桁数**

$a \in \mathbb{R}$ を真値，$\tilde{a} \in \mathbb{R}$ をその近似値とする。このとき

$$\lfloor -\log_m rE(\tilde{a}) \rfloor \in \mathbb{N} \tag{3.6}$$

を $m$ 進法における $\tilde{a}$ の **有効桁数** (significant digit) という。$\lfloor x \rfloor$ は $x$ を超えない最大の整数を表す。

---

これは，上から $\lfloor -\log_m rE(\tilde{a}) \rfloor$ 桁は正しい数値であり，$\lfloor -\log_m rE(\tilde{a}) \rfloor + 1$ 桁目が $\log_m rE(\tilde{a})$ の小数部だけ怪しいとみることができる。

問題 **3.5**　真の値 $a = 100000\sqrt{2} = 141421.35623730\cdots$ に対し，近似値 $\tilde{a} = 141421$ が与えられたとする。次の問いすべてに答えられる Python スクリプト `relerr.py` を作れ。

1. 絶対誤差 $E(\tilde{a})$ を求めよ。
2. 相対誤差 $rE(\tilde{a})$ を求めよ。
3. $\tilde{a}$ の 10 進有効桁数を求めよ。
4. $\tilde{a}$ の 2 進有効桁数を求めよ。

■ **Python スクリプト例**　SciPy の関数を NumPy の計算結果と比較して相対誤差を求めるスクリプト `np_sc_calc.py` を下記に示す。この例では $n(= 10)$ 個の $[0, 1]$ 区間における一様乱数 $a$ を生成し，SciPy の特殊関数を集めた special パッケージにある立方根 `cbrt(a)` $= \sqrt[3]{a}$ と，指数関数から 1 減じた `expm1(a)` $= \exp(a) - 1$ を求め，SciPy の結果と NumPy の結果の相対誤差を `tktools.py` に定義した `relerr` 関数を用いて求め，その最大値と最小値を表示している。

listing 3.10　NumPy と SciPy

```
1   # np_sc_calc.py: NumPy と SciPy
2   import numpy as np  # NumPy
3   import numpy.matlib as npmat
4   import scipy.special as scspf  # SciPy.special パッケージ
5
6   # relerr: 相対誤差
7   from tktools import relerr  # tktools.py: 私的作成関数
8
9   n = 10
10
11  # 乱数の種セット
12  np.random.seed(n)
13
14  # n 個の乱数セット
15  a = npmat.rand(n)
16
17  print('a = ', a)
18
19  # 立方根
20  sc_c = scspf.cbrt(a)  # SciPy.special
21  np_c = np.cbrt(a)  # NumPy
22
23  # 相対誤差の最大値と最小値
24  relerr_vec = relerr(sc_c, np_c)
25  print('max(reldiff(sc_c, np_c)) = ', np.max(relerr_vec))
26  print('min(reldiff(sc_c, np_c)) = ', np.min(relerr_vec))
27
28  # expm1(a) = exp(a) - 1
29  sc_c = scspf.expm1(a)
30  np_c = np.exp(a) - 1
31
32  print('SciPy expm1(a) = ', sc_c)
33  print('NumPy exp(a)-1 = ', np_c)
34
35  # 相対誤差の最大値と最小値
36  relerr_vec = relerr(sc_c, np_c)
37  print('max(reldiff(sc_c, np_c)) = ', np.max(relerr_vec))
38  print('min(reldiff(sc_c, np_c)) = ', np.min(relerr_vec))
```

　相対誤差関数 relerr は式 (3.3) に基づいて計算を行い，単一変数でも，リストや NumPy の配列 (ndarray) を与えても求められるようになっている。

listing 3.11　私的作成関数群

```
1   # tktools.py: 私的作成関数群
2   import numpy as np  # NumPy
3
4
5   # 相対誤差のための関数定義
6   def relerr(approx, true_val):
```

```
7      # 絶対誤差の計算
8      relerr = np.abs(approx - true_val)
9
10     # list, ndarray かどうか?
11     if isinstance(approx, (list, np.ndarray)):
12         if true_val.any() == 0.0:  # ゼロが1つでもあるか?
13             nonzero_abs_true_val = []
14             for val in true_val:
15                 if val == 0.0:
16                     nonzero_abs_true_val.append(1.0)
17                 else:
18                     nonzero_abs_true_val.append(np.abs(val))
19         else:
20             nonzero_abs_true_val = np.abs(true_val)
21
22         # 相対誤差の計算
23         relerr /= nonzero_abs_true_val
24
25     # 単一変数の場合
26     else:
27         if true_val != 0.0:
28             relerr /= np.abs(true_val)
29
30     return relerr
```

## 3.6 ● 桁落ちの例とその解決策

絶対値が接近している有限桁の浮動小数点数同士の加算あるいは減算を行った結果，その絶対値が被演算数の絶対値に比べて極端に小さくなるとき，演算結果の相対誤差がその分だけ増大する。この現象を，有効桁数が減少することから**桁落ち** (loss of significant digits) と呼ぶ。

本節では大きな桁落ちを伴う初等的な問題を 2 つ取り上げる。1 つは，数値計算のテキストでは必ず取り上げられる 2 次方程式 (正式には実定数 2 次代数方程式) の解の公式における桁落ちの例，もう 1 つは，これも複雑系の分野では必ず取り上げられるロジスティック写像の例である。

**例題 3.1** 実定数 2 次代数方程式

実定数の 2 次代数方程式

$$ax^2 + bx + c = 0$$

を考える。一般に 4 次までの代数方程式は解の公式が存在する。この場合はよく知られているように，重複も含めた 2 つの解 $x_1$, $x_2$ は

$$x_1 = \frac{-b - \sqrt{b^2 - 4ac}}{2a} \tag{3.7}$$

$$x_2 = \frac{-b + \sqrt{b^2 - 4ac}}{2a} \tag{3.8}$$

である。

今，$a = 1.01$, $b = 2718281$, $c = 0.01$ という係数において，この解の公式 (3.7), (3.8) を素直に適用し，IEEE754 倍精度で計算すると

$$\widetilde{x_1} = -2.69136732673266949 \times 10^6$$
$$\widetilde{x_2} = -3.68840623610090498 \times 10^{-9}$$

となる。$x_2$ の真の値は

$$x_2 = -3.67879553291216532\underline{3}920499\cdots \times 10^{-9}$$

であるから，一致している桁は上位 2 桁止まりである。

2 次方程式の場合，$|b| \gg |ac|$ のとき，$|b| \approx \sqrt{b^2 - 4ac}$ となり，$x_1$ もしくは $x_2$ のどちらかの絶対値が極端に小さくなる。この例では $a, c$ に 10 進→2 進変換の際に丸め誤差が混入し，さらに $\sqrt{b^2 - 4ac}$ の計算で丸め誤差が発生し，分子の加減算の結果，桁落ちが起こって相対誤差が極端に悪化する。 ∎

問題 **3.6** 例題 3.1 の事例が起きることを `quadratic_eq.py` を用いて確認せよ。また，次の 2 次方程式の解を 10 進 5 桁の浮動小数点演算で求め，解の相対誤差を求めよ。

$$3x^2 - 350x + 2 = 0$$

例題 **3.2** ロジスティック写像

桁落ちする計算の例として，ロジスティック写像

$$f(x) = 4x(1 - x) \tag{3.9}$$

を使った，漸化式

$$x_{i+1} := f(x_i) = 4x_i(1 - x_i) \tag{3.10}$$

によって導出される実数列 $\{x_i\}_{i=1}^{100}$ を，IEEE754 倍精度で計算した結果を示す。これを Python スクリプトで記述すると，例えば listing 3.12 のようになる。初期値はすべて $x_0 = 0.7501$ と指定した。この数列の計算は断続的な桁落ちが無限に発生する悪条件な計算の一例である。

桁落ちが発生する理由は，$0 < x_i < 1$ であれば，$1 - x_i$ のところで，必ず少しずつではあるが桁落ちが起こり，この関数の性質から再び桁落ちする領域に $x_{i+1}$ が戻ってくるからである。したがって，断続的に桁落ちした結果，$i$ が大きくなるにつれて，精度が悪化していくことになる。 ∎

listing 3.12　ロジスティック写像に基づく数列計算

```
1   # logistic_function.py: ロジスティック写像
2
3   x = [0.7501]   # 初期値を配列の先頭値に格納
4
5   # x[i+1]に値を追加
6   for i in range(0, 100):
7       x.append(4 * x[i] * (1 - x[i]))
8
9   # x[0], x[10], ..., x[100]を表示
10  for i in range(0, 101):
11      if i % 10 == 0:
12          print(i, ',', x[i])
```

これを実行すると，**図 3.2** のようになる。一見するときちんと計算できているように見えるが，この数列の計算は断続的な桁落ちが無限に発生する悪条件な計算の一例で，$x_{50}$ より先の値はまったく有効桁数がなくなる。

```
$ python3 logistic_function.py
  i,        x[i]
   0,    7.50099999999999989e-01
  10,    8.44495953602201199e-01
  20,    1.42939724528399537e-01
  30,    8.54296020314658677e-01
  40,    7.74995885155205677e-01
  50,    7.95128764501052410e-02
  60,    2.73187240440892098e-01
  70,    5.52530562083362264e-01
  80,    2.16255663995813446e-01
  90,    7.87467937188412348e-01
 100,    2.69706745887651977e-01
```

図 3.2　IEEE754 倍精度 (binary64) でのロジスティック写像計算

　桁落ちの厄介な所は，正確な桁が加減算により失われることにある。この喪失はその桁が正確であるから起こるのであって，**起きるべくして起きている**のである。したがって，このように桁落ちを起こす問題を解決するには，桁落ちが発生しない数値で計算を行うようにするか，桁落ちが発生しても困らないぐらい浮動小数点数の桁数を増やすほかない[注3]。

　前者に比べて後者の解決方法は安易である。詳細は次章に譲るが，任意の桁数を設定できるソフトウェアは数多く存在するので，それらを使えば計算の実行そのものはそれほど面倒なものではない。

---

注3　問題そのものに初期誤差が含まれている場合は，どうやってもその影響を逃れることはできない。ここで議論しているのは，初期誤差ゼロ，すなわち，2 次方程式の係数やロジスティック写像の初期値に誤差は含まれないか，仮数部の桁数を増やすなどして初期誤差の大きさを任意に調整できる場合に限られる。

前者を行うためには，問題の設定そのものを変えてしまうか，アルゴリズムを別なものにして，桁落ちを起こさない数値を出現させるしかなく，これは理論的な背景をよく知っていなければ実行できないものである。数値計算の研究としては大変に興味深いものであるし，ハードウェアで直接処理できる範囲の浮動小数点数だけで処理できればそれに越したことはなく，前者の道をとることが数値計算の「王道」であることは事実であるが，それは誰にでも実行できるものではない。それに反して，後者の方法は，当然計算速度は落ちる上，必要となる記憶容量も多くなるが，安易に実行できるため「ユーザに優しい」方法であると言える。これについては第4章で示すことにする。

2次方程式の場合，アルゴリズムを次のように改良することで桁落ちを防ぐことができることが知られている。

---

**例題 3.3**　　2次方程式の改良

解の公式 (3.7), (3.8) を次のように改良する。まず

$$x_{1'} = \frac{-b - \mathrm{sign}(b)\sqrt{b^2 - 4ac}}{2a} \tag{3.11}$$

として一方の解 $x_{1'}$ を求める。ここで $\mathrm{sign}(b)$ は $b < 0$ のときは $-1$ を，それ以外のときは $1$ を返す関数である。これを計算した上でもう片方の解 $x_{2'}$ を

$$x_{2'} = \frac{c}{ax_{1'}} \tag{3.12}$$

として求める。

こうすることで，桁落ちを引き起こす分子の計算を避けることが可能となる。例題 3.1 で示した係数の例を計算してみると

$$\widetilde{x_1} = -2.69136732673266949 \times 10^6$$
$$\widetilde{x_2} = -3.67879553291216534 \times 10^{-9}$$

となり，ほぼ末尾桁まで精度を回復させていることが分かる。　　　　　　　　■

---

**問題 3.7**　　問題 3.6 の 2 次方程式を改良された上記の方法で求められるよう，Python スクリプト quadratic_eq_mod.py を作成し，桁落ちが防げたことを確認せよ。

# 演習問題

3.1 複素係数の 2 次方程式 $ax^2 + bx + c = 0$ を，cmath モジュールの sqrt 関数を使って求める Python スクリプト quadratic_eq_c2.py を作れ。

3.2 任意の自然数 $n \in \mathbb{N}$ に対し，3 つの整数 $a, b, c \in \mathbb{Z}$ の立方 (3 乗) の和が $n$ となるように選ぶ問題がある。

$$a^3 + b^3 + c^3 = n$$

例えば $n = 6$ のときは $a = -1, b = 2, c = -1$ という組み合わせで

$$(-1)^3 + 2^3 + (-1)^3 = 6$$

となることが分かる。このとき，次の問いに答えよ。

(a) 立方の和 $a^3 + b^3 + c^3$ を計算して表示する Python スクリプト sum_3cubes.py を作れ。

(b) 上記のスクリプトを使って次の計算結果を確認せよ。またなぜそうなるのか，理由も考えよ。(https://wikiwand.com/en/Sums_of_three_cubes より)

$$4^3 + 4^3 + (-5)^3 = 3$$
$$37404275617^3 + (-25282289375)^3 + (-33071554596)^3 = 2$$

### 第 4 章

# 丸め誤差の評価方法と
# 多倍長精度浮動小数点計算

**永坂**[注1] 「でしょうね。その後，計算機によって新しい代数方程式の問題なども出てきた。計算機の回路が全部 10 進で，データ作成もチェックも 10 進でやる場合は解がびっちり出るんです。それが 2 進回路になってからは，10進のデータを 2 進に変換したりする過程で誤差が出るんです。こうした誤差に対する認識は，外国ではしっかりしているんですが，日本人は今でもその辺の認識が甘くて，高精度計算をすればよいと考える傾向が強いようですね」

遠藤諭「計算機屋かく戦えり」(アスキー)

**多倍長浮動小数点数** (multiple precision floating-point number) とは，仮数部の桁数をより多く指定できる浮動小数点数のことを指す。**任意精度** (arbitrary precision) とも呼ぶ。このような浮動小数点数を扱う計算を一般に**多倍長精度計算** (multiple precision arithmetic) あるいは短く多倍長計算と総称することにする。すでに述べたように，Python 標準の浮動小数点数 (float) は IEEE754 倍精度 (binary64) で，これは現在の標準的な CPU では浮動小数点演算ユニット内で直接処理でき，1 つの機械語命令で四則演算や頻繁に使用する初等関数の演算が可能であり，非常に高速に実行できる。それに対し，既存のデータ型を組み合わせて構築される多倍長浮動小数点数の計算は非常に低速で，仮数部の桁数が長くなればなるほど計算時間を要する。それでも，丸め誤差による影響を極力減らさなければユーザの**要求精度** (accuracy) を満足しない悪条件問題には，アルゴリズムは同じものを利用できるので，ユーザフレンドリーではある。

　本章ではまず，前章で取り上げたロジスティック写像 (39 ページ) を用いて丸め誤差の評価方法を示す。丸め誤差の条件を調べるだけならば，必ずしも多倍長精度浮動小数点演算を使う必要はないが，一番正確な評価ができるものである。ここでは，2020 年 3 月現在，Python で利用可能な多倍長計算パッケージである mpmath と gmpy2 の使用事例を紹介する。最後に，これらの多倍長計算パッケージの性能について，加算と乗算だけで実行できる行列乗算を使って計算時間の比較を行う。

---

注 1　元・日本大学教授

## 4.1 ● 丸め誤差計測方法

　有限桁の浮動小数点数に基づく数値計算では，計算過程において丸め誤差が発生する。これを減らす根本的な解決策は，浮動小数点数を使わず整数や有理数で完結するアルゴリズムに変更するか，使用する浮動小数点数の仮数部の桁数を増やしてマシンイプシロン (丸め誤差の最小単位) を小さくするほかない。

　桁落ちする計算の例として，ロジスティック写像によって導出される実数列 $\{x_i\}_{i=0}^{100}$ の事例はすでに 39 ページで示した。初期値はすべて $x_0 = 0.7501$ と指定して計算すると，一見するときちんと計算できているように見えるが，この数列の計算は断続的な桁落ちが無限に発生する悪条件な計算の一例で，$x_{50}$ より先の値はまったく有効桁数がなくなる。

　桁落ちが発生する理由は，$0 < x_i < 1$ であれば，$1 - x_i$ のところで，必ず少しずつではあるが有効桁数が減ってくるためである。この写像の性質から，再び桁落ちする領域に $x_{i+1}$ が戻ってくるため，$i$ が大きくなるにつれて，精度が悪化していくことになる。

　このような丸め誤差の影響が拡大する悪条件問題に対して，誤差を見積もる方法としては

1. IEEE754 丸めモード変更による計算結果の差異を利用する方法
2. 区間演算による厳格な誤差評価法
3. 多倍長精度計算を用いた誤差の正確な算出

の 3 つが考えられ，$1 \to 2 \to 3$ という順に誤差評価のためのコストが増大することが知られている。逆に，誤差評価の正確性という点では，2 は厳格ではあるが過大になるケースが多く，1 より 3 の方がより正確な誤差の見積もりが可能になる。誤差評価のコストと正確性を鑑みると，両者はトレードオフの関係にある。

　以下，これらの方法を Python スクリプトで実行してみることにする。

### 4.1.1　IEEE754 丸めモードを利用する方法

　計算桁数を変えずに丸め誤差を検出する方法として，最も原始的な「職人芸」としては，末尾桁に誤差を混入させ，元の計算結果との差異を測る，というものがある[注2]。これをもう少しシステム的に確実かつ簡単に実行する方法として，IEEE754-1985 浮動小数点演算規格に定められている丸め方式 (丸めモード) を変更することで行う評価法がある[20]。現在，浮動小数点演算ユニットがハードウェアとして備わっている CPU では，デフォルトの丸めモードである RN(round to nearest) の他，$+\infty$ 方向への丸めを行う RP(round to plus infinity)，$-\infty$ 方向への丸めを行う RM(round to minus infinity) が備わっている。計算過程の前にこの丸めモード変更を行い，その際の最大値で相対誤差の評価を行うという簡易的な区間演算のような手法である。また，この評価法は丸め誤差を乱数として考えたときの最大のかたよりを調べているとも解釈できる。丸め誤差を確率変数として考えるというのはヘンリッチ (Henrici)[11] から始まっているが，現在はハイアム (Higham) らが理論的な観点からの確率的誤差評価法を提案している[12]。

---

注 2　古い時代の富士通製 FORTRAN コンパイラにこの機能が付いていたという記録がある。発案者の山下眞一郎 (元・日本大学教授) はこれを「山彦 (echo) システム」と呼称していた。

丸めモード変更のためには，Linux, Windows, macOS それぞれに浮動小数点演算ユニットの状態を変化させるための標準的な関数が備わっており，それを利用すればよい。Linux, macOS では fesetround 関数，Windows では_controlfp_s 関数を使用する。我々は OS によらず Python 環境で丸めモードの設定と確認ができるよう，rmode.py[注3] を作成し，ここで次の 2 つの関数を定義した。

set_rmode **関数** ・・・ FE_NEAREST(RN), FE_UPWARD(RP), FE_DOWNWARD(RM) を引数に与えて丸めモードを変更する。

get_rmode **関数** ・・・ この関数実行時の丸めモードを取得する。

rmode.py を読み込んで，これらの関数を使い，それぞれの丸めモードでの数列 $\{x_n^{\mathrm{RN}}\}$, $\{x_n^{\mathrm{RP}}\}$, $\{x_n^{\mathrm{RM}}\}$ を求め，その差異の最大値 $x_n^{\max} := \max\{|x^{\mathrm{RN}} - x^{\mathrm{RM}}|, |x^{\mathrm{RN}} - x^{\mathrm{RP}}|, |x^{\mathrm{RM}} - x^{\mathrm{RP}}|\}$ を $x_n^{\mathrm{RN}}$ の絶対誤差の評価値として使用する。このスクリプトを listing 4.1 に示す。この結果は **図 4.1** に示したようになり，$x_{50}$ で有効桁数が失われていることが分かる。

listing 4.1　ロジスティック写像 (丸め誤差評価付き)

```
 1  # logistic_function_rmode.py: ロジスティック写像 (丸め誤差評価付き)
 2  import rmode  # 丸めモード変更
 3
 4  # デフォルトモード (RN)
 5  rmode.print_rmode()
 6  x_rn = [0.7501]  # 初期値を配列の先頭値に格納
 7
 8  # x[i+1]に値を追加
 9  for i in range(0, 100):
10      x_rn.append(4 * x_rn[i] * (1 - x_rn[i]))
11
12  # RP モード
13  rmode.set_rmode(rmode.FE_UPWARD)
14  rmode.print_rmode()
15  x_rp = [0.7501]  # 初期値を配列の先頭値に格納
16
17  # x[i+1]に値を追加
18  for i in range(0, 100):
19      x_rp.append(4 * x_rp[i] * (1 - x_rp[i]))
20
21  # RM モード
22  rmode.set_rmode(rmode.FE_DOWNWARD)
23  rmode.print_rmode()
24  x_rm = [0.7501]  # 初期値を配列の先頭値に格納
25
26  # x[i+1]に値を追加
27  for i in range(0, 100):
28      x_rm.append(4 * x_rm[i] * (1 - x_rm[i]))
29
30  # diff_rn_rm, diff_rn_rp, diff_rp_rm
31  rel_diff_rn_rm = [abs((x_rn[i] - x_rm[i]) / x_rn[i]) for i in range(len(x_rn))]
```

---

注 3　https://github.com/tkouya/inapy/tree/master/chapter04

```
32    rel_diff_rn_rp = [abs((x_rn[i] - x_rp[i]) / x_rn[i]) for i in range(len(x_rn))]
33    rel_diff_rm_rp = [abs((x_rm[i] - x_rp[i]) / x_rn[i]) for i in range(len(x_rn))]
34    max_rel_diff = [
35        max(
36            rel_diff_rn_rm[i],
37            rel_diff_rn_rp[i],
38            rel_diff_rm_rp[i]
39        ) for i in range(len(x_rn))
40    ]
41
42    # x[0], x[10], ..., x[100]を表示
43    print('   i,            x_rm[i]         ,             x_rn[i]        ,            x_rp[i]
         ,max_rel_diff')
44    for i in range(0, 101):
45        if i % 10 == 0:
46            print(f'{i:5d}, {x_rm[i]:25.17e}, {x_rn[i]:25.17e}, {x_rp[i]:25.17e}, {max_rel_diff
                 [i]:5.1e}')
```

```
最近偶数値丸め
+Inf への丸め
-Inf への丸め
 i,       x_rm[i]        ,              x_rn[i]       ,        x_rp[i]          ,max_rel_diff
 0, 7.50099999999999989e-01, 7.50099999999999989e-01, 7.50099999999999989e-01, 0.0e+00
10, 8.44495953602235394e-01, 8.44495953602201199e-01, 8.44495953602203309e-01, 4.0e-14
20, 1.42939724494728609e-01, 1.42939724528399537e-01, 1.42939724526234518e-01, 2.4e-10
30, 8.54295985559328397e-01, 8.54296020314658677e-01, 8.542960180805507924e-01, 4.1e-08
40, 7.74953760069827080e-01, 7.74995885155205677e-01, 7.749931773385575201e-01, 5.4e-05
50, 1.09649817246645534e+00, 7.95128764501052410e-02, 8.13185242954565651e-02, 3.8e-01
60, 9.11998235902822794e-04, 2.73187240440892098e-01, 5.22706152743196872e-01, 1.9e+00
(略)
```

図 4.1　ロジスティック写像に基づく数列計算：丸め方式変更を用いた有効桁判定方法

### 4.1.2　区間演算

**区間演算** (interval arithmetic) は，真の値が存在する区間の端点を浮動小数点数で表現し，区間単位で演算を行って誤差を含む区間を常に保つ厳格な演算手法である。区間 $I(a) = [\underline{a}, \overline{a}]$ の左端点 $\underline{a}$ と右端点 $\overline{a}$ を浮動小数点数として表現するためには，真値 $a$ の丸めに際してそれぞれ RM 方式，RP 方式を使用する。こうすることで，$a$ の符号にかかわらず，左右の端点を有限桁の浮動小数点数として表現できるようになる。

区間 $I(a), I(b) = [\underline{b}, \overline{b}]$ に対する四則演算は次のように実行される。ここで $\oplus, \ominus, \otimes, \oslash$ は通常の浮動小数点演算における加減乗除を示す。

$$I(a) + I(b) = [\mathrm{RM}(\underline{a} \oplus \underline{b}), \mathrm{RP}(\overline{a} \oplus \overline{b})]$$

$$I(a) - I(b) = [\mathrm{RM}(\underline{a} \ominus \overline{b}), \mathrm{RP}(\overline{a} \ominus \underline{b})]$$

$$I(a) \times I(b) = [\underline{a \otimes b}, \overline{a \otimes b}] \tag{4.1}$$

ここで

$$\underline{a \otimes b} = \min\{\mathrm{RM}(\underline{a} \otimes \underline{b}), \mathrm{RM}(\underline{a} \otimes \overline{b}), \mathrm{RM}(\overline{a} \otimes \underline{b}), \mathrm{RM}(\overline{a} \otimes \overline{b})\}$$

$$\overline{a \otimes b} = \max\{\mathrm{RP}(\underline{a} \otimes \underline{b}), \mathrm{RP}(\underline{a} \otimes \overline{b}), \mathrm{RP}(\overline{a} \otimes \underline{b}), \mathrm{RP}(\overline{a} \otimes \overline{b})\}$$

逆数は $1/I(b) = [1 \oslash \overline{b}, 1 \oslash \underline{b}]$ となるが，この場合は $0 \notin I(b)$ という前提が必要である．このとき，除法は逆数を用いて $I(a)/I(b) = I(a) \times (1/I(b))$ として求める．

Python には後述する mpmath パッケージに多倍長精度区間演算 (iv 演算) の機能があるが，ここでは IEEE754 倍精度の丸めモード変更だけで実装したクヌーセル (Kneusel)[19] の Interval クラス `interval.py`(listing 4.2) を使用する．Python には演算子の定義ができるクラスが用意されており，コンストラクタ (`__init__`)，加算 (`__add__`) といった固定された関数を定義するだけで，独自のデータ型に対するクラスライブラリが簡単に記述できる．ただし，この機能は後述するように，記述的には楽ができるが，あまり実行効率が良くない．

**listing 4.2 区間演算ライブラリ (一部)**

```
1   # interval.py: 区間演算クラス
2   # R.T.Kneusel, "Numbers and Computers", Springer, 2015.
3   # Interval -> [left, right]
4   import rmode
5   import math
6
7
8   class Interval:
9
10      # 開始前のデフォルト丸めモード
11      default_rmode = rmode.get_rmode()
12
13
14      # コンストラクタ
15      def __init__(self, left, right=None):
16          if right is None:
17              self.left = left
18              self.right = left
19          else:
20              self.left = left
21              self.right = right
22
23
24      # +: 加算
25      def __add__(self, y):
26          rmode.set_rmode(rmode.FE_DOWNWARD)
27          left = self.left + y.left
```

```
28          rmode.set_rmode(rmode.FE_UPWARD)
29          right = self.right + y.right
30          rmode.set_rmode(Interval.default_rmode)
31
32          return Interval(left, right)
```

　区間演算をロジスティック写像計算に使用したスクリプトを listing 4.3 に，実行結果は**図 4.2** に示す。普通に計算するより区間幅が急激に大きくなり，$x_{30}$ で真値の位置が特定できないほど区間が広がり，$x_{40}$ では区間の両端点がオーバーフローして無限大に発散してしまっている。listing 4.1 では $x_{40}$ ではまだ 10 進 4 桁は有効桁数が残っており，明らかに精度が悪化している。このように，単純に区間演算を使うと誤差評価としては過大になりがちで，悪条件問題ではこのような区間の爆発現象が起きることが知られている。反面，区間内には必ず真値を含むことは理論的に保証されているので，コンピュータによる計算結果の厳格な検証方法としてはよく利用されている。

listing 4.3　ロジスティック写像 (区間演算)

```
 1  # logistic_function_interval.py: ロジスティック写像
 2  from interval import Interval  # 区間演算ライブラリ
 3
 4  x = [Interval(0.7501)]  # 初期値を配列の先頭値に格納
 5
 6  # x[i+1]に値を追加
 7  const4 = Interval(float(4))  # const4 := 4
 8  const1 = Interval(float(1))  # const1 := 1
 9  for i in range(0, 100):
10      x.append(const4 * x[i] * (const1 - x[i]))
11
12  # x[0], x[10], ..., x[100]を表示
13  print('    i, [        x[i].left          ,          x[i].right        ]')
14  for i in range(0, 101):
15      if i % 10 == 0:
16          print(f'{i:5d}, [{x[i].left:25.17e}, {x[i].right:25.17e}]')
```

```
    i, [        x[i].left          ,          x[i].right        ]
    0, [   7.50099999999999989e-01,    7.50099999999999989e-01]
   10, [   8.44495953582817260e-01,    8.44495953621622331e-01]
   20, [   1.42919379590904727e-01,    1.42960069692795372e-01]
   30, [  -1.50087739433940874e+03,    8.13706409017080773e+02]
   40, [                      -inf,                        inf]
(略)
```

図 4.2　ロジスティック写像に基づく数列計算：区間演算を用いた有効桁判定方法

### 4.1.3 多倍長精度計算

IEEE754 倍精度を使う限り，仮数部は 2 進 53 bits 固定でしか計算できず，10 進数換算で 15 桁程度の精度しか求められない。そこで，仮数部を可変に伸ばした多倍長浮動小数点数をソフトウェア的に定義し，より長い仮数部桁の浮動小数点数で計算した結果を真値の代わりに利用し，短い桁による計算結果の誤差を正確に見積もることを考える。

Python では mpmath パッケージ[18)] が提供されており，これを使うことで多数桁方式 (52 ページ参照) による任意長の仮数部を持つ浮動小数点演算が実行できる。デフォルトでは Python の整数型を用いた実装が使用されるが，後述する gmpy2 パッケージ[13)] をインストールすると，自動的に GNU MP(GMP)[8)]，MPFR[26)]，MPC[6)] といった高速な任意精度の多倍長演算ライブラリが使用される。これは mpmath パッケージを読み込んだ後，下記のような Python コードで libmp.BACKEND 属性を調べることで判別できる。

```
import mpmath
print('mpmath.libmp.BACKEND = ', mpmath.libmp
.BACKEND)
```

Python の整数演算を利用している場合は python と表示され，gmpy2 をインストールしてある場合は gmpy と表示される。

mpmath で 10 進 40 桁相当の浮動小数点数を用いてロジスティック写像を計算し，10 進 80 桁相当の計算結果と比較することで相対誤差を求めるスクリプトを listing 4.4 に示す。また，その計算結果を**図 4.3** に示す。$x_{100}$ も 10 進 10 桁程度の有効桁数を保っていることが分かる。また，これを比較することで，丸めモード変更による相対誤差の評価が正しいことも見てとれる。

**listing 4.4　ロジスティック写像 (mpmath 利用)**

```
1   # logistic_function_mpmath.py: ロジスティック写像 (mpmath 版)
2   import mpmath
3
4   print('mpmath.libmp.BACKEND = ', mpmath.libmp.BACKEND)
5
6   # 10進 40桁計算
7   mpmath.mp.dps = 350   # 仮数部の 10進桁数
8   x = [mpmath.mp.mpf('0.7501')]
9   for i in range(0, 100):
10      x.append(4 * x[i] * (1 - x[i]))
11
12  # 10進 80桁計算
13  mpmath.mp.dps = 500
14  xl = [mpmath.mp.mpf('0.7501')]
15  for i in range(0, 100):
16      xl.append(4 * xl[i] * (1 - xl[i]))
17
18  reldiff_x = [mpmath.fabs((xl[i] - x[i]) / xl[i]) for i in range(len(x))]
19
20  print('   i,                    x[i]                    , reldiff_x[i]')
21  for i in range(0, 101):
```

```
22          if i % 10 == 0:
23              print(
24                  f'{i:5d}, ',
25                  mpmath.nstr(x[i], 40),
26                  ', ',
27                  mpmath.nstr(reldiff_x[i], 2)
28              )
```

```
  i,                 x[i]                  , reldiff_x[i]
  0,  0.7501 ,  4.2e-42
 10,  0.8444959536022174475371487025615413726687 ,  6.3e-39
 20,  0.1429397245123076552842817572313062883051 ,  3.7e-35
 30,  0.8542960037044218916661311842589928433885 ,  6.3e-33
 40,  0.7749757531182012412802234612707562922128 ,  8.4e-30
 50,  0.0933753321977030290551896633458369767587 ,  5.0e-26
 60,  0.4082201682908781318710195847819183178909 ,  2.0e-23
 70,  0.0715119997050585749014354770939104538123 ,  6.1e-20
 80,  0.4632533029007757191524172909492141810045 ,  1.9e-17
 90,  0.0013344050120875281839088163037447773552959 ,  4.8e-13
100,  0.0788179893666412403486405541537418974460 ,  6.2e-11
```

図 4.3 ロジスティック写像に基づく数列計算: mpmath を用いた有効桁判定方法

なお，gmpy2 は単独で GMP, MPFR, MPC の多倍長精度計算の利用が可能である。実際，ロジスティック写像の計算を 128 bits の仮数部で行い，256 bits の計算結果を真値の代わりに使用することで相対誤差の評価を正確に行うスクリプトは listing 4.5 のようになる。計算結果は mpmath を利用したものとほぼ同じになるが，**図 4.4** に示すように，listing 3.3 のような書式指定が使えるので，mpmath より表示結果の見栄えは良くなる。

## listing 4.5　ロジスティック写像 (gmpy2 使用)

```
1   # logistic_function_gmpy2.py: ロジスティック写像 (gmpy2 版)
2   import gmpy2
3
4   # 128 bits
5   gmpy2.get_context().precision = 128
6   x = [gmpy2.mpfr('0.7501')]
7   for i in range(0, 100):
8       x.append(4 * x[i] * (1 - x[i]))
9
10  # 256 bits
11  gmpy2.get_context().precision = 256
12  xl = [gmpy2.mpfr('0.7501')]
13  for i in range(0, 100):
```

```
14       xl.append(4 * xl[i] * (1 - xl[i]))
15
16   reldiff_x = [gmpy2.reldiff(xl[i], x[i]) for i in range(len(x))]
17
18   print('    i,                          x[i]                                        ')
19   for i in range(0, 101):
20       if i % 10 == 0:
21           print(f'{i:5d}, {x[i]:50.40e}, {reldiff_x[i]:5.1e}')
```

```
    i,                          x[i]
    0,     7.5009999999999999999999999999999999999957e-01, 5.7e-40
   10,     8.4449595360221744753714870256154137269870e-01, 2.9e-38
   20,     1.4293972451230765528428175723130626119287e-01, 1.5e-34
   30,     8.5429600370442189166613118425886484760369e-01, 2.6e-32
   40,     7.7497575311820124128022346123682417226484e-01, 3.5e-29
   50,     9.3375332197703029055189687555128488838985e-02, 2.1e-25
   60,     4.0822016829087813187106146216161441532349e-01, 8.3e-23
   70,     7.1511999705058574878953745604654169664485e-02, 2.5e-19
   80,     4.6325330290077567460258670989545944685968e-01, 7.8e-17
   90,     1.3344050120841884955920667169676700883139e-03, 2.0e-12
  100,     7.8817989391884034027630801238868292349517e-02, 2.6e-10
```

図 4.4　ロジスティック写像に基づく数列計算：gmpy2 を用いた有効桁判定方法

　mpmath にしろ gmpy2 にしろ，仮数部の桁を増やして計算するので，計算結果の精度は格段に向上する反面，ソフトウェア的に演算を実装する必要があるため，ハードウェアの 1 命令で実行できる IEEE754 倍精度計算に比べて計算コストは格段に増える。そのため，止むを得ない場合以外は，なるべく多倍長精度計算は利用せずに済む計算アルゴリズムを使用することが求められる。

　とはいえ，既存のアルゴリズムをそのまま使って悪条件問題を計算コストをかけて乗り切るという解決法は，安直ではあるが手軽な手法ではある。特に，Python の環境では演算子もそのまま利用でき，C++のように煩雑なテンプレートを意識せず使えるのは魅力的である。

問題 4.1　2 次方程式 $ax^2 + bx + c = 0$ の解を求める Python スクリプト quadratic_eq.py に対して，今まで述べてきた丸め誤差計測法を適用した下記のスクリプトを作れ。

1. quadratic_eq_rmode.py　・・・丸め方式変更による計測
2. quadratic_eq_interval.py・・・区間演算による評価
3. quadratic_eq_mpmath.py　・・・mpmath による多倍長精度計算
4. quadratic_eq_gmpy2.py　　・・・gmpy2 による多倍長精度計算

コンピュータの性能を最大限発揮させるプログラムを記述するためには，機械語にごく近いアセンブラ言語を使うのが最も性能を発揮させやすいが，プログラムのメンテナンス性を高めるためには，せめて C もしくは C++のようなコンパイラ言語を使用することが望ましい。多倍長精度計算のように計算コストを要し，なおかつ複雑な処理を必要とするものはなおさらである。

2020 年現在，最も広く使用され高速とされている多倍長精度計算ライブラリは，GMP, MPFR, QD[3] である。このうち前者 2 つは多数桁方式と呼ばれる方式で実装されており，CPU アーキテクチャに適したアセンブラルーチンに基づく任意長自然数カーネルライブラリを土台として構築されているものである。後者の QD はマルチコンポーネント方式と呼ばれ，IEEE754 倍精度 (binary64) など既存のハードウェアサポートのある浮動小数点数の配列として多倍長精度の浮動小数点数を表現し，無誤差変換技法と呼ばれる精密な誤差評価付き計算を組み合わせて四則演算を実現する。倍精度の 4 倍程度，すなわち，仮数部長 212 bits 以下の計算ではマルチコンポーネント方式が，多数桁方式に比べて優位であることが知られているが，Python では高速なマルチコンポーネント方式の多倍長精度計算ライブラリが実装されていない。DD (double-double, 仮数部長 106 bits) 精度相当の実装があるにはあるが，高速性を意識しているとは思えないものなので，実用的に gmpy2 よりも高速な Python ライブラリは，2020 年 2 月末現在，広く公開されているものは存在していないと言える。

これらのライブラリの詳細と使用方法については拙著[23] にまとめたので，詳細はそちらに譲り，ここでは多数桁方式の代表格である GMP, MPFR, MPC ライブラリの概要と，それらを土台にして構築された Python ライブラリである mpmath と gmpy2 の概要を示すにとどめる。

### 4.2.1 GMP, MPFR, MPC ライブラリ

浮動小数点数の仮数部を任意桁数に設定できるように拡張する多倍長浮動小数点数の実装方式を**多数桁 (multi-digits) 方式**と呼ぶ。拡張方法としては整数演算ベースのものと既存の浮動小数点数の仮数部を整数として扱う方式が考えられるが，GMP に備わっている整数演算ベースの任意長自然数 (mpn) カーネルライブラリが，営々 20 年以上に渡ってグランルンド (T.Granlund) を中心とする開発チームがサポートし続け，高速性を維持していることから，多数桁方式としては GMP に同梱されている mpf，もしくは mpn カーネルを利用する MPFR ライブラリが代表的なものと言える。固定精度の実装としては GCC (GNU Compiler Collection の C コンパイラ) に同梱されている float128 ライブラリがあり，IEEE754-1985 の 4 倍精度 (binary128) を忠実に実装したものとして有名であるが，GMP のソースコードが流用されており，一種の派生ライブラリとも言える。

GMP および MPFR のソフトウェア階層図を**図 4.5** に示す。どちらも純粋な C プログラムで実装されており，mpn カーネルの主要部分については，C コードを各 CPU アーキテクチャに依存したアセンブラコードに置き換えて使用できる。x86_64 アーキテクチャの場合，アセンブラコードと C コードで速度比較すると，6〜7 倍もの速度差があることが判明している。

MPFR は mpn カーネルとセットで動作する，GMP に同梱されている mpf より IEEE754-1985 規格に忠実に拡張された浮動小数点演算 mpfr を実装したもので，mpf と同様，仮数部を実行中にも動

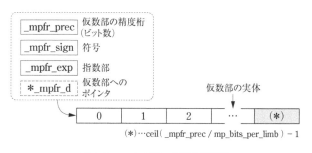

GNU MP(GMP)

| gmpxx（C++ クラスライブラリ） | | | MPFR C++ |
| mpz_t<br>多倍長<br>整数 | mpq_t<br>多倍長<br>有理数 | mpf_t<br>多倍長<br>浮動小数点数 | GNU MPFR<br>mpfr_t |

mpn
多倍長自然数演算カーネル

| generic<br>純粋 C コード | x86 | x86_64 | Arm | … |

CPU アーキテクチャごとに
最適化されたアセンブラコード

図 4.5　GMP, MPFR のソフトウェア階層

的に変化できるよう分離した複雑な構造体になっている（**図 4.6**）。mpf にはない初等関数や特殊関数，丸めモードをサポートしており，GMP のマニュアルでも mpf ではなく mpfr を使うことを推奨している。MPC はこの MPFR をベースに構築された任意精度の複素数演算ライブラリである。

_mpfr_prec　仮数部の精度桁（ビット数）

_mpfr_sign　符号

_mpfr_exp　指数部

*_mpfr_d　仮数部へのポインタ

仮数部の実体

| 0 | 1 | 2 | … | (*) |

(*)…ceil( _mpfr_prec / mp_bits_per_limb ) − 1

図 4.6　mpfr_t データ型の構造体

　Python の mpmath パッケージの多倍長精度浮動小数点演算 mpf はこの GMP をベースにして実装されており，通常は Python の整数演算をベースにして動作するが，MPFR や MPC を直接呼び出してオーバーヘッドを極力減らした gmpy2 パッケージをインストールすると，GMP の mpn カーネルを利用するように変更される。mpmath マニュアルでも，パフォーマンス向上が見込めることから gmpy2 の利用を推奨している。

### 4.2.2　mpmath と gmpy2

　mpmath は 2007 年よりヨハンソン (Fredrik Johansson) が中心となって開発された，多倍長精度浮動小数点演算をサポートする数学関数を集めた Python パッケージである。数値データとしては任意精度浮動小数点数 (mpf) と，倍精度 (fp)，およびこれらをベースとした複素数をサポートするが，fp を使うのであれば NumPy を利用した方がよい。本書では前者のみを扱うことにする。mpmath 独自の区間演算 (iv) も可能だが，本書では扱わない。これらの演算をベースに，線形計算，代数方程式

の求解，数値積分，ラプラス (Laplace) 変換などの高度な数値計算機能が付加されているのが特徴である。

これに対し，gmpy2 は GMP, MPFR, MPC の C 関数を直接呼び出して多倍長精度演算を行う Python クラスで，mpmath がサポートするような高度な数値計算機能はない。したがって，gmpy2 を使用したこれらの高度な数値計算機能を使おうとすると，すべて自力で Python スクリプトとして組むほかない。

mpmath, gmpy2，どちらの多倍長精度浮動小数点数も 2 進仮数部は可変長に設定できる。では，ユーザはどちらを使えばよいのか？　一例として，第 6 章で使用する行列の乗算 (式 (6.14)) を用いたベンチマークテストを行ってみる。使用した Python スクリプトは bench_matmul_mpmath.py である。

比較対象とするのは Python 標準の倍精度浮動小数点数 (float) と MPFR，計算環境は Intel Core i7-9700K (3.6 GHz), 16 GB RAM, Ubuntu 18.04.2 x86_64, GCC 7.3.0, MPFR 4.0.2[26]/GMP 6.1.2[8] である。Python は 3.6.9 を使用し，mpmath は gmpy2 をバックエンドの自然数カーネルとして使用している。計算精度は倍精度と同じ 53 bits を基準とし，この倍数の bit 数で 106, 159, 212 bits と指定した。すべて実正方行列の乗算 1 回分の計算時間である。

計算時間の一覧を**表 4.1** に示す。

表 4.1　正方行列乗算の計算時間 (秒)

| $n$ | 53 bits | | | 106 bits | | 159 bits | | 212 bits | |
|---|---|---|---|---|---|---|---|---|---|
| | Double | mpmath | gmpy2 | mpmath | gmpy2 | mpmath | gmpy2 | mpmath | gmpy2 |
| 32 | 0.009 | 0.076 | 0.015 | 0.074 | 0.016 | 0.075 | 0.015 | 0.075 | 0.016 |
| 64 | 0.039 | 0.725 | 0.117 | 0.608 | 0.141 | 0.778 | 0.146 | 0.618 | 0.138 |
| 128 | 0.509 | 5.286 | 1.076 | 5.292 | 1.092 | 5.492 | 1.162 | 5.433 | 1.140 |
| 256 | 3.200 | 44.98 | 9.036 | 44.36 | 9.087 | 42.64 | 9.051 | 45.82 | 9.269 |

倍精度に比べて mpmath や gmpy2 の多倍長精度計算が 3〜10 数倍計算時間がかかることが分かる。また，Python スクリプトとして多倍長精度演算が記述されている mpmath に比べ，C とアセンブラで記述された GMP, MPFR の C 関数を直接呼び出している gmpy2 の方が計算時間が短いことも分かる。

したがって，現状，四則演算や MPFR, MPC がサポートする範囲の初等関数や特殊関数の計算を行うだけであれば，gmpy2 を使うことが，計算速度向上の点から望ましい。しかし，一からユーザがスクリプトを組み上げることを考えると，計算速度は gmpy2 に劣るとはいえ，mpmath が提供する高度な数値計算機能を使いたくなることもあるだろう。多倍長精度計算する必要が生じた場合は，実行する目的と環境を考えて使用するパッケージを選択することをお勧めしたい。

問題 4.2　ロジスティック写像に基づく数列計算 (式 (3.10)) において，初期値 $x_0 = 0.7501$ としたとき，10 進 5 桁の有効桁を持つ $x_{1000}$ を求めたい。これを実現するために mpmath と gmpy2 を使ったスクリプトを作れ。また，両者の $x_{1000}$ 計算に要する時間を計測し比較せよ。

第 **5** 章

# 初等関数の計算

しかし著者がとくに強調したいのは，初等関数の数値計算というきわめて「初等的」な，狭い，そしてすでに研究しつくされていると思われる分野でさえも，対象を見る目をかえていじくれば，単なる落ち穂拾いというのではすまされないようなおもしろい話題が，たくさんあるということである。

一松信「初等関数の数値計算」(教育出版)

本章では，多項式関数 $p(x) = \sum_{i=0}^{n} a_i x^i$，平方根 $\sqrt{x}$，三角関数 $\sin x, \cos x$，指数関数 $\exp(x)$，(自然) 対数関数 $\log x$ の計算方法について解説する。三角関数，指数関数，対数関数についてはテイラー展開に基づいた計算方法を解説するが，現在使用されているアルゴリズムに比べるとあまり効率が良くないことが多い。したがって，これらの方法はあくまで数値計算のエッセンスを理解するための一例題としてとらえていただきたい。

## 5.1 ● ホーナー法による多項式関数の計算

定義 5.1　多項式関数

以下のような関数を，複素係数の **多項式関数** (polynomial function) と呼ぶ。

$$p(x) = \sum_{i=0}^{n} a_i x^i \quad (a_i \in \mathbb{C}, \ x \in \mathbb{C}) \tag{5.1}$$

多項式関数をプログラム言語で扱うには，係数のみを 1 次元配列に格納しておくだけで済む。特定の実数値 $x = \alpha$ における多項式関数の値 $p(\alpha)$ が必要になれば，以下の **ホーナー法** (Horner method) を使って計算すればよい。このアルゴリズムは四則演算の範囲内で実行可能である。

アルゴリズム 5.1　ホーナー法

1. $val := a_n$ とする。
2. 以下 $i = n - 1, ..., 1, 0$ に対し，以下を繰り返す。

   (a) $val := val \times x + a_i$

3. $p(x) = val$ となる。

　ホーナー法は $p(x)$ の計算方法としては乗算の回数が最小であるため，多項式関数の値を評価する標準的な方法となっている。ホーナー法で多項式の値を求める Python スクリプトを listing 5.1 に示す。NumPy には多項式を扱う機能 (poly1d) があるので，正確性のチェックのために利用している。

listing 5.1　ホーナー法に基づく多項式の値計算

```python
# horner.py: ホーナー法
# NumPy 多項式 poly1d と比較
import numpy as np


# ホーナー法
def horner_poly(x, coef):
    deg = len(coef)  # deg = 次数 - 1
    ret = coef[0]
    for i in range(0, deg - 1):
        ret = ret * x + coef[i + 1]

    return ret


# p(x) = (-4) * x^3 + 3 * x^2 + (-2) * x + 1
poly_coef = [-4.0, 3.0, -2.0, 1.0]
print('poly_coef = ', poly_coef)

# numpy.poly1d
p = np.poly1d(poly_coef)
print('p(x) = \n', p)

# x = sqrt(3)
x = np.sqrt(3.0)
print('horner p(', x, ') = ', horner_poly(x, poly_coef))
print('Numpy  p(', x, ') = ', p(x))
```

　これを実行して

$$p(x) = -4x^3 + 3x^2 - 2x + 1$$

に対する $p\left(\sqrt{3}\right) = p(1.732050\cdots)$ の値を求めると下記のようになる。

```
poly_coef =  [-4.0, 3.0, -2.0, 1.0] ←多項式の係数
p(x) =
      3     2
-4 x + 3 x - 2 x + 1
horner p( 1.7320508075688772 ) =  -14.248711305964282 ←ホーナー法の結果
Numpy  p( 1.7320508075688772 ) =  -14.248711305964282 ← Numpy poly1d
```

問題 5.1 $n$ 次多項式関数 $p(x)$ の値 $p(\alpha)$ を求めるのに必要な計算量を求めよ。またこの多項式関数の微分係数 $p'(\alpha)$ を計算するためには，アルゴリズム 5.1 をどのように変更すればよいか？

## 5.2 ● ニュートン法に基づく平方根の計算

ここでは正の引数 $a \in \mathbb{R}$ に対する**平方根** $\sqrt{a}$ の計算方法を考える。平方根の計算方法はさまざまなものが提案されているが，最も頻繁に取り上げられるのは**ニュートン法** (Newton method) に基づく方法である。

2 次方程式 $x^2 - a = 0$ の正の解は $\sqrt{a}$ である。したがって，この方程式の解を求めるアルゴリズムがあれば，それが $\sqrt{a}$ を求めるアルゴリズムとなる。

ニュートン法については第 10 章で詳しく述べるが，この場合は次のような数列 $\{x_i\}_{i=0}^{\infty}$ を生成するアルゴリズムになる。このように同じ計算を繰り返し実行して近似値の精度を高めていく手法を総称して**反復法** (iteration method, iterative method) と呼ぶ。これを使用する際にはアルゴリズムを**停止する条件** (stopping rule) に注意を払う必要がある。

アルゴリズム 5.2 　ニュートン法による平方根の計算

1. 初期値 $x_0$ を決める。例えば $x_0 := a$ とする。
2. $i = 0, 1, \ldots$ に対して次の計算を行う。

$$x_{i+1} := \frac{1}{2}\left(x_i + \frac{a}{x_i}\right) \tag{5.2}$$

このアルゴリズムに基づいた $\sqrt{2}$ を計算した例を以下に示す。

例題 5.1 　$\sqrt{2} = 1.41421356237309504\cdots$ の計算

アルゴリズム 5.2 を使って，初期値を $x_0 = 2$ としたもの (2 列目) と，$x_0 = (1+2)/2$ としたもの (3 列目) を，IEEE754 倍精度浮動小数点計算を用いて計算した結果が以下の表である。

| $x_i$ | $x_0 = 2$ の場合　（相対誤差） | $x_0 = (1+2)/2$ の場合　（相対誤差） |
|---|---|---|
| $x_0$ | $2.00000000000000000(4.14 \times 10^{-1})$ | $1.50000000000000000(6.07 \times 10^{-2})$ |
| $x_1$ | $1.50000000000000000(6.07 \times 10^{-2})$ | $1.41666666666666674(1.73 \times 10^{-3})$ |
| $x_2$ | $1.41666666666666674(1.73 \times 10^{-3})$ | $1.41421568627450989(1.50 \times 10^{-6})$ |
| $x_3$ | $1.41421568627450989(1.50 \times 10^{-6})$ | $1.41421356237468987(1.13 \times 10^{-12})$ |
| $x_4$ | $1.41421356237468987(1.13 \times 10^{-12})$ | |

$x_0 = (1+2)/2$ とした方がより速く真値 $\sqrt{2}$ に接近していることが分かる。 ■

　ニュートン法を用いた平方根計算を実行する Python スクリプトは listing 5.2 のようになる。この例では相対許容値 $\varepsilon_R$ と絶対許容値 $\varepsilon_A$ をそれぞれ $\varepsilon_R = 10^{-10}$, $\varepsilon_A = 0$ と決め，これらを用いて停止条件を

$$|x_{i+1} - x_i| \leq \varepsilon_R |x_i| + \varepsilon_A \tag{5.3}$$

としている。絶対許容値はゼロに収束する場合には相対許容値より小さい非零値を与え，必ず停止させたいときに利用される。式 (5.3) の右辺はいくつかバリエーションがあるが，例えば $\max\{\varepsilon_R |x_i|, \varepsilon_A\}$ としてもよい。

**listing 5.2　ニュートン法による平方根計算**

```python
# newton_sqrt.py: ニュートン法による平方根計算
import math  # math.sqrt, math.fabs


# ニュートン法による平方根計算
def newton_sqrt(x, rtol, atol):
    old_sqrt = x
    for times in range(0, 10):  # 最大 10回
        new_sqrt = (old_sqrt + x / old_sqrt) / 2.0
        if math.fabs(new_sqrt - old_sqrt) <= math.fabs(old_sqrt) * rtol + atol:
            return new_sqrt, times

        old_sqrt = new_sqrt

    return new_sqrt, times


# 停止条件
rel_tol = 1.0e-10
abs_tol = 1.0e-50

# x = 3
x = 3.0
true_val = math.sqrt(x)
newton_val, iter_times = newton_sqrt(x, rel_tol, abs_tol)
print('math.sqrt(', x, ') = ', true_val)
```

```
27    print('newton   (', x, ') = ', newton_val, ', Iter.Times = ', iter_times)
28    print('Relative Error    = ', math.fabs((true_val - newton_val) / true_val))
```

これを実行して $\sqrt{3}$ の値を求めると，初期値 $x_0 = 3$ から出発し，5 回反復後の $x_5$ の値が，math モジュールの sqrt 関数の値と一致していることが分かる。

```
math.sqrt( 3.0 ) =  1.7320508075688772
newton   ( 3.0 ) =  1.7320508075688772 , Iter.Times =  5
Relative Error    =  0.0
```

問題 5.2 $a = 12, 123, 12345$ に対してアルゴリズム 5.2 を適用し，10 進 10 桁以上の $\sqrt{a}$ の近似解を求めよ。

## 5.3 ● テイラー展開に基づく初等関数の計算

まず微分積分の復習としてテイラー (Taylor) の定理を示す。

---

**定理 5.1　テイラーの定理，テイラー展開，マクローリン展開**

実関数 $f(x)$ が閉区間 $[a, b]$ で $m$ 回連続微分可能かつ開区間 $(a, b)$ で $m + 1$ 回微分可能であるとき，$\forall x \in (a, b)$ に対して

$$f(x) = f(a) + \frac{f'(a)}{1!}(x - a) + \frac{f''(a)}{2!}(x - a)^2 + \cdots + \frac{f^{(m)}(a)}{m!}(x - a)^m$$
$$+ \frac{f^{(m+1)}(a + \theta(x - a))}{(m + 1)!}(x - a)^{m+1} \tag{5.4}$$

を満足する $0 < \theta < 1$ が存在する。特に無限回微分可能であれば

$$f(x) = f(a) + \frac{f'(a)}{1!}(x - a) + \frac{f''(a)}{2!}(x - a)^2 + \cdots + \frac{f^{(m)}(a)}{m!}(x - a)^m + \cdots \tag{5.5}$$

と $x$ に関する無限級数で表すことができ，この式 (5.5) を関数 $f(x)$ の**テイラー展開** (Taylor expansion) と呼ぶ。また特に $a = 0$ のときを**マクローリン** (Maclaurin) **展開**と呼ぶ。

---

この定理は平均値の定理を繰り返し適用することで証明できる。極めてきれいな定理であり，応用範囲も広い。5.1 節で述べたように，多項式関数はホーナー法によって四則演算だけでその値を計算することができる。すなわち，この定理の条件に当てはまる関数で，微分係数 $f^{(i)}(a)$ が判明しているものであれば，その関数の近似値を式 (5.4) の多項式関数によって，四則演算の範囲で得ることが可能

となる。そして，**三角関数**，**指数関数**，**対数関数**はすべてこれらの条件に当てはまる上，微分係数も容易に求めることができる。

ただし，章の最初にも述べたように，テイラー展開 (マクローリン展開) をそのまま適用して初等関数の値を計算するという手法は計算量の観点からあまり得策ではないことが知られている。実用に供されている初等関数のアルゴリズムはこれとは別のもの (最良近似多項式，有理近似式，CORDIC など) であることを付け加えておく。

---

**例題 5.2** 　代表的な初等関数のマクローリン展開

一般に**初等関数** (elementary functions) と呼ばれる，三角関数，指数関数，対数関数は $\mathbb{R}$ 全体もしくは特定の区間で無限回連続微分可能である。したがって，テイラー展開 (マクローリン展開) が存在する。

$$\exp(x) = 1 + \frac{x}{1!} + \frac{x^2}{2!} + \cdots + \frac{x^n}{n!} + \cdots \tag{5.6}$$

$$\sin x = x - \frac{x^3}{3!} + \cdots + (-1)^{n-1}\frac{x^{(2n-1)}}{(2n-1)!} + \cdots \tag{5.7}$$

$$\cos x = 1 - \frac{x^2}{2!} + \cdots + (-1)^n\frac{x^{2n}}{(2n)!} + \cdots \tag{5.8}$$

$$\log(1+x) = x - \frac{x^2}{2} + \cdots + (-1)^n\frac{x^{n+1}}{n+1} + \cdots \ (\text{ここで } (1+x) > 0) \tag{5.9}$$

ただし，これらの初等関数のマクローリン展開式を多項式関数として計算するには，引数 $x$ に応じた配慮をする必要がある。以下，$\exp(x), \sin x, \log(x)$ について具体的に計算方法を詰めていくことにする。　■

---

## 5.3.1 　$e = \exp(1)$ の計算と誤差解析

丸め誤差が実数を有限桁の浮動小数点数で近似した結果生じた誤差であるのに対し，**打ち切り誤差**は無限級数や極限値のような無限回の演算を必要とする解析表現を，有限回の演算で打ち切る (truncate) ことによって生じる誤差である。丸め誤差は数値によって変動し精密な予測が難しいのに対し，打ち切り誤差は解析表現が明らかであれば，それに基づいて予測することが可能である。ゆえに，打ち切り誤差は**理論誤差** (theoretical error) とも呼ばれる。$e = \exp(1)$ の計算を例に，この打ち切り誤差について見ていくことにしよう。

$e$ は指数関数 $\exp(x)(= e^x)$ のマクローリン展開式 (5.6) によって

$$e = 1 + \frac{1}{1!} + \frac{1}{2!} + \cdots + \frac{1}{n!} + \cdots$$

という無限級数の形で表現される。しかし，いかに高速なコンピュータといえども無限級数を計算することはできないため，どこかの項 $1/m!$ で計算を打ち切る必要がある。この項までの有限和を $\hat{e}_m$ と

書くことにする。すなわち，

$$\hat{e}_m = 1 + \frac{1}{1!} + \frac{1}{2!} + \cdots + \frac{1}{m!}$$

である。このとき，打ち切り誤差は

$$e - \hat{e}_m = \frac{1}{(m+1)!} + \frac{1}{(m+2)!} + \cdots$$

となる。

この形では評価が難しいので有限和のマクローリン展開式 (5.4)

$$e = 1 + \frac{1}{1!} + \frac{1}{2!} + \cdots + \frac{1}{m!} + \frac{\exp(\theta)}{(m+1)!}$$

を用いることにする。ここで $\theta$ は $0 < \theta < 1$ となる定数である。

これを用いると打ち切り誤差は

$$e - \hat{e}_m = \frac{\exp(\theta)}{(m+1)!}$$

となる。右辺の絶対値をとれば

$$\left| \frac{\exp(\theta)}{(m+1)!} \right| \le \frac{e}{(m+1)!}$$

となるので，相対打ち切り誤差をとると

$$\left| \frac{e - \hat{e}_m}{e} \right| \le \frac{1}{(m+1)!} \tag{5.10}$$

となり，$m$ が決まれば打ち切り誤差の上限を評価することが可能となる。

一般に，打ち切り誤差は計算回数さえ増やせば減らすことができるが，使用する浮動小数点数の丸め誤差の最小単位より過度に小さくしても，コンピュータ資源の無駄遣いにしかならない。実際，IEEE754 倍精度計算を行い，項数を増やしつつ計算してその相対誤差をプロットしてみると **図 5.1** のようになり，20 項以上とっても相対誤差をマシンイプシロン $\varepsilon_M$ 以下にできないことが分かる。

例えば，10 進 7 桁の浮動小数点数を用いて $e$ を計算するのであれば，先の評価式 (5.10) を用いて

$$\left| \frac{e - \hat{e}_m}{e} \right| \le \frac{1}{(m+1)!} \approx \frac{1}{2} \cdot 10^{-6}$$

程度になる $m$ まで計算するのが最適と言える。この場合，

$$\frac{1}{(8+1)!} \approx 2.8 \times 10^{-6}, \quad \frac{1}{(9+1)!} \approx 2.8 \times 10^{-7}$$

であるから，$m = 9$，すなわち

$$\hat{e}_9 = 1 + \frac{1}{1!} + \frac{1}{2!} + \cdots + \frac{1}{9!}$$

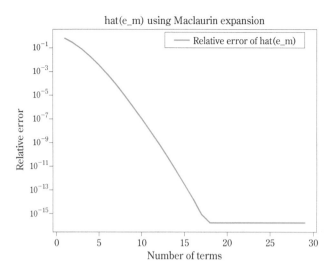

図 5.1　マクローリン展開に基づく $\exp(1)$ の近似値の相対誤差

程度まで計算しておけば十分である。実際に計算してみると

$$\hat{e}_9 = \underline{2.71828}152557\cdots$$

であり，下線部の 7 桁分が真値と一致していることが分かる。

**問題 5.3**　$e$ を 10 進 15 桁の精度を得るために必要な項数 $m$ を求め，実際に $\hat{e}_m$ を計算せよ。

### 5.3.2　$\exp(x)$ の計算

**指数関数** $\exp(x)$ をマクローリン展開式 (5.6) に基づいて計算するには次の 2 点を勘案しなくてはならない。

$x < 0$ **の場合**　引数 $x$ が負の場合，$\exp(x)$ の絶対値は小さくなる。特に $|x|$ が大きくなると，マクローリン展開式の項の絶対値 $|x^i/i!|$ も大きくなる。しかしそれらの和をとった結果の絶対値は小さくなるのだから，これは和の計算において $\max_i |x^i/i!|$ と $|\exp(x)|$ の桁数の差だけ「桁落ち」が起きることを示している。したがって，引数が負のときは，$\exp(x) = 1/\exp(-x)$ という関係を使い，正の引数 $\exp(-x)$ を計算し，その後に逆数をとる，という手順が必要になる。

$x \gg 1$ **の場合**　理論上，この無限級数は任意の $x \in \mathbb{R}$ について収束することになっているが，数値計算上は $x \gg 1$ の場合収束が遅くなり，必要な項数が増えてしまう。すなわち $x^n/n! \ll 1$ となる $n \in \mathbb{N}$ が大きくなってしまうことになる。したがって，無限級数の計算を行う $x$ の範囲を，例えば $0 < x - \lfloor x \rfloor < 1$ に限定し，それを超える分については別途 $\exp(\lfloor x \rfloor)$ を計算して掛け合わせるようにすればよい。

このように実際の級数計算を行う $x$ の範囲を狭めることを，**引数区間のリダクション** (range reduction) と呼ぶ。以上をまとめると，次のようなアルゴリズムとなる。

アルゴリズム 5.3 $\exp(x)$ の計算

1. $0 \leq x \leq 1$ のときにはマクローリン展開式 (5.6) を使用する。ただし $x = 0$ のときは 1 を，$x = 1$ のときは $2.718281\cdots$ を返すようあらかじめ定数を設定しておく。
2. $x > 1$ のときは，$x' := x - \lfloor x \rfloor$ として，$\exp(x')\exp(\lfloor x \rfloor)$ を計算する。当然 $\exp(\lfloor x \rfloor)$ の部分は定数 $2.71828\cdots$ の $\lfloor x \rfloor$ 乗として計算する。ここで $\lfloor x \rfloor$ は $x$ を超えない最大の整数を意味する。
3. $x < 0$ のときは $\exp(|x|)$ を 1. および 2. を用いて計算し，その逆数 $1/\exp(|x|)$ をとる。

　結局，実際に計算するのは $0 < x < 1$ の範囲における $\exp(x)$ のマクローリン展開式である。では，どの程度の項数をとれば「収束」し必要な精度を得られるのか。式 (5.6) の右辺を $m$ 項で打ち切った有限和を

$$\widehat{\exp_m}(x) = \sum_{i=0}^{m} \frac{1}{i!}x^i$$

と書くことにすれば，$e$ の計算同様，打ち切り誤差は

$$\exp(x) - \widehat{\exp_m}(x) = \frac{\exp(\theta x)}{(m+1)!}x^{m+1}$$

となるから，右辺は

$$\frac{\exp(\theta x)}{(m+1)!}x^{m+1} \leq \frac{e \cdot \exp(x)}{(m+1)!}x^{m+1}$$

と抑えられるので，相対打ち切り誤差をとり

$$\left| \frac{\exp(x) - \widehat{\exp_m}(x)}{\exp(x)} \right| \leq \frac{e \cdot x^{m+1}}{(m+1)!} \tag{5.11}$$

に基づき，$0 < x < 1$ が決まれば打ち切り誤差の上限を評価することが可能となる。

　マクローリン展開に基づいて $\exp(x)$ の値を求める Python スクリプトを listing 5.3 に 2 つ示す。`maclaurin_exp` 関数は $x$ の値をそのまま使用して計算し，`maclaurin_exp_m1` 関数は，上記方針に従った $x$ のリダクションを行って計算する。

listing 5.3　マクローリン展開に基づく $\exp(x)$ 計算

```
1  # maclaurin_exp.py: マクローリン展開に基づく初等関数計算
2  import math  # math.exp, math.fabs
3  import numpy as np  # linspace
4  from tktools import relerr  # relerr 関数
5
6
7  # マクローリン展開に基づくexp(x): リダクションなし
8  def maclaurin_exp(x, rtol, atol, max_deg):
```

```
 9        old_ret = 1.0
10        ret = old_ret
11        xn = 1.0
12        coef = 1.0  # 1/0!
13        for i in range(1, max_deg):
14            coef /= i  # coef = 1/i!
15            xn *= x  # xn = x^n
16            ret = old_ret + coef * xn
17            if math.fabs(ret - old_ret) <= rtol * math.fabs(old_ret) + atol:
18                return ret, i
19            old_ret = ret
20
21        return ret, i
22
23
24 # マクローリン展開に基づくexp(x): リダクションあり
25 def maclaurin_exp_m1(x, rtol, atol, max_deg):
26        org_x = x
27        x = math.fabs(x)
28        int_x = math.floor(x)
29        x = x - int_x  # x = |x| - [|x|]
30
31        old_ret = 1.0
32        ret = old_ret
33        xn = 1.0
34        coef = 1.0  # coef = 1/0!
35        for i in range(1, max_deg):
36            coef /= i  # coef = 1/i!
37            xn *= x  # xn = x^n
38            ret = old_ret + coef * xn
39            if math.fabs(ret - old_ret) <= rtol * math.fabs(old_ret) + atol:
40                break
41            old_ret = ret
42
43        # * exp(int_x)
44        ret *= math.e ** int_x
45
46        # x < 0
47        if org_x < 0:
48            ret = 1 / ret
49
50        return ret, i
51
52
53 rtol = 1.0e-10
54 atol = 1.0e-50
55 max_deg = 1000
56 x_array = np.linspace(-10, 10, num=10)  # [-10, 10]
57 maclaurin_val = [0, 0]
58 deg = [0, 0]
59 reldiff = [0, 0]
```

```
60
61    print('    x    , relerr[0] , relerr[1] ,deg[0],deg[1]')
62    for x in x_array:
63        # リダクションなし
64        maclaurin_val[0], deg[0] = maclaurin_exp(x, rtol, atol, max_deg)
65        # リダクションあり
66        maclaurin_val[1], deg[1] = maclaurin_exp_m1(x, rtol, atol, max_deg)
67        # math.exp
68        math_val = math.exp(x)
69
70        reldiff[0] = relerr(maclaurin_val[0], math_val)
71        reldiff[1] = relerr(maclaurin_val[1], math_val)
72
73        print(f'{x:10.3e}, {reldiff[0]:10.3e}, {reldiff[1]:10.3e}, {deg[0]:5d}, {deg[1]:5d}')
```

この結果を下記に示す。リダクションを行わないと，相対誤差も収束に要する項数も増えてしまうことが分かる。

```
$ python3 maclaurin_exp.py
     x    , relerr[0] , relerr[1] ,deg[0],deg[1]
-1.000e+01, 4.977e-09, 5.970e-16,   50,     1
-7.778e+00, 3.002e-11, 2.977e-12,   42,    12
-5.556e+00, 2.499e-12, 1.082e-12,   34,    11
-3.333e+00, 2.422e-12, 1.041e-13,   25,    10
-1.111e+00, 7.357e-13, 5.217e-13,   15,     7
 1.111e+00, 1.314e-12, 5.218e-13,   14,     7
 3.333e+00, 1.181e-11, 1.041e-13,   21,    10
 5.556e+00, 1.114e-11, 1.082e-12,   27,    11
 7.778e+00, 1.561e-11, 2.978e-12,   32,    12
 1.000e+01, 1.164e-11, 6.607e-16,   37,     1
```

問題 5.4

1. 10 進 15 桁の有効桁を持つよう $\exp(3.2)$ を計算せよ。式 (5.11) を用いて第何項まで計算すればよいかもあらかじめ評価し，実際に計算してその相対誤差を求めよ。
2. $x = 0, 1$ のときの処理を listing 5.3 に追記せよ。

### 5.3.3　$\sin x$ の計算

正弦関数 $\sin x$ の計算も，なるべく小さい $x$ を使ってマクローリン展開式 (5.7) を計算できるように配慮する必要がある。そのため，$\sin x$ の性質を利用して次のように計算するとよい。

## アルゴリズム 5.4  $\sin(x)$ の計算

1. $0 \le x \le \pi/2$ のときにはマクローリン展開式 (5.7) を使用する。ただし $x = 0$ のときは $0$ を，$x = \pi/2$ のときは $1$ を返すようあらかじめ定数を設定しておく。
2. $\pi/2 < x \le \pi$ のときは，$x' := \pi - x$ として，$\sin x := \sin x'$ を計算する。
3. $\pi < x \le 2\pi$ のときは，$x' := x - \pi$ として，$\sin x := -\sin x'$ を計算する。
4. $x > 2\pi$ のときは $x' := x - 2\pi \cdot \lfloor x/2\pi \rfloor$ として，1.～3. を用いて $\sin x := \sin x'$ を計算する。
5. $x < 0$ のときは $\sin(-x)$ の値を 1.～4. を使って求め，$\sin x := -\sin(-x)$ とする。

**図 5.2**(左) は $\sin x$ の値 (黒線) と，マクローリン展開式 (5.7) を用いた近似値の相対誤差 (青線) をプロットしたものである。

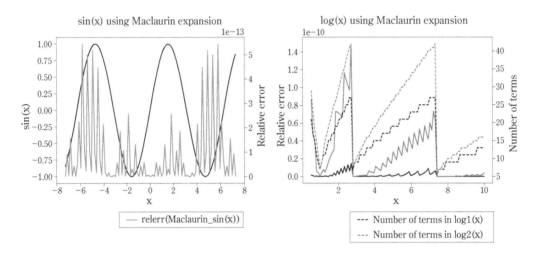

図 5.2  $\sin x$ の近似値の相対誤差 (左), $\log x$ の相対誤差と項数 (右)

問題 **5.5**  アルゴリズム 5.4 に基づいて $\sin(x)$ を求める Python スクリプト `maclaurin_sin.py` を作り，以下の問いに答えよ。

1. 三角関数 $\cos x$ をマクローリン展開をもとに計算する場合，どのような配慮が必要か，$\sin x$ の例をもとに述べよ。
2. $\sin 1.5,\ \cos 1.5$ を IEEE754 倍精度程度 (10 進 15～16 桁) 求めるには最大何項まで足し込んでいく必要があるか？

### 5.3.4  $\log x$ の計算

**対数関数** $\log x$ の計算は，収束が遅い展開式をどのように改良するか，という例としてよく取り上げられる。先に挙げた $\log(1 + x)$ のマクローリン展開式 (5.9) の項を，$\exp(x)$ や $\sin x$ のそれと比べ

てみると，分母の階乗がない分，高次項の係数は $\log(1+x)$ の方がずっと大きい。そのため，収束するために必要となる項数も多くなる。また収束が保証される $|x|$ の範囲もごく限られた範囲にとどまるため，式 (5.9) は実用性に乏しい。

そこで，収束を速める工夫が提案されている。高次項をぐっと小さくさせるために展開式を変更するのである。例えば

$$[\text{展開式 }1]\ \frac{\log x}{2} = \left(\frac{x-1}{x+1}\right) + \frac{1}{3}\left(\frac{x-1}{x+1}\right)^3 + \cdots + \frac{1}{2n-1}\left(\frac{x-1}{x+1}\right)^{2n-1} + \cdots \quad (5.12)$$

$$[\text{展開式 }2]\ \log x = \left(\frac{x-1}{x}\right) + \frac{1}{2}\left(\frac{x-1}{x}\right)^2 + \cdots + \frac{1}{n}\left(\frac{x-1}{x}\right)^n + \cdots \quad (5.13)$$

などが有名である。収束範囲は展開式 1 の方が広く，収束も速いことは一目瞭然であろう。さらに，収束性を高めるため，次のように $x$ の範囲ごとに計算を行う。

アルゴリズム 5.5　$\log(x)$ の計算

1. $0 < x < 1$ のときには $x' := 1/x$ として計算し，$\log(x) = -\log(x')$ とする。
2. $1 < x < e$ のときには展開式 1 (式 (5.12)) もしくは展開式 2(式 (5.13)) を用いて計算を行う。ただし $x = 1$ のときは 0 を，$x = e$ のときは 1 を返すようあらかじめ定数を設定しておく。
3. $x > e$ のときは，$0 < x' := x/\exp(n) < 1$ となる $n$ を得て $\log(x')$ を求め，$\log(x) := \log(x') + n$ を計算する。

実際，これらの展開式を使って $\log(2)$ の近似値を求めてみると，展開式 1 の方がずっと速く収束する。図 5.2(右) の黒破線が展開式 1 の項数で，赤破線の展開式 2 の項数より少なく済んでいることが分かる。また相対誤差も，若干ではあるが，展開式 1 (黒実線) の方が展開式 2 (赤実線) より小さく抑えられていることも分かる。

問題 5.6　$\log 100$ を展開式 1 を使って IEEE754 倍精度程度 (10 進 15〜16 桁) 求めたいとき，何項目まで足し込めばよいか？

## 5.4 ● その他の関数

以上で取り上げた初等関数を始めとして，実用上必要な関数は数多くある。ここでは Python の math モジュールで規定されている関数群 (**表 5.1**) のうち，あまり馴染みのない関数を簡潔に紹介する。これらの関数はすべて NumPy や SciPy でも使用できる。数学関数のうち，知名度は低いが応用上重要な特殊関数は SciPy の special パッケージに数多く定義されている。ベッセル関数などはその一例である (**表 5.2**)。

表 5.1　math モジュールに規定されている数学関数 (一部)

| 関数名 | math モジュールの関数名 | 変数の範囲 | 数式表記 |
|---|---|---|---|
| 逆三角関数 | acos(x) | $x \in [-1, 1]$ | $\cos^{-1}(x)$ |
| | asin(x) | $x \in [-1, 1]$ | $\sin^{-1}(x)$ |
| | atan(x) | | $\tan^{-1}(x)$ |
| 三角関数 | cos(x) | | $\cos(x)$ |
| | sin(x) | | $\sin(x)$ |
| | tan(x) | | $\tan(x)$ |
| 逆双曲線関数 | acosh(x) | $x \in [1, \infty)$ | $\cosh^{-1}(x)$ |
| | asinh(x) | | $\sinh^{-1}(x)$ |
| | atanh(x) | $x \in [-1, 1]$ | $\tanh^{-1}(x)$ |
| 双曲線関数 | cosh(x) | | $\cosh(x)$ |
| | sinh(x) | | $\sinh(x)$ |
| | tanh(x) | | $\tanh(x)$ |
| 指数関数 | exp(x) | | $\exp(x) = e^x$ |
| | exp2(x) | | $2^x$ |
| 対数関数 | log(x) | $x \in (0, \infty)$ | $\log x = \log_e x = \ln x$ |
| | log10(x) | $x \in (0, \infty)$ | $\log_{10} x = \lg x$ |
| | log2(x) | $x \in (0, \infty)$ | $\log_2 x$ |
| 平方根 | sqrt(x) | $x \in [0, \infty)$ | $\sqrt{x}$ |
| 立方根 | cbrt(x) | | $\sqrt[3]{x} = x^{1/3}$ |
| べき乗 | pow(x, y) | | $x^y$ |
| 誤差関数 | erf(x) | | $\mathrm{erf}(x)$ |
| | erfc(x) | | $1 - \mathrm{erf}(x)$ |
| ガンマ関数 | tgamma(x) | | $\Gamma(x)$ |
| 対数ガンマ関数 | lgamma(x) | | $\log |\Gamma(x)|$ |

表 5.2　SciPy.special パッケージで規定されている数学関数 (一部)

| 関数名 | 型指定 | 数式表記 |
|---|---|---|
| 第一種ベッセル関数 | j0(x) | $J_0(x)$ |
| | j1(x) | $J_1(x)$ |
| | jv(v, x) | $J_v(x)$ |
| 第二種ベッセル関数 | y0(x) | $Y_0(x)$ |
| | y1(x) | $Y_1(x)$ |
| | yn(n, x) | $Y_n(x)$ |

### 5.4.1　誤差関数

**誤差関数** $\mathrm{erf}(x)$ は，次の式で定義される。

$$\mathrm{erf}(x) = \frac{2}{\sqrt{\pi}} \int_0^x \exp(-t^2) dt \tag{5.14}$$

これはちょうど，確率密度関数 $f(t)$ が

$$f(t) = \frac{1}{\sqrt{\pi}} \exp(-t^2)$$

であるような連続型確率変数 $X$ における，確率 $P(-x \leq X \leq x)$

$$P(-x \leq X \leq x) = \frac{1}{\sqrt{\pi}} \int_{-x}^{x} \exp(-t^2) dt$$
$$= \frac{2}{\sqrt{\pi}} \int_{0}^{x} \exp(-t^2) dt$$

と等しい。これはガウスが天文観測値の誤差の精度を推定するために導入した関数で[2]，そのためこのように命名されている。

誤差関数を無限級数で表現すると

$$\mathrm{erf}(x) = \frac{2}{\sqrt{\pi}} \sum_{i=0}^{\infty} \frac{(-1)^i x^{2i+1}}{i!(2i+1)}$$

となることが知られている[1]。

### 5.4.2　ガンマ関数

**ガンマ関数** $\Gamma(x)$ は，次の式で定義される。

$$\Gamma(x) = \int_{0}^{\infty} t^{x-1} \exp(-t) dt \tag{5.15}$$

統計学では，この関数によって確率密度関数が規定されるガンマ分布を取り扱う。また，これを用いて定義されるベータ関数 $B(x, y)$

$$B(x, y) = \frac{\Gamma(x)\Gamma(y)}{\Gamma(x+y)}$$

も，統計ではよく利用される (ベータ分布)。

ガンマ関数は，対数ガンマ関数 $\log \Gamma(x)$ を，次の漸近展開 ($x \to \infty$ の時収束する無限級数)

$$\log \Gamma(x) \sim \left(x - \frac{1}{2}\right) \log x - x + \frac{1}{2} \log(2\pi) + \sum_{i=1}^{\infty} \frac{B_{2i}}{2i(2i-1)x^{2i-1}}$$

を用いて計算し，$\Gamma(x) = \exp(\log \Gamma(x))$ として求める[29]。$x$ は次の漸化式

$$\Gamma(x+1) = x\Gamma(x)$$

を用いて，なるべく大きくしてから漸近展開の計算を行う。ここで $B_i$ はベルヌーイ (Bernoulli) 数で，展開式

$$\frac{t}{\exp(t) - 1} = \sum_{i=0}^{\infty} B_i \frac{t^i}{i!} \tag{5.16}$$

に基づいて定義される有理数[注1]である。

### 5.4.3 ベッセル関数

ベッセル (Bessel) の常微分方程式

$$x^2 \frac{d^2 y}{dx^2} + x \frac{dy}{dx} + (x^2 - n^2)y = 0 \ (n \in \mathbb{Z})$$

の解として定義されるのが，**ベッセル関数**である。この解は複数あり，

$$\lim_{n \to \infty} J_n(x) = 0$$

となる解 $J_n(x)$ を，単なるベッセル関数，あるいは第一種ベッセル関数と呼ぶ。また

$$\lim_{n \to \infty} Y_n(x) = \infty$$

となる解 $Y_n(x)$ を，第二種ベッセル関数，あるいはウェーバー (Weber) 関数と呼ぶ。
　第一種，第二種ベッセル関数はどちらも

$$J_{n+1}(x) = \frac{2n}{x} J_n(x) - J_{n-1}$$
$$Y_{n+1}(x) = \frac{2n}{x} Y_n(x) - Y_{n-1}$$

という漸化式が成立し，これに基づいて計算を行う。ただし，$J_n(x)$ は $n$ が大きい方から小さい方へ，$Y_n(x)$ は逆に $n$ が小さい方から大きい方へと計算しなければならないことが知られている[27]。

---

注1　$B_0 = 1$, $B_1 = -1/2$, $B_2 = 1/6$, $B_3 = 0$, ...

# 演習問題

**5.1** ニュートン法を用いて，$a^{1/3}$ を求めるための漸化式は次のようになる。

$$x_{i+1} := \frac{1}{3}\left(2x_i + \frac{a}{x_i{}^2}\right)$$

これを使って $3^{1/3} = 1.442249570307408\cdots$ を求めよ。

**5.2** $\sinh x, \cosh x, \tanh x$ を計算するプログラムを作りたい。

(a) $\sinh x = (\exp(x) - \exp(-x))/2, \cosh x = (\exp(x) + \exp(-x))/2, \tanh x = \sinh x/\cosh x$ という関係式に基づいて計算するプログラムを作れ。

(b) マクローリン展開式

$$\sinh x = x + \frac{x^3}{3!} + \frac{x^5}{5!} + \cdots + \frac{x^{2n+1}}{(2n+1)!} + \cdots$$
$$\cosh x = 1 + \frac{x^2}{2!} + \frac{x^4}{4!} + \cdots + \frac{x^{2n}}{(2n)!} + \cdots$$

に基づいて計算する Python スクリプトを作れ。

### 第 6 章

# 基本線形計算

　ノルムは数値線形代数学に不可欠なツールである。$m \times n$ 行列の $mn$ 個の要素をたった 1 つの数値にまとめてしまうという能力があってこそ，摂動理論や丸め誤差解析を簡単明瞭な形で表現できるのである。反面，ひどいスケーリングになってしまったり，疎行列のような行列構造を生かしきれないといった問題もあるので，ベクトル・行列の要素単位で数値を見た方がいいケースも多い。それでも誤差解析を行う者にとって，ノルムは価値のある道具であること間違いないのである。

N.J.Higham, "Accuracy and Stability of Numerical Algorithms 2nd ed.",
(SIAM)

　現在のコンピュータは bit 単位の論理演算を多数組み合わせることで，複雑な浮動小数点演算を実現している。そして，ユーザが直接扱うことのできる機械語命令は

- byte(or word) 単位の論理演算および bit 列操作
- 符号付き (signed) もしくは 符号なし (unsigned) 整数演算
- 浮動小数点数演算 (四則演算，初等関数)

に大別される[17]。数値計算のアルゴリズムの優劣を論じるとき，1 つの指標として演算回数の多少がよく使用される。特に，本章以降で多用されるベクトルや行列演算は**基本線形計算**と呼ばれ，次元数が大きくなるにつれて計算量が増え，それに伴って計算時間を要するようになる。本章ではまず計算量の考え方を述べた後，Python における基本線形計算を NumPy と SciPy を用いて実行する方法を解説する。

## 6.1 ● 浮動小数点数の四則演算とランダウの () 記号

　小学校で習う小数の加減乗除は整数のそれと本質的には同じものである。人間の感覚でいう「面倒

くさい」計算は，そのままコンピュータについても当てはまる。面倒な計算は時間を要する。CPU などのハードウェア回路で 1 命令で直接実行される四則演算 (+, −, ×, /) や，$a \times b + c$ という複合積和演算 (Fused Multiply-Add, FMA) が最も高速である。前章で解説した初等関数はこれらの演算を組み合わせて実行されるため，さらに時間を要するのが普通である[注1]。したがって，数値計算のアルゴリズムの計算時間は四則演算以上に初等関数の実行回数に左右される。

計算回数に限らず，さまざまな場面で使用される言葉としてオーダ (order) がある。これは以下に示すランダウの $O$(ラージオー) 記号と同義である。

---

**定義 6.1　ランダウの $O$ 記号**

ある 1 変数実関数 $f(x), g(x) \in \mathbb{R}$ に対して，$f(x) = O(g(x))$ とは

$$\lim_{x \to \alpha} \frac{f(x)}{g(x)} = 定数 (\neq 0)$$

となることを意味し，このような $f(x)$ は $g(x)$ の**オーダ** (order) であると呼ぶ。この $O(g(x))$ を**ランダウの $O$**(ラージオー) **記号**という。$\alpha$ としては 0 もしくは $\pm\infty$ がよく使用される。
また

$$\lim_{x \to \alpha} \frac{f(x)}{g(x)} = 0$$

であるときは特に $f(x) = o(g(x))$ と書き，これを $o$(スモールオー) 記号と呼ぶ。

---

以降，オーダという言葉は $O$(ラージオー) の意味で使用する。$g(x)$ としてよく使用されるのは $x$ の多項式であり，特に $x^2, x^3, ..., x^n$ である。$O(x^n)$ はほぼ $x^n$ に比例していることを表しており，直感的に理解しやすいため，さまざまな場面で使用される。

## 6.2 ● 複素数の四則演算

本書は実数の演算が主体であるが，複素数の演算が必要となる場面に遭遇することもある。ここで復習も兼ねて，複素数の演算とその演算量について若干の考察を行う。

任意の複素数 $c = \mathrm{Re}(c) + \mathrm{Im}(c)\sqrt{-1} \in \mathbb{C}$ は 2 つの実数の組 $(\mathrm{Re}(c), \mathrm{Im}(c))$ として表現できる。したがって，複素数の四則演算はすべて実数のそれを組み合わせることによって実現できる。

$$|a| = \sqrt{(\mathrm{Re}(a))^2 + (\mathrm{Im}(a))^2} \tag{6.1}$$

$$a \pm b = (\mathrm{Re}(a) \pm \mathrm{Re}(b)) + \sqrt{-1}(\mathrm{Im}(a) \pm \mathrm{Im}(b)) \tag{6.2}$$

$$ab = (\mathrm{Re}(a)\mathrm{Re}(b) - \mathrm{Im}(a)\mathrm{Im}(b)) + \sqrt{-1}(\mathrm{Im}(a)\mathrm{Re}(b) + \mathrm{Re}(a)\mathrm{Im}(b)) \tag{6.3}$$

---

注 1　現在の CPU は内部に積み込んだ高速転送可能なキャッシュ (cache) メモリを持っており，メインメモリから一度読み込んだ値をそこに記憶しておき，2 度目以降のアクセスはそれを取り出すだけで済む。したがって，このキャッシュメモリをうまく利用できるようにした線形計算プログラムは，素朴に組んだものより高速になる。よって単純に計算量だけでは計算時間を推定できないこともある。

$$a/b = \frac{a\overline{b}}{|b|^2} \tag{6.4}$$

ここで $\overline{b} = \mathrm{Re}(b) - \mathrm{Im}(b)\sqrt{-1}$ は共役複素数の意味である。

ただし，オーバーフローを防止するため，$|a|$ と $a/b$ は次のように計算するのが良いとされている[15]。

$$|a| = \begin{cases} |\mathrm{Re}(a)| & (\text{if } \mathrm{Im}(a) = 0) \\ |\mathrm{Im}(a)| & (\text{if } \mathrm{Re}(a) = 0) \\ |\mathrm{Re}(a)|\sqrt{1 + \left(\frac{\mathrm{Im}(a)}{\mathrm{Re}(a)}\right)^2} & (\text{if } |\mathrm{Re}(a)| \geq |\mathrm{Im}(a)| > 0) \\ |\mathrm{Im}(a)|\sqrt{1 + \left(\frac{\mathrm{Re}(a)}{\mathrm{Im}(a)}\right)^2} & (\text{if } |\mathrm{Im}(a)| > |\mathrm{Re}(a)| > 0) \end{cases} \tag{6.5}$$

$$a/b = \begin{cases} \text{計算不能} & (\text{if } b = 0 \text{ (すなわち } \mathrm{Re}(b) = \mathrm{Im}(b) = 0)) \\ \frac{\mathrm{Re}(a) + \mathrm{Im}(a) \cdot \left(\frac{\mathrm{Im}(b)}{\mathrm{Re}(b)}\right)}{s} + \frac{-\mathrm{Re}(a) \cdot \left(\frac{\mathrm{Im}(b)}{\mathrm{Re}(b)}\right) + \mathrm{Im}(a)}{s}\sqrt{-1} & \begin{array}{l}(\text{if } |\mathrm{Re}(b)| \geq |\mathrm{Im}(b)| \geq 0) \\ \text{ここで } s = \mathrm{Re}(b) + \mathrm{Im}(b) \cdot \left(\frac{\mathrm{Im}(b)}{\mathrm{Re}(b)}\right)\end{array} \\ \frac{\mathrm{Re}(a) \cdot \left(\frac{\mathrm{Re}(b)}{\mathrm{Im}(b)}\right) + \mathrm{Im}(a)}{s} + \frac{-\mathrm{Re}(a) + \mathrm{Im}(a) \cdot \left(\frac{\mathrm{Re}(b)}{\mathrm{Im}(b)}\right)}{s}\sqrt{-1} & \begin{array}{l}(\text{if } |\mathrm{Im}(b)| \geq |\mathrm{Re}(b)| \geq 0) \\ \text{ここで } s = \mathrm{Re}(b) \cdot \left(\frac{\mathrm{Re}(b)}{\mathrm{Im}(b)}\right) + \mathrm{Im}(b)\end{array} \end{cases}$$
$$\tag{6.6}$$

以上の複素数演算の計算回数を**表 6.1** にまとめておく。対応する実数の演算と比べて，2〜3 倍の演算量を必要とすることが分かる。したがって，複素数の演算は実数のそれに比べてかなり「高くつく」ことを認識しておく必要がある。当然のことながら，必要となるメモリ量も実数の 2 倍になる。

表 6.1　複素数演算の計算回数

| | 加減算 | 乗算 | 除算 | 平方根 |
|---|---|---|---|---|
| $|a|$ (式 (6.1)) | 1 | 2 | 0 | 1 |
| $|a|$ (式 (6.5)) | 1 | 2 | 1 | 1 |
| $a \pm b$ | 2 | 0 | 0 | 0 |
| $ab$ | 2 | 4 | 0 | 0 |
| $a/b$ (式 (6.4)) | 3 | 6 | 2 | 0 |
| $a/b$ (式 (6.6)) | 4 | 4 | 4 | 0 |

問題 6.1

1. 式 (6.5)，式 (6.6) がそれぞれ $|a|$ と $a/b$ を計算していることを確認せよ。
2. 前章の多倍長浮動小数点数の四則演算のベンチマークテストの結果を用いて，複素数演算の性能評価を行え。また実際にベンチマークテストを行った結果と比較せよ。

現在の数値計算は大規模化が進んでおり，そこではベクトルおよび行列の**基本線形計算** (linear computation) が多用される。基本線形計算は次元数が上がるにつれて莫大な計算量を必要とすることを認識しておく必要がある。ここではその一端に触れることにする。

実ベクトル $\mathbf{a} = [a_1 \; a_2 \; \cdots \; a_n]^{\mathrm{T}} \in \mathbb{R}^n$ の基本線形計算はそれぞれ次のように行う。

$$\text{ベクトルのスカラー積} \quad \alpha\mathbf{a} = \begin{bmatrix} \alpha a_1 \\ \alpha a_2 \\ \vdots \\ \alpha a_n \end{bmatrix} \quad (\text{ここで} \alpha \in \mathbb{R}) \tag{6.7}$$

$$\text{ベクトルの加減算} \quad \mathbf{a} \pm \mathbf{b} = \begin{bmatrix} a_1 \pm b_1 \\ a_2 \pm b_2 \\ \vdots \\ a_n \pm b_n \end{bmatrix} \tag{6.8}$$

$$\text{内積（ドット積）} \quad (\mathbf{a}, \mathbf{b}) = \sum_{i=1}^{n} a_i b_i \tag{6.9}$$

複素ベクトル $\mathbf{c} = [c_1 \; c_2 \; \cdots \; c_n]^{\mathrm{T}}, \mathbf{d} = [d_1 \; d_2 \; \cdots \; d_n]^{\mathrm{T}} \in \mathbb{C}^n$ に対しても，スカラー積，加減算の定義は実ベクトルとまったく同じになる。ただし，内積 $(\mathbf{c}, \mathbf{d})$ は，$\overline{\mathbf{c}} = [\overline{c_1} \; \overline{c_2} \; \cdots \; \overline{c_n}]^{\mathrm{T}}$ を用いて次のように定義する。

$$(\mathbf{c}, \mathbf{d}) = \sum_{i=1}^{n} \overline{c_i} d_i \tag{6.10}$$

したがって，実ベクトルとは異なり，複素ベクトルの場合，内積はドット積 $\sum_{i=1}^{n} c_i d_i$ とは一致しない。

同様に，$n$ 次の実正方行列 $A = [a_{ij}] \in \mathbb{R}^{n \times n} \; (i, j = 1, 2, ..., n)$ の基本線形計算は次のようにして行われる。

$$\text{行列ベクトル積} \quad A\mathbf{b} = \begin{bmatrix} \sum_{j=1}^{n} a_{1j} b_j \\ \sum_{j=1}^{n} a_{2j} b_j \\ \vdots \\ \sum_{j=1}^{n} a_{nj} b_j \end{bmatrix} \tag{6.11}$$

$$\text{行列のスカラー積} \quad \alpha A = \begin{bmatrix} \alpha a_{11} & \alpha a_{12} & \cdots & \alpha a_{1n} \\ \alpha a_{21} & \alpha a_{22} & \cdots & \alpha a_{2n} \\ \vdots & \vdots & & \vdots \\ \alpha a_{n1} & \alpha a_{n2} & \cdots & \alpha a_{nn} \end{bmatrix} \quad (\text{ここで} \alpha \in \mathbb{R}) \tag{6.12}$$

$$\text{行列の加減算} \quad A \pm B = \begin{bmatrix} a_{11} \pm b_{11} & a_{12} \pm b_{12} & \cdots & a_{1n} \pm b_{1n} \\ a_{21} \pm b_{21} & a_{22} \pm b_{22} & \cdots & a_{2n} \pm b_{2n} \\ \vdots & \vdots & & \vdots \\ a_{n1} \pm b_{n1} & a_{n2} \pm b_{n2} & \cdots & a_{nn} \pm b_{nn} \end{bmatrix} \tag{6.13}$$

$$\text{行列の乗算} \quad AB = \begin{bmatrix} \sum_{j=1}^{n} a_{1j}b_{j1} & \sum_{j=1}^{n} a_{1j}b_{j2} & \cdots & \sum_{j=1}^{n} a_{1j}b_{jn} \\ \sum_{j=1}^{n} a_{2j}b_{j1} & \sum_{j=1}^{n} a_{2j}b_{j2} & \cdots & \sum_{j=1}^{n} a_{2j}b_{jn} \\ \vdots & \vdots & & \vdots \\ \sum_{j=1}^{n} a_{nj}b_{j1} & \sum_{j=1}^{n} a_{nj}b_{j2} & \cdots & \sum_{j=1}^{n} a_{nj}b_{jn} \end{bmatrix} \tag{6.14}$$

ベクトル演算，行列演算の計算回数を**表 6.2**，**表 6.3** にまとめておく．

表 6.2　ベクトル演算の計算回数

| | 加減算 | 乗算 | 計算量 |
|---|---|---|---|
| $\alpha\mathbf{a}$ | 0 | $n$ | $O(n)$ |
| $\mathbf{a} \pm \mathbf{b}$ | $n$ | 0 | $O(n)$ |
| $(\mathbf{a}, \mathbf{b})$ | $n-1$ | $n$ | $O(n)$ |

表 6.3　正方行列演算の計算回数

| | 加減算 | 乗算 | 計算量 |
|---|---|---|---|
| $A\mathbf{b}$ | $n(n-1)$ | $n^2$ | $O(n^2)$ |
| $\alpha A$ | 0 | $n^2$ | $O(n^2)$ |
| $A \pm B$ | $n^2$ | 0 | $O(n^2)$ |
| $AB$ | $n^2(n-1)$ | $n^3$ | $O(n^3)$ |

問題 6.2

1. $\alpha, \beta \in \mathbb{R}$, $\mathbf{a}, \mathbf{b} \in \mathbb{R}^n$ であるとき，$\alpha\mathbf{a} \pm \beta\mathbf{b}$ の計算量を求めよ．
2. $\alpha, \beta \in \mathbb{R}$, $A, B, C \in \mathbb{R}^{n \times n}$ であるとき，$(\alpha A \pm \beta B)C$ の計算量を求めよ．
3. $\mathbf{a}, \mathbf{b} \in \mathbb{C}^n$ であるとき，内積 $(\mathbf{a}, \mathbf{b})$ の計算量を求めよ．

## 6.4 ● NumPy を用いた基本線形計算

前述したように，Python における科学技術計算，特にベクトルや行列を扱う線形計算は，NumPy の配列機能が土台となっており，SciPy のさらに複雑な線形計算にも利用されている．ここでは基本的な線形計算を NumPy を用いて実行する事例をいくつか示す．

### 6.4.1　零ベクトル，零行列，単位行列

すべての要素がゼロであるベクトルを**零ベクトル** (zero vector) と呼び，

$$0 = [0\ 0 \cdots\ 0]^{\mathrm{T}} \in \mathbb{R}^n \tag{6.15}$$

と書く．

すべての要素がゼロである行列を**零行列** (zero matrix) と呼び，大文字の O を用いて

$$
O = \begin{bmatrix} 0 & 0 & \dots & 0 \\ 0 & 0 & \dots & 0 \\ \vdots & \vdots & & \vdots \\ 0 & 0 & \dots & 0 \end{bmatrix} \tag{6.16}
$$

と書く。

$n$ 次正方行列において，対角成分がすべて 1，それ以外の成分がすべて 0 になる行列を**単位行列** (unit matrix) と呼び，大文字の I を用いて

$$
I = \begin{bmatrix} 1 & 0 & \dots & \dots & 0 \\ 0 & 1 & 0 & \dots & 0 \\ \vdots & \ddots & \ddots & \ddots & \vdots \\ 0 & \dots & 0 & 1 & 0 \\ 0 & \dots & \dots & 0 & 1 \end{bmatrix} \in \mathbb{R}^{n \times n} \tag{6.17}
$$

と書く。特に $n$ 次であることを明示したいときには $I_n$ と書くことにする。

■ Python スクリプト例　NumPy の零ベクトル，零行列，単位行列などを生成する機能を確認するスクリプトを listing 6.1 に示す。

listing 6.1　零ベクトル，零行列，単位行列などを生成

```python
# zero_matvec.py: 零ベクトル・零行列・単位行列など
import numpy as np

# 行列サイズ
str_dim = input('正方行列サイズ dim = ')
dim = int(str_dim)  # 文字列→整数

# 零ベクトル
zero_vector = np.zeros(dim)

# 零行列
zero_matrix = np.zeros((dim, dim))

# 単位行列
unit_matrix = np.eye(dim)  # np.identity(dim)でも可

print('0 = ', zero_vector)
print('O = \n', zero_matrix)
print('I = \n', unit_matrix)

# すべての成分が1のベクトルと行列
one_vector = np.ones(dim)
one_matrix = np.ones((dim, dim))
```

```
24
25    print('one_vector = ', one_vector)
26    print('one_matrix = \n', one_matrix)
```

[0,1] 区間の一様乱数を成分として持つ乱数行列を生成する機能もある．行列を用いたスクリプトの動作確認の際にはよく使用される．

```
# 乱数行列
rand_matrix = np.random.rand(dim, dim)
print('rand_matrix = \n', rand_matrix)
```

### 6.4.2　ベクトル演算

■ スカラー倍と加減算　Python における通常の配列では基本線形計算ができない．例えば $\mathbf{a} = [1\ 2\ 3]^{\mathrm{T}}$, $\mathbf{b} = [-3\ -2\ -1]^{\mathrm{T}} \in \mathbb{R}^3$ に対して次のベクトル演算を実行したいとする．

$$3\mathbf{a} + \mathbf{b} = 3 \begin{bmatrix} 1 \\ 2 \\ 3 \end{bmatrix} + \begin{bmatrix} -3 \\ -2 \\ -1 \end{bmatrix} = \begin{bmatrix} 3 \cdot 1 + (-3) \\ 3 \cdot 2 + (-2) \\ 3 \cdot 3 + (-1) \end{bmatrix} = \begin{bmatrix} 0 \\ 4 \\ 8 \end{bmatrix}$$

これを実行するには，Python 標準の配列ではなく，listing 6.2 のように NumPy の `ndarray` (N-dimensional array) を使用する．

listing 6.2　NumPy を用いた基本線形計算

```
1    # first_ndarray.py: 基本線形計算
2    import numpy as np
3
4    # ベクトル
5    vec_a = np.array([1, 2, 3])
6    vec_b = np.array([-3, -2, -1])
7
8    print('vec_a = ', vec_a)
9    print('vec_b = ', vec_b)
10
11   # ベクトル演算ができる
12   vec_c = 3 * vec_a + vec_b
13   print(' = ', vec_c)
```

この結果，次のように `vec_c` に正しい結果が格納されていることが分かる．

```
vec_a =  [1 2 3]
vec_b =  [-3 -2 -1]
vec_c =  [0 4 8]
```

これに対し，Python 標準の配列 array_a と array_b をベクトルと見立てて，下記のように乗算演算子*と加算演算子+を用いて 3 * array_a + array_b を計算させるスクリプトを作ってみる。

```
1  # simple_array.py: 単なる配列
2  array_a = [1, 2, 3]
3  array_b = [-3, -2, -1]
4  print('array_a = ', array_a)
5  print('array_b = ', array_b)
6
7  # ベクトル演算ができない
8  array_c = 3 * array_a + array_b
9  print('array_c = ' array_c)
```

この結果，下記のような出力結果となり，乗算は同じ配列 array_a の3つの繰り返しを生成し，加算は単なる配列をつなぎ合わせたものになっている。これはベクトル演算ではない。

```
array_a =  [1, 2, 3]
array_b =  [-3, -2, -1]
array_c =  [1, 2, 3, 1, 2, 3, 1, 2, 3, -3, -2, -1]
```

■ ベクトルのドット積　ベクトル $\mathbf{a}, \mathbf{b} \in \mathbb{R}^n$ の**ドット積** (dot product)

$$\sum_{i=1}^{n} a_i b_i$$

の計算は，NumPy の dot メソッドを使用する。実ベクトルのドット積は内積 $(\mathbf{a}, \mathbf{b})$ と同値になる。

```
# ベクトルのドット積
ip_ab = vec_a.dot(vec_b)   # vec_a @ vec_b でもよい
print('(a, b) = ', ip_ab)
```

■ ベクトルのノルム　**ノルム**とは，簡単に言うと $\mathbb{R}$ や $\mathbb{C}$ における絶対値 $|\cdot|$ の拡張概念ということになる。絶対値は $a, b \in \mathbb{C}$ という2つの数の「距離」を表現するために用いられるものである。つまり，$|a - b|$ が0に近ければ，$a, b$ は「近い」と言える。$|a| = |a - 0|$ であるから，これが0に近ければ0との距離が近いということになる。よって，ノルムも $n$ 次元空間 $\mathbb{C}^n$ もしくは $\mathbb{R}^n$ におけるベクトル間の距離を表すものと考えてよい。逆に言えば，距離を表現するに足る下記の性質さえ満たしていれば，それはすべてノルムであるということになる。

　後で行列のノルムも定義するが，上の条件をすべて満足するところはまったく同じである。一般的には次の $p$ ノルムがある。

　よく使用されるのは $p = 1, 2, \infty$ の場合である。これをそれぞれ 1 ノルム，2 ノルム (またはユークリッドノルム)，無限大ノルムと呼ぶ。

$$1 \text{ ノルム} \quad \|\mathbf{a}\|_1 = \sum_{i=1}^{n} |a_i|$$

$$\text{ユークリッドノルム} \quad \|\mathbf{a}\|_2 = \sqrt{\sum_{i=1}^{n} |a_i|^2} \ = \sqrt{(\mathbf{a}, \mathbf{a})}$$

$$\text{無限大ノルム} \quad \|\mathbf{a}\|_\infty = \max_i |a_i|$$

$\mathbf{x} = [x_1\ x_2]^T \in \mathbb{R}^2$ のとき,それぞれのノルムが 1 になる位置を図示したのが**図 6.1** である。もし円の定義を,「原点からの距離 ($=$ ノルム) が一定の点の集まり」とするのであれば,これらはすべて円ということになる。

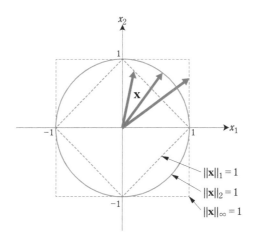

図 6.1 $\|\mathbf{x}\|_1 = \|\mathbf{x}\|_2 = \|\mathbf{x}\|_\infty = 1$ となるベクトルの位置

数値計算ではベクトル列 $\mathbf{x}_1, \mathbf{x}_2, ..., \mathbf{x}_k, ...$ を形成するアルゴリズムが多いが,有限次元の線形空間 $\mathbb{C}^n$ や $\mathbb{R}^n$ においては,あるノルムを用いて収束,すなわち $\lim_{k\to\infty} \|\mathbf{x}_k\|_p = \|\mathbf{a}\|_p$ となるものが,別のノルムでは発散,すなわち $\lim_{k\to\infty} \|\mathbf{x}_k\|_q = \infty$ となってしまう,という事態は起こらない。もちろんその逆も起こらない。実際,任意のベクトル $\|\cdot\|_p$ と $\|\cdot\|_q$ との間には,$\forall \mathbf{x} \in \mathbb{C}^n$ に対して

$$\|\mathbf{x}\|_p \le \alpha_{pq} \|\mathbf{x}\|_q$$

という定数 $\alpha_{pq} \ge 0$ が存在する。よく用いられる 3 つのノルムにおける $\alpha_{pq}$ は**表 6.4** のようになる。

表 6.4　1 ノルム,ユークリッドノルム,無限大ノルム間における $\alpha_{pq}$

| $p \to$<br>$q \downarrow$ | 1 | 2 | $\infty$ |
|---|---|---|---|
| 1 | 1 | $\sqrt{n}$ | $n$ |
| 2 | 1 | 1 | $\sqrt{n}$ |
| $\infty$ | 1 | 1 | 1 |

NumPy と SciPy の線形計算モジュール (linalg) にはそれぞれベクトルノルムを求める `norm` 関数があり,ノルムの種類は引数で規定する。ここでは

```
import numpy as np  # NumPy
import scipy.linalg as sclinalg  # SciPy.linalg モジュール
```

のように，NumPy と SciPy の linalg パッケージを読み込んだとして，それぞれに備わっているノルム計算の機能を使った例を listing 6.3 に示す。

listing 6.3　NumPy と SciPy のノルムの計算

```
1   # ユークリッドノルム
2   print('||vec_a||_2 = ', np.linalg.norm(vec_a))
3   print('||vec_a||_2 = ', sclinalg.norm(vec_a))
4
5   # 1ノルム
6   print('||vec_a||_1 = ', np.linalg.norm(vec_a, 1))
7   print('||vec_a||_1 = ', sclinalg.norm(vec_a, 1))
8
9   # 無限大ノルム
10  print('||vec_a||_inf = ', np.linalg.norm(vec_a, np.inf))
11  print('||vec_a||_inf = ', sclinalg.norm(vec_a, np.inf))
```

問題 6.3　$\mathbf{x} = [1\ 2\ 3\ 4\ 5]^{\mathrm{T}}$, $\mathbf{y} = [-5\ -4\ -3\ -2\ -1]^{\mathrm{T}}$ のとき，$\mathbf{z}$ を

$$\mathbf{z} = -3\mathbf{x} + 4\mathbf{y}$$

とする。まず $\mathbf{z}$ を求めてから次の計算を行え。

1. $(\mathbf{z}, \mathbf{x})$
2. $\|\mathbf{z}\|_1, \|\mathbf{z}\|_2, \|\mathbf{z}\|_\infty$

### 6.4.3　行列演算

行列の演算もベクトル演算同様，加減乗算については同様に演算子を使って実現できる。例えば

$$A = \begin{bmatrix} 1 & 2 & 3 \\ 2 & 2 & 3 \\ 3 & 3 & 3 \end{bmatrix}, B = \begin{bmatrix} -3 & -3 & -3 \\ -3 & -2 & -2 \\ -3 & -2 & -1 \end{bmatrix}, \mathbf{x} = \begin{bmatrix} 1 \\ 2 \\ 3 \end{bmatrix}$$

のとき，$A\mathbf{x}, 3A - 4B, AB$ を求めるスクリプトは listing 6.4 のようになる。

listing 6.4　NumPy の行列基本演算

```
1   # basic_matrix.py: 行列の基本演算
2   import numpy as np
3
4   # 行列の定義
5   mat_a = np.array([[1, 2, 3], [2, 2, 3], [3, 3, 3]])
```

```
 6   print('A = \n', mat_a)
 7   mat_b = np.array([[-3, -3, -3], [-3, -2, -2], [-3, -2, -1]])
 8   print('B = \n', mat_b)
 9
10   # ベクトルの定義
11   vec_x = np.array([1, 2, 3])
12   print('x = ', vec_x)
13
14   # BLAS Level2
15   # 行列，ベクトル演算: 行列ベクトル積
16   mat_ax = mat_a.dot(vec_x)   # np.dot(mat_a, vec_x)も可
17   print('Ax = ', mat_ax)
18
19   # 3A - 4B
20   mat_3am4b = 3 * mat_a - 4 * mat_b
21   print('3A - 4B = \n', mat_3am4b)
22
23   # BLAS Level3
24   # 行列演算: 行列積
25   mat_ab = mat_a.dot(mat_b)   # 方法 1 np.dot(mat_a, mat_b)も可
26   print('A * B = \n', mat_ab)
27   mat_ab_at = mat_a @ mat_b  # 方法 2
28   print('A @ B = \n', mat_ab_at)
```

■ 行列のノルム　行列のノルムはベクトルのノルムをベースにして定義されるものが普通である。代表的なものとしては次の $p$ ノルムがある。

---

**定義 6.4　行列の $p$ ノルム**

$\forall A \in \mathbb{C}^{n \times n}$(または $\mathbb{R}^{n \times n}$ 以下同様) に対し，

$$\|A\|_p = \max_{\mathbf{x} \neq 0} \frac{\|A\mathbf{x}\|_p}{\|\mathbf{x}\|_p}$$

と定義される $\|\cdot\|_p$ を**行列の $p$ ノルム**と呼ぶ。

---

これによって，行列の 1 ノルム，ユークリッドノルム，無限大ノルムも同様に定義されることになる。

$$1 ノルム \quad \|A\|_1 = \max_{\mathbf{x} \neq 0} \frac{\|A\mathbf{x}\|_1}{\|\mathbf{x}\|_1} = \max_j \sum_{i=1}^{n} |a_{ij}|$$

$$ユークリッドノルム \quad \|A\|_2 = \max_{\mathbf{x} \neq 0} \frac{\|A\mathbf{x}\|_2}{\|\mathbf{x}\|_2} = \sqrt{\max_i \lambda_i(A^*A)} \quad (ここで \lambda_i(A) は A の固有値)$$

$$無限大ノルム \quad \|A\|_\infty = \max_{\mathbf{x} \neq 0} \frac{\|A\mathbf{x}\|_\infty}{\|\mathbf{x}\|_\infty} = \max_i \sum_{j=1}^{n} |a_{ij}|$$

なお，行列の $p$ ノルムとベクトルの $p$ ノルムとの間には，$\forall A \in \mathbb{C}^{n \times n}, \forall \mathbf{x} \in \mathbb{C}^n$ に対して

$$\|A\mathbf{x}\|_p \leq \|A\|_p \cdot \|\mathbf{x}\|_p$$

という関係がある。よって，$\forall A, B \in \mathbb{C}^{n \times n}$ に対しても

$$\|AB\|_p \leq \|A\|_p \cdot \|B\|_p$$

が成り立つ。

　行列のノルムを Python で計算する機能は，ベクトル同様に norm 関数を使用する。$p = 2, 1, \infty$ ノルムについては listing 6.5 のように指定すればよい。

listing 6.5　NumPy と SciPy の行列のノルム計算

```
1   # ユークリッドノルム
2   print('||mat_a||_2 = ', np.linalg.norm(mat_a)) # norm(mat_a, 2)と同じ
3   print('||mat_a||_2 = ', sclinalg.norm(mat_a))
4
5   # 1ノルム
6   print('||mat_a||_1 = ', np.linalg.norm(mat_a, 1))
7   print('||mat_a||_1 = ', sclinalg.norm(mat_a, 1))
8
9   # 無限大ノルム
10  print('||mat_a||_inf = ', np.linalg.norm(mat_a, np.inf))
11  print('||mat_a||_inf = ', sclinalg.norm(mat_a, np.inf))
```

　もう 1 つ，行列を 1 本のベクトルとして解釈し，ユークリッドノルムと同様に

$$\|A\|_F = \sqrt{\sum_{i=1}^{n} \sum_{j=1}^{n} |a_{ij}|^2}$$

と計算するフロベニウス (Frobenius) ノルムもよく使用される。これも norm 関数に引数として 'fro' を指定することで計算することができる。

```
# フロベニウスノルム
print('||mat_a||_fro = ', np.linalg.norm(mat_a, 'fro'))
print('||mat_a||_fro = ', sclinalg.norm(mat_a, 'fro'))
```

## 6.5 ● ベクトルと行列の誤差

　さて，これでベクトルと行列に絶対値の拡張概念であるノルムを導入できたわけだが，そうすると，ベクトルや行列にも絶対誤差と相対誤差が定義できることになる。今まではなるべく一般的な定義を $\mathbb{C}^n$ や $\mathbb{C}^2$ に対して述べてきたが，本書では今のところ複素数を要素とする行列やベクトルを用いたアルゴリズムを扱っていないので，誤差の定義は $\mathbb{R}^n$，$\mathbb{R}^{n \times n}$ にとどめておく。

> **定義 6.5　ベクトルの誤差**
>
> $\mathbf{a} \in \mathbb{R}^n$ を真の値，$\widetilde{\mathbf{a}} \in \mathbb{R}^n$ をその近似値とする。このとき
>
> $$E(\widetilde{\mathbf{a}}) = \|\mathbf{a} - \widetilde{\mathbf{a}}\| \tag{6.18}$$
>
> を $\widetilde{\mathbf{a}}$ の**絶対誤差**という。さらに
>
> $$rE(\widetilde{\mathbf{a}}) = \left\{ \begin{array}{ll} \dfrac{\|\mathbf{a} - \widetilde{\mathbf{a}}\|}{\|\mathbf{a}\|} = \dfrac{E(\widetilde{\mathbf{a}})}{\|\mathbf{a}\|} & (\mathbf{a} \neq 0) \\[2mm] \|\mathbf{a} - \widetilde{\mathbf{a}}\| = E(\widetilde{\mathbf{a}}) & (\mathbf{a} = 0) \end{array} \right. \tag{6.19}$$
>
> を $\widetilde{\mathbf{a}}$ の**相対誤差**という。特にノルムが $\|\cdot\|_p$ であるときには
>
> $$E_p(\widetilde{\mathbf{a}}) = \|\mathbf{a} - \widetilde{\mathbf{a}}\|_p, \ rE_p(\widetilde{\mathbf{a}}) = \frac{E_p(\widetilde{\mathbf{a}})}{\|\mathbf{a}\|_p}$$
>
> と書くことにする。

行列についても同様に，真値 $A \in \mathbb{R}^{n \times n}$ とその近似値 $\widetilde{A} \in \mathbb{R}^{n \times n}$ に対して，行列ノルムを用いて $E(\widetilde{A}), E_p(\widetilde{A}), rE(\widetilde{A}), rE_p(\widetilde{A})$ が定義できる。

**例題 6.1**

ベクトル $\mathbf{x} \in \mathbb{R}^2$ と正方行列 $A \in \mathbb{R}^{2 \times 2}$ が

$$\mathbf{x} = \left[ \begin{array}{c} 1/6 \\ \pi \end{array} \right], \ A = \left[ \begin{array}{cc} \exp(1) & -\log 3 \\ -\sqrt{2} & 2/3 \end{array} \right] \tag{6.20}$$

のとき，各要素を 10 進 5 桁に四捨五入したものを $\widetilde{\mathbf{x}}, \widetilde{A}$ とすると

$$\widetilde{\mathbf{x}} = \left[ \begin{array}{c} 1.6667 \times 10^{-1} \\ 3.1416 \end{array} \right], \ \widetilde{A} = \left[ \begin{array}{cc} 2.7183 & -1.0986 \\ -1.4142 & 6.6667 \times 10^{-1} \end{array} \right] \tag{6.21}$$

となる。このとき，$rE_p(\widetilde{\mathbf{x}}), rE_p(\widetilde{A})$ を，例えば NumPy の norm 関数を用いて求めるスクリプトは listing 6.6 のようになる。

**listing 6.6　ベクトル，行列のノルムの相対誤差**

```
1  # relerr_norm.py: ベクトル，行列のノルム相対誤差
2  import numpy as np
3
4  # 真のベクトル，真の行列
```

```
 5    x = np.array([1/6, np.pi])
 6    A = np.array([[np.exp(1), -np.log(3)], [-np.sqrt(2), 2/3]])
 7
 8    print('x = ', x)
 9    print('A = '); print(A)
10
11    # 近似ベクトル，近似行列
12    approx_x = np.array([1.6667e-1, 3.1416])
13    approx_A = np.array([[2.7183, -1.0986], [-1.4142, 6.6667e-1]])
14
15    print('approx_x = ', approx_x)
16    print('approx_A = '); print(approx_A)
17
18    # ノルム相対誤差
19    print(f'rE1(approx_x)   = {np.linalg.norm(x - approx_x, 1) / np.linalg.norm(x, 1):10.1e}')
20    print(f'rE2(approx_x)   = {np.linalg.norm(x - approx_x, 2) / np.linalg.norm(x, 2):10.1e}')
21    print(f'rEi(approx_x)   = {np.linalg.norm(x - approx_x, np.inf) / np.linalg.norm(x, np.inf
         ):10.1e}')
22
23    print(f'rE1(approx_A)   = {np.linalg.norm(A - approx_A, 1) / np.linalg.norm(A, 1):10.1e}')
24    print(f'rE2(approx_A)   = {np.linalg.norm(A - approx_A, 2) / np.linalg.norm(A, 2):10.1e}')
25    print(f'rEi(approx_A)   = {np.linalg.norm(A - approx_A, np.inf) / np.linalg.norm(A, np.inf
         ):10.1e}')
```

結果は**表 6.5** のようになる。

表 6.5  各種のノルム相対誤差

|  | $rE_1(\cdot)$ | $rE_2(\cdot)$ | $rE_\infty(\cdot)$ |
|---|---|---|---|
| $\widetilde{\mathbf{x}}$ | $3.2 \times 10^{-6}$ | $2.6 \times 10^{-6}$ | $2.3 \times 10^{-6}$ |
| $\widetilde{A}$ | $7.7 \times 10^{-6}$ | $7.7 \times 10^{-6}$ | $8.0 \times 10^{-6}$ |

## 6.6 ● 行列乗算のベンチマークテスト

行列乗算は，コンピュータの演算性能を計測するためによく使用される。そこで，今まで使用してきた NumPy と SciPy の機能を用いて，大きいサイズの正方行列の乗算に要する計算時間を計測してみる。

乱数を要素とする実正方行列 $A$(matrix_a) と $B$(matrix_b) を SciPy の random モジュールの乱数行列生成関数 (rand) を用いて与えて，行列乗算 $AB$ を実行し，その積を $C$ に代入する

$$C := AB$$

という計算を，@演算子と dot メソッドを用いて行った Python スクリプトが listing 6.7 である。NumPy と SciPy を読み込む部分と，正方行列の次元数 $n =$dim を設定する部分は省略する。時間計測は time モジュールの time 関数を使用している。

listing 6.7　行列乗算

```
1    # 正方行列生成: 乱数行列
2    np.random.seed(20190326)
3    matrix_a = sc.random.rand(dim, dim)
4    matrix_b = sc.random.rand(dim, dim)
5
6    # ノルム表示
7    print('||A|| = ', np.linalg.norm(matrix_a))
8    print('||B|| = ', np.linalg.norm(matrix_b))
9
10   # 行列乗算 (1): C1 = A * B
11   start_time = time.time()
12   matrix_c1 = matrix_a @ matrix_b
13   end_time = time.time()
14   print('C1 計算時間 (秒): ', end_time - start_time)
15
16   # 行列乗算 (2): C2 = A * B
17   start_time = time.time()
18   matrix_c2 = matrix_a.dot(matrix_b)
19   end_time = time.time()
20   print('C2 計算時間 (秒): ', end_time - start_time)
21
22   # 検算: ||C1 - C2|| == 0?
23   print('||C1 - C2|| = ', np.linalg.norm(matrix_c1 - matrix_c2) / np.linalg.norm(matrix_c1))
```

両方の計算結果が丸め誤差以上でないことを確認するために，@演算子を使用して計算した結果を $C_1$(C1) に，dot メソッドを使用して計算した結果を $C_2$(C2) に代入し，ノルム相対誤差を出力して検算代わりとしている。

同様に，$A$ と $B$ に複素数の要素を，

```
# 複素正方行列生成: 乱数行列
matrix_a = sc.random.rand(dim, dim) + 1j * sc.random.rand(dim, dim)
matrix_b = sc.random.rand(dim, dim) + 1j * sc.random.rand(dim, dim)
```

として設定すると，上記とまったく同じスクリプトを用いて 2 種類の方法で複素行列積 $C_1 C_2 \in \mathbb{C}^{n \times n}$ を求めることができる。

このようにして，実正方行列乗算と，複素行列乗算の計算時間を計測した結果を**表 6.6** に示す。計算環境は

**CPU** Intel Core i7-9700K (3.6 GHz)
**OS** Ubuntu 18.04.3 LTS
**Python** Version 3.6.8

である。

この結果より，

● dot メソッドを用いた方が@演算子を用いたときより若干計算時間が短くなる

●複素正方行列乗算の計算時間は，実正方行列乗算の約 2 倍になる
ことが分かる。

表 6.6　NumPy の行列乗算計算時間 (単位：秒)

| $n$ | 実正方行列乗算 | | 複素正方行列乗算 | |
|---|---|---|---|---|
| | @ | dot | @ | dot |
| 1024 | 0.013 | 0.0097 | 0.038 | 0.032 |
| 2048 | 0.089 | 0.074 | 0.27 | 0.24 |
| 4096 | 0.88 | 0.83 | 1.94 | 1.83 |
| 8192 | 6.71 | 6.64 | 14.4 | 13.9 |

# 演習問題

**6.1** ベクトル $\mathbf{x} \in \mathbb{R}^3$ と正方行列 $A \in \mathbb{R}^{3 \times 3}$ が

$$\mathbf{x} = \left[ \begin{array}{c} \sqrt{2} \\ \exp(1) \\ \pi \end{array} \right], \quad A = \left[ \begin{array}{ccc} \exp(1) & 1/\pi & 0 \\ \sqrt{5} & \log_{10} 2 & 1/3 \\ -\sqrt{2} & 0 & \pi \end{array} \right]$$

のとき，各要素を10進5桁に四捨五入したものを $\widetilde{\mathbf{x}}, \widetilde{A}$ とする。このとき，次の問いに答えよ。

(a) $\widetilde{\mathbf{x}}, \widetilde{A}$ を明示せよ。

(b) $rE_1(\widetilde{\mathbf{x}}), rE_2(\widetilde{\mathbf{x}}), rE_\infty(\widetilde{\mathbf{x}})$ を求めよ。

(c) $rE_1(\widetilde{A}), rE_2(\widetilde{A}), rE_\infty(\widetilde{A})$ を求めよ。

(d) 倍精度計算した $\widetilde{A}\widetilde{\mathbf{x}}$ を明示し，$rE_1(\widetilde{A}\widetilde{\mathbf{x}}), rE_2(\widetilde{A}\widetilde{\mathbf{x}}), rE_\infty(\widetilde{A}\widetilde{\mathbf{x}})$ を求めよ。

**6.2** NumPy の `ndarray` の機能を用いて，自作の行列乗算関数 `mymatmul` を作成すると次のようになる。この関数を用いて大きいサイズの行列乗算を実行し，計算時間を@演算子や dot メソッドを用いた場合とで比較せよ。また，実正方行列乗算と複素正方行列乗算でもそれぞれ比較せよ。

```python
# 自作行列乗算
def mymatmul(mat_a, mat_b):
    row_dim  , mid_dim = mat_a.shape
    mid_dim_b, col_dim = mat_b.shape

    if mid_dim != mid_dim_b:
        print('A\'s col_dim = ', mid_dim, ', B\'s row_dim = ', mid_dim_b, ' are mismatched !.')
        return np.ndarray([0])

    mat_c = np.zeros((row_dim, col_dim))
    for i in range(0, row_dim):
        for j in range(0, col_dim):
            for k in range(0, mid_dim):
                mat_c[i, j] += mat_a[i, k] * mat_b[k, j]

    return mat_c
```

### 第 7 章

# 連立一次方程式の解法1
# ― 直接法

数値計算は線形代数に依存するところが大きく，この高度に発展した数値線形代数という主題は，初めから数値解析の核心であった。安定性・良条件・後退誤差解析といった現在では標準的になっている概念は，数値線形代数という主題のもとで定義され，研ぎ澄まされてきた。こうした発展の中心人物は，1950 年代からその死の 1986 年に至るまで，ウィルキンスン (Jim Wilkinson) であった。

L. N. Trefethen(岡田・三井 訳)
「数値解析の定義」(応用数理 Vol.3, No.2)

最も小さい 2 次元の連立一次方程式は変数を減らす操作を行うことで簡単に解くことができる。これを一般の $n$ 次元の連立一次方程式に適用したものを，係数行列に対して行もしくは列ごとに直接操作することから，**直接法** (direct method) と呼ぶ。本章では標準的な直接法である LU 分解と前進・後退代入を解説し，その派生アルゴリズムについても述べる。最後に，条件数の定義を行い，悪条件な連立一次方程式の具体例を示す。

## 7.1 ● 連立一次方程式とその数値計算法

以降の章を通じて扱う**連立一次方程式** (linear system of equations) を

$$Ax = b \tag{7.1}$$

と書くことにする。ここで

$$A = \begin{bmatrix} a_{11} & a_{12} & \cdots & a_{1n} \\ a_{21} & a_{22} & \cdots & a_{2n} \\ \vdots & \vdots & & \vdots \\ a_{n1} & a_{n2} & \cdots & a_{nn} \end{bmatrix} \in \mathbb{R}^{n \times n}, \ \mathbf{b} = \begin{bmatrix} b_1 \\ b_2 \\ \vdots \\ b_n \end{bmatrix} \in \mathbb{R}^n, \ \mathbf{x} = \begin{bmatrix} x_1 \\ x_2 \\ \vdots \\ x_n \end{bmatrix} \in \mathbb{R}^n$$

であり，$A$ と $\mathbf{b}$ がそれぞれ既知であるとき，式 (7.1) を満足する $\mathbf{x}$ を求める問題である。これら連立一次方程式を構成するパーツを

$A$ : 係数行列 (coefficient matrix)
$\mathbf{b}$ : 定数項，定数ベクトル (constant vector)
$\mathbf{x}$ : 解，解ベクトル (solution)

と呼ぶことにする。もし，$A \in \mathbb{C}^{n \times n}$ または $\mathbf{b} \in \mathbb{C}^n$ であれば，$\mathbf{x} \in \mathbb{C}^n$ であることが期待されるが，本書では実数要素のみから成り立つ連立一次方程式を扱うことにする。

さて，線形代数の講義では式 (7.1) には次の 3 つのケースがあることを教えられたはずである。

a) $\mathbf{x}$ は一意に定まる
b) $\mathbf{x}$ は無数に存在する
c) 式 (7.1) を満足する $\mathbf{x}$ は存在しない

c) は式 (7.1) の設定が不適切ということになるので，a) と b) の場合のみを考える。このどちらになるのかは，正方行列 $A$ の性質にのみ依存して決定される。具体的に言うと，$A$ の**行列式** (determinant)$|A|$ が $|A| \neq 0$ であれば，逆行列 $A^{-1}$ が存在する。このとき，行列 $A$ は正則 (行列) であると呼ぶ。**逆行列**とは元の行列との積をとると単位行列 $I \in \mathbb{R}^{n \times n}$ になるものをいう。

$$AA^{-1} = A^{-1}A = \begin{bmatrix} 1 & 0 & \cdots & 0 & 0 \\ 0 & 1 & \ddots & & 0 \\ \vdots & \ddots & \ddots & \ddots & \vdots \\ 0 & & \ddots & 1 & 0 \\ 0 & 0 & \cdots & 0 & 1 \end{bmatrix} = \begin{bmatrix} 1 & & & \\ & 1 & & \\ & & \ddots & \\ & & & 1 \end{bmatrix} = I$$

この性質を利用すれば，式 (7.1) の両辺に $A^{-1}$ を左から乗じて

$$A^{-1}A\mathbf{x} = A^{-1}\mathbf{b}$$
$$\mathbf{x} = A^{-1}\mathbf{b} \tag{7.2}$$

と変形でき，一意な解 $A^{-1}\mathbf{b}$ が得られる。

もし $|A| = 0$ であれば，$A$ のランク $\mathrm{rank}(A)$ が $n$ 未満となり，$\mathbf{x}$ には $n - \mathrm{rank}(A)$ 分の自由度が生まれて無数の解が存在することになる。これも数学的には意味があり，行列の固有値・固有ベクト

ルを求める際にはこのような連立一次方程式を解く必要が出てくる (第9章参照)。本章では a) の場合のみを考えることにする。

　式 (7.2) は理論的表現としては良いが，実際に逆行列を求めて定数ベクトルとの積をとる，という方法をとると，後述する LU 分解を経由する方法に比べて計算量が増えてしまうことが知られている。逆行列そのものを必要とする場合を除き，$n \gg 1$ となる大次元の問題には用いるべきではない。

　連立一次方程式はさまざまな場面で登場し，特に応用的には重要な常微分方程式 (第13章)，偏微分方程式 (第14章) との関わりが深い。よって，行列の構造や問題，精度，コンピュータ環境に適した多種多様な解法が提案されている。大まかには次の3つのカテゴリに分類される。

- **直接法** (direct method)・・・$A$ を直接変形して，有限回の演算で $\mathbf{x}$ を求める方法。本章で取り扱う。
- **反復法** (iterative method)・・・式 (7.1) を変形してベクトル列を得る漸化式を導き，徐々に $\mathbf{x}$ に収束させていく方法。第8章で扱う。
- **クリロフ部分空間法** (Krylov subspace method)・・・クリロフ部分空間 $\subset \mathbb{C}^n$ または $\mathbb{R}^n$ に属するベクトル列を生成しながら，「理論的には」有限回の反復を経て $\mathbf{x}$ を求める方法。第8章で扱う。

## 7.2 ● LU 分解とガウスの消去法

　現在標準的な直接法の1つがこの **LU 分解法** である。考え方は **ガウスの消去法** (Gaussian elimination) と似ているが，非常に利用価値の高い考え方を提示してくれる方法である。

　まず，LU 分解法の考え方を説明する。LU 分解法の $L$ と $U$ はそれぞれ **下三角行列** (lower triangular matrix)，**上三角行列** (upper triangular matrix) を意味する。具体的には

$$
L = \begin{bmatrix} l_{11} & 0 & \cdots & 0 \\ l_{21} & l_{22} & \ddots & \vdots \\ \vdots & \vdots & \ddots & 0 \\ l_{n1} & l_{n2} & \cdots & l_{nn} \end{bmatrix} = \begin{bmatrix} l_{11} & & \\ \vdots & \ddots & \\ l_{n1} & \cdots & l_{nn} \end{bmatrix} = [l_{ij}],\ l_{ij} = \begin{cases} 0 & (i < j) \\ l_{ij} & (i \geq j, l_{ii} \neq 0) \end{cases} \tag{7.3}
$$

$$
U = \begin{bmatrix} u_{11} & u_{12} & \cdots & u_{1n} \\ 0 & u_{22} & \cdots & u_{2n} \\ \vdots & \ddots & \ddots & \vdots \\ 0 & \cdots & 0 & u_{nn} \end{bmatrix} = \begin{bmatrix} u_{11} & \cdots & u_{1n} \\ & \ddots & \vdots \\ & & u_{nn} \end{bmatrix} = [u_{ij}],\ u_{ij} = \begin{cases} u_{ij} & (i \leq j, u_{ii} \neq 0) \\ 0 & (i > j) \end{cases}
$$

$$\tag{7.4}$$

という形の行列である。

　もし，行列 $A$ が $L$ と $U$ の積，つまり

$$A = LU$$

と分解できたとする。これを $A$ の LU 分解と呼ぶことにする。$A$ がこのように LU 分解できれば式

(7.1) は

$$(LU)\mathbf{x} = \mathbf{b} \tag{7.5}$$

となる。これを 2 段階に分けて計算する。まず，

$$L\mathbf{y} = \mathbf{b} \quad \Leftrightarrow \quad \begin{bmatrix} l_{11} & & \\ \vdots & \ddots & \\ l_{n1} & \cdots & l_{nn} \end{bmatrix} \begin{bmatrix} y_1 \\ \vdots \\ y_n \end{bmatrix} \Bigg\downarrow = \begin{bmatrix} b_1 \\ \vdots \\ b_n \end{bmatrix} \tag{7.6}$$

を $y_1$ から $y_n$ の順に $\mathbf{y}(= U\mathbf{x})$ について解き，次にこの $\mathbf{y}$ を定数ベクトルとする連立一次方程式

$$U\mathbf{x} = \mathbf{y} \quad \Leftrightarrow \quad \begin{bmatrix} u_{11} & \cdots & u_{1n} \\ & \ddots & \vdots \\ & & u_{nn} \end{bmatrix} \begin{bmatrix} x_1 \\ \vdots \\ x_n \end{bmatrix} \Bigg\uparrow = \begin{bmatrix} y_1 \\ \vdots \\ y_n \end{bmatrix} \tag{7.7}$$

を $x_n$ から $x_1$ の順に，$\mathbf{x}$ について解く。式 (7.6) を解く過程を**前進代入** (forward substitution)，式 (7.7) を解く過程を**後退代入** (backward substitution) と呼ぶ。よって，もし $A$ が LU 分解できればたやすく式 (7.1) は解けることになる。

　ではどのようにして LU 分解を行うのか。これは $A$ を行列の基本変形によって上三角行列にする（上三角化），ガウスの消去法の考え方を使うことで得ることができる。

　以下では具体的に 3 次元の連立一次方程式で，ガウスの消去法から LU 分解 + 前進代入・後退代入のアルゴリズムを導出する。

### 7.2.1 ガウスの消去法

$A \in \mathbb{R}^{3 \times 3}$, $\mathbf{x} \in \mathbb{R}^3$ が与えられた 3 次元の連立一次方程式を

$$\begin{bmatrix} a_{11} & a_{12} & a_{13} \\ a_{21} & a_{22} & a_{23} \\ a_{31} & a_{32} & a_{33} \end{bmatrix} \begin{bmatrix} x_1 \\ x_2 \\ x_3 \end{bmatrix} = \begin{bmatrix} b_1 \\ b_2 \\ b_3 \end{bmatrix} \quad \Leftrightarrow \quad \begin{cases} a_{11}x_1 & + & a_{12}x_2 & + & a_{13}x_3 & = & b_1 \\ a_{21}x_1 & + & a_{22}x_2 & + & a_{23}x_3 & = & b_2 \\ a_{31}x_1 & + & a_{32}x_2 & + & a_{33}x_3 & = & b_3 \end{cases}$$

とする。この方程式を，解 $\mathbf{x}$ が変化しないように，最終的には

$$\begin{bmatrix} a_{11} & a_{12} & a_{13} \\ & a_{22}^{(1)} & a_{23}^{(1)} \\ & & a_{33}^{(2)} \end{bmatrix} \begin{bmatrix} x_1 \\ x_2 \\ x_3 \end{bmatrix} = \begin{bmatrix} b_1 \\ b_2^{(1)} \\ b_3^{(2)} \end{bmatrix} \quad \Leftrightarrow \quad \begin{cases} a_{11}x_1 & + & a_{12}x_2 & + & a_{13}x_3 & = & b_1 \\ & & a_{22}^{(1)}x_2 & + & a_{23}^{(1)}x_3 & = & b_2^{(1)} \\ & & & & a_{33}^{(2)}x_3 & = & b_3^{(2)} \end{cases}$$

という形に変形する方法が，ガウスの消去法であり，これによって行列 $A$ は上三角化される。この仮定をガウスの消去法の**前進消去** (forward elimination) と呼ぶ。

　まず，$a_{11} \neq 0$ であることを確認し，もし 0 であればここで終了する。

　$a_{11} \neq 0$ を確認したら，第 1 行目を $a_{11}$ で割り

$$\begin{bmatrix} 1 & \dfrac{1}{a_{11}} \cdot a_{12} & \dfrac{1}{a_{11}} \cdot a_{13} \\ a_{21} & a_{22} & a_{23} \\ a_{31} & a_{32} & a_{33} \end{bmatrix} \begin{bmatrix} x_1 \\ x_2 \\ x_3 \end{bmatrix} = \begin{bmatrix} \dfrac{1}{a_{11}} \cdot b_1 \\ b_2 \\ b_3 \end{bmatrix}$$

$$\Leftrightarrow \begin{cases} x_1 & + & \dfrac{1}{a_{11}} \cdot a_{12} x_2 & + & \dfrac{1}{a_{11}} \cdot a_{13} x_3 & = & \dfrac{1}{a_{11}} \cdot b_1 \\ a_{21} x_1 & + & a_{22} x_2 & + & a_{23} x_3 & = & b_2 \\ a_{31} x_1 & + & a_{32} x_2 & + & a_{33} x_3 & = & b_3 \end{cases}$$

と「変形したと仮定する」。この第 1 行目に $a_{21}$ を乗じて第 2 行目から引けば

$$\begin{bmatrix} 1 & \dfrac{1}{a_{11}} a_{12} & \dfrac{1}{a_{11}} a_{13} \\ a_{21} - a_{21} \cdot 1 & a_{22} - \dfrac{a_{21}}{a_{11}} \cdot a_{12} & a_{23} - \dfrac{a_{21}}{a_{11}} \cdot a_{13} \\ a_{31} & a_{32} & a_{33} \end{bmatrix} \begin{bmatrix} x_1 \\ x_2 \\ x_3 \end{bmatrix} = \begin{bmatrix} \dfrac{1}{a_{11}} \cdot b_1 \\ b_2 - \dfrac{a_{21}}{a_{11}} \cdot b_1 \\ b_3 \end{bmatrix}$$

$$\Leftrightarrow \begin{cases} x_1 & + & \dfrac{a_{12}}{a_{11}} x_2 & + & \dfrac{a_{13}}{a_{11}} x_3 & = & \dfrac{b_1}{a_{11}} \\ (a_{21} - a_{21} \cdot 1) x_1 & + & \left( a_{22} - \dfrac{a_{21}}{a_{11}} \cdot a_{12} \right) x_2 & + & \left( a_{23} - \dfrac{a_{21}}{a_{11}} \cdot a_{13} \right) x_3 & = & b_2 - \dfrac{a_{21}}{a_{11}} \cdot b_1 \\ a_{31} x_1 & + & a_{32} x_2 & + & a_{33} x_3 & = & b_3 \end{cases}$$

となる。同様にして，第 1 行目に $a_{31}$ を乗じて第 3 行目から引くと，

$$\begin{bmatrix} 1 & \dfrac{1}{a_{11}} a_{12} & \dfrac{1}{a_{11}} a_{13} \\ a_{21} - a_{21} \cdot 1 & a_{22} - \dfrac{a_{21}}{a_{11}} \cdot a_{12} & a_{23} - \dfrac{a_{21}}{a_{11}} \cdot a_{13} \\ a_{31} - a_{31} \cdot 1 & a_{32} - \dfrac{a_{31}}{a_{11}} \cdot a_{12} & a_{33} - \dfrac{a_{31}}{a_{11}} \cdot a_{13} \end{bmatrix} \begin{bmatrix} x_1 \\ x_2 \\ x_3 \end{bmatrix} = \begin{bmatrix} \dfrac{1}{a_{11}} \cdot b_1 \\ b_2 - \dfrac{a_{21}}{a_{11}} \cdot b_1 \\ b_3 - \dfrac{a_{31}}{a_{11}} \cdot b_1 \end{bmatrix}$$

$$\Leftrightarrow \begin{cases} x_1 & + & \dfrac{a_{12}}{a_{11}} x_2 & + & \dfrac{a_{13}}{a_{11}} x_3 & = & \dfrac{b_1}{a_{11}} \\ (a_{21} - a_{21} \cdot 1) x_1 & + & \left( a_{22} - \dfrac{a_{21}}{a_{11}} \cdot a_{12} \right) x_2 & + & \left( a_{23} - \dfrac{a_{21}}{a_{11}} \cdot a_{13} \right) x_3 & = & b_2 - \dfrac{a_{21}}{a_{11}} \cdot b_1 \\ (a_{31} - a_{31} \cdot 1) x_1 & + & \left( a_{32} - \dfrac{a_{31}}{a_{11}} \cdot a_{12} \right) x_2 & + & \left( a_{33} - \dfrac{a_{31}}{a_{11}} \cdot a_{13} \right) x_3 & = & b_3 - \dfrac{a_{31}}{a_{11}} \cdot b_1 \end{cases}$$

となる。煩雑なのでこれをまとめて

$$
\begin{bmatrix} a_{11} & a_{12} & a_{13} \\ & a_{22}^{(1)} & a_{23}^{(1)} \\ & a_{32}^{(1)} & a_{33}^{(1)} \end{bmatrix} \begin{bmatrix} x_1 \\ x_2 \\ x_3 \end{bmatrix} = \begin{bmatrix} b_1 \\ b_2^{(1)} \\ b_3^{(1)} \end{bmatrix} \Leftrightarrow \begin{cases} a_{11}x_1 & + & a_{12}x_2 & + & a_{13}x_3 & = & b_1 \\ & & a_{22}^{(1)}x_2 & + & a_{23}^{(1)}x_3 & = & b_2^{(1)} \\ & & a_{32}^{(1)}x_2 & + & a_{33}^{(1)}x_3 & = & b_3^{(1)} \end{cases}
$$
$$(7.8)$$

と書くことにする。第 1 行目は元に戻しても差し支えない。

同様にして，$a_{22}^{(1)} \neq 0$ であることを確認できたら，今度は第 2 行目を $a_{22}^{(1)}$ で割り，

$$
\begin{bmatrix} a_{11} & a_{12} & a_{13} \\ & 1 & \dfrac{1}{a_{22}^{(1)}} \cdot a_{23}^{(1)} \\ & a_{32}^{(1)} & a_{33}^{(1)} \end{bmatrix} \begin{bmatrix} x_1 \\ x_2 \\ x_3 \end{bmatrix} = \begin{bmatrix} b_1 \\ \dfrac{1}{a_{22}^{(1)}} \cdot b_2^{(1)} \\ b_3^{(1)} \end{bmatrix}
$$

$$
\Leftrightarrow \begin{cases} a_{11}x_1 & + & a_{12}x_2 & + & a_{13}x_3 & = & b_1 \\ & & x_2 & + & \dfrac{1}{a_{22}^{(1)}} \cdot a_{23}^{(1)}x_3 & = & \dfrac{1}{a_{22}^{(1)}} \cdot b_2^{(1)} \\ & & a_{32}^{(1)}x_2 & + & a_{33}^{(1)}x_3 & = & b_3^{(1)} \end{cases}
$$

と「変形したと仮定する」。この第 2 行目に $a_{32}^{(1)}$ を乗じて第 3 行目から引けば

$$
\begin{bmatrix} a_{11} & a_{12} & a_{13} \\ & 1 & \dfrac{1}{a_{22}^{(1)}} \cdot a_{23}^{(1)} \\ & a_{32}^{(1)} - a_{32}^{(1)} \cdot 1 & a_{33}^{(1)} - \dfrac{a_{32}^{(1)}}{a_{22}^{(1)}} \cdot a_{23}^{(1)} \end{bmatrix} \begin{bmatrix} x_1 \\ x_2 \\ x_3 \end{bmatrix} = \begin{bmatrix} b_1 \\ \dfrac{1}{a_{22}^{(1)}} \cdot b_2^{(1)} \\ b_3^{(1)} - \dfrac{a_{32}^{(1)}}{a_{22}^{(1)}} \cdot b_2^{(1)} \end{bmatrix}
$$

$$
\Leftrightarrow \begin{cases} a_{11}x_1 & + & a_{12}x_2 & + & a_{13}x_3 & = & b_1 \\ & & x_2 & + & \dfrac{1}{a_{22}^{(1)}} \cdot a_{23}^{(1)}x_3 & = & \dfrac{1}{a_{22}^{(1)}} \cdot b_2^{(1)} \\ & & (a_{32}^{(1)} - a_{32}^{(1)} \cdot 1)x_2 & + & \left(a_{33}^{(1)} - \dfrac{a_{32}^{(1)}}{a_{22}^{(1)}}\right)x_3 & = & b_3^{(1)} - \dfrac{a_{32}^{(1)}}{a_{22}^{(1)}}b_2^{(1)} \end{cases}
$$

となる。煩雑なのでこれをまとめ，第 2 行目を元に戻して，目的の

$$
\begin{bmatrix} a_{11} & a_{12} & a_{13} \\ & a_{22}^{(1)} & a_{23}^{(1)} \\ & & a_{33}^{(2)} \end{bmatrix} \begin{bmatrix} x_1 \\ x_2 \\ x_3 \end{bmatrix} = \begin{bmatrix} b_1 \\ b_2^{(1)} \\ b_3^{(2)} \end{bmatrix} \Leftrightarrow \begin{cases} a_{11}x_1 & + & a_{12}x_2 & + & a_{13}x_3 & = & b_1 \\ & & a_{22}^{(1)}x_2 & + & a_{23}^{(1)}x_3 & = & b_2^{(1)} \\ & & & & a_{33}^{(2)}x_3 & = & b_3^{(2)} \end{cases}
$$
$$(7.9)$$

を得る。$n = 3$ の場合はこれで終了し，$x_3, x_2, x_1$ の順に解 $\mathbf{x}$ を求める。これがガウスの消去法のアルゴリズムである。

ここで重要なことは 2 つある。

1. 前進消去の過程で $a_{ii}^{(i-1)} \neq 0$ を仮定したこと。実際にこのアルゴリズム通りにプログラムを組んでしまうと，$A$ が正則であるにもかかわらず解くことができなくなる可能性がある。例えば

$$A = \begin{bmatrix} 0 & 2 \\ 3 & 0 \end{bmatrix}$$

となる場合への対応をどうするか。
2. 丸め誤差を小さくするための工夫を行う必要はないか？[7)]

このような事態を避けるため，**枢軸選択**もしくは**ピボット選択** (pivoting strategy) という技法が考案されている。現在では下記の部分枢軸選択が標準的な方法である。

アルゴリズム 7.1　部分枢軸選択 (partial pivoting)

前進消去において
1. 「$a_{ii}^{(i-1)} = 0$ ならば終了する」というところを次のように改変する。
2. 「$w := \max_{i+1 \leq j \leq n} |a_{ij}^{(i-1)}|$ とするとき，$w \neq |a_{ii}^{(i-1)}|$ ならば $w$ のある行と第 $i$ 行を入れ替える。$w = 0$ ならば終了する」

部分枢軸選択は当該対角成分より下の行の絶対値最大成分を探索する手法である。したがって，比較する要素の数が少なく，行の入れ替えだけで済むことから高速に実行できる。

### 7.2.2　LU 分解と前進代入・後退代入

前述のガウスの消去法のアルゴリズムを実際にプログラム化することを考えると，係数があらかじめ 0 や 1 になることが分かっている箇所の計算をサボることができることが分かる。また，どうせ元に戻る部分の変形も実際には行う必要はない。つまり，式 (7.8) の計算においては $a_{21}/a_{11}(= a_{21}^{(1)}$ と書くことにする) と $a_{31}/a_{11}(= a_{31}^{(1)})$ を，式 (7.9) の計算においては $a_{32}^{(1)}/a_{22}^{(1)}(= a_{32}^{(2)})$ を用いるが，これをどうせ 0 になる成分に格納しておくことで余計な変数を確保する必要もなく，すべての計算が実行できるようになる。

つまり，コンピュータのメモリ内においては，行列 $A$ は

$$\begin{bmatrix} a_{11} & a_{12} & a_{13} \\ a_{21} & a_{22} & a_{23} \\ a_{31} & a_{32} & a_{33} \end{bmatrix} \longrightarrow \begin{bmatrix} a_{11} & a_{12} & a_{13} \\ a_{21}^{(1)} & a_{22}^{(1)} & a_{23}^{(1)} \\ a_{31}^{(1)} & a_{32}^{(1)} & a_{33}^{(1)} \end{bmatrix} \longrightarrow \begin{bmatrix} a_{11} & a_{12} & a_{13} \\ a_{21}^{(1)} & a_{22}^{(1)} & a_{23}^{(1)} \\ a_{31}^{(1)} & a_{32}^{(2)} & a_{33}^{(2)} \end{bmatrix}$$

と変化していけばよい。最後の行列が実は $A$ の LU 分解になっている。具体的には

$$L = \begin{bmatrix} 1 & & \\ a_{21}^{(1)} & 1 & \\ a_{31}^{(1)} & a_{32}^{(2)} & 1 \end{bmatrix}, \ U = \begin{bmatrix} a_{11} & a_{12} & a_{13} \\ & a_{22}^{(1)} & a_{23}^{(1)} \\ & & a_{33}^{(2)} \end{bmatrix} \tag{7.10}$$

と格納されていると見ることができる。

なお，部分枢軸選択は正則な基本変形行列を左から $A$ に乗じることで実行したと解釈できる。そのため，数学的には行の入れ替えは基本変形行列 $P \in \mathbb{R}^{3 \times 3}$ を用いて

$$PLU = A$$

と表現する。ただし，プログラム的には行の入れ替え過程を記憶しておくだけで済むことから，整数の1次元配列を別途用意しておく。

以上をまとめると，**LU 分解** (LU decomposition) 法のアルゴリズムは次のようになる。LU 分解における部分枢軸結果は，前進代入・後退代入過程で反映させて数値解 **x** の要素順を元に戻す処理を行う。

### アルゴリズム 7.2　LU 分解法

**(I)** LU 分解

 1. $a_{ij}^{(0)} = a_{ij}$ とする。
 2. $i = 1, 2, ..., n-1$ に対し，以下を計算する。

  (a) 部分枢軸選択。その結果，$a_{ii}^{(i-1)} = 0$ が解消されない場合は終了。
  (b) $j = i+1, ..., n$ に対して以下の計算をする。

   i. $a_{ji}^{(i)} := a_{ji}^{(i-1)} / a_{ii}^{(i-1)}$
   ii. $k = i+1, ..., n$ に対して，

$$a_{jk}^{(i)} := a_{jk}^{(i-1)} - a_{ji}^{(i)} \cdot a_{ik}^{(i-1)}$$

**(II)** 前進代入と後退代入

 1. 前進代入

$$y_1 := b_1$$
$$y_2 := b_2 - a_{21}^{(1)} y_1$$
$$\vdots$$
$$y_{n-1} := b_{n-1} - \sum_{j=1}^{n-2} a_{n-1,j}^{(j)} y_j$$
$$y_n := b_n - \sum_{j=1}^{n-1} a_{nj}^{(j)} y_j$$

2. 後退代入

$$x_n := \frac{y_n}{a_{nn}^{(n-1)}}$$

$$x_{n-1} := \frac{y_{n-1} - a_{n-1,n}^{(n-2)} x_n}{a_{n-1,n-1}^{(n-2)}}$$

$$\vdots$$

$$x_2 := \frac{y_2 - \sum_{j=3}^n a_{2j}^{(1)} x_j}{a_{22}^{(1)}}$$

$$x_1 := \frac{y_1 - \sum_{j=2}^n a_{1j}^{(0)} x_j}{a_{11}^{(0)}}$$

このアルゴリズムを実行し，部分枢軸選択による変更が行われなかったとすると，任意の正則行列 $A = A^{(0)} \in \mathbb{R}^{n \times n}$ は

$$A^{(n-1)} = \begin{bmatrix} a_{11}^{(0)} & a_{12}^{(0)} & a_{13}^{(0)} & \cdots & a_{1n}^{(0)} \\ a_{21}^{(1)} & a_{22}^{(1)} & a_{23}^{(1)} & \cdots & a_{2n}^{(1)} \\ a_{31}^{(1)} & a_{32}^{(2)} & a_{33}^{(2)} & \cdots & a_{3n}^{(2)} \\ \vdots & \vdots & \vdots & \ddots & \vdots \\ a_{n1}^{(1)} & a_{n2}^{(2)} & a_{n3}^{(3)} & \cdots & a_{nn}^{(n-1)} \end{bmatrix}$$

となっている。このうち上三角部分 $U$ と下三角部分 $L$ を

$$L = \begin{bmatrix} 1 & & & \\ a_{21}^{(1)} & \ddots & & \\ \vdots & \ddots & \ddots & \\ a_{n1}^{(1)} & \cdots & a_{n,n-1}^{(n-1)} & 1 \end{bmatrix}, U = \begin{bmatrix} a_{11}^{(0)} & a_{12}^{(0)} & \cdots & a_{1n}^{(0)} \\ & a_{22}^{(1)} & \cdots & a_{2n}^{(1)} \\ & & \ddots & \vdots \\ & & & a_{nn}^{(n-1)} \end{bmatrix}$$

とすれば

$$LU = A^{(0)}$$

という関係がある。

**例題 7.1**

3 次正方行列 $A$ を

$$A = \begin{bmatrix} 3 & -1 & 2 \\ 5 & 1 & -2 \\ 2 & 1 & -1 \end{bmatrix}$$

とする。このとき，$A$ を LU 分解すると

$$L = \begin{bmatrix} 1 & & \\ 5/3 & 1 & \\ 2/3 & 5/8 & 1 \end{bmatrix}, \ U = \begin{bmatrix} 3 & -1 & 2 \\ & 8/3 & -16/3 \\ & & 1 \end{bmatrix}$$

となる。 ∎

### 7.2.3 LDU 分解

LU 分解のアルゴリズムを次のように変更したものを **LDU 分解** (LDU decomposition) と呼ぶ。

**アルゴリズム 7.3** LDU 分解

1. $a_{ij}^{(0)} = a_{ij}$ とする。
2. $i = 1, 2, ..., n-1$ に対して以下の計算をする。

   (a) $a_{ii}^{(i-1)} = 0$ ならば終了する。
   (b) $j = i+1, ..., n$ に対して以下を計算する。

   $$a_{ij}^{(i-1)} := \frac{a_{ij}^{(i-1)}}{a_{ii}^{(i-1)}}$$

   (c) $j = i+1, ..., n$ に対して計算する。

   　　i. $k = i+1, ..., n$ に対して,

   $$a_{jk}^{(i)} := a_{jk}^{(i-1)} - a_{ji}^{(i-1)} \cdot a_{ik}^{(i-1)}$$

   　　ii.

   $$a_{ji}^{(i)} := \frac{a_{ji}^{(i-1)}}{a_{ii}^{(i-1)}}$$

このアルゴリズムで得た行列を $L'$(下三角行列), $U'$(上三角行列), $D'$(対角行列) で表すと,

$$L' = \begin{bmatrix} 1 & & & \\ a_{21}^{(1)} & \ddots & & \\ \vdots & \ddots & \ddots & \\ a_{n1}^{(1)} & \cdots & a_{n,n-1}^{(n-1)} & 1 \end{bmatrix}, \ D' = \begin{bmatrix} a_{11}^{(0)} & & & \\ & a_{22}^{(1)} & & \\ & & \ddots & \\ & & & a_{nn}^{(n-1)} \end{bmatrix}, \ U' = \begin{bmatrix} 1 & a_{12}^{(0)} & \cdots & a_{1n}^{(0)} \\ & \ddots & \ddots & \vdots \\ & & \ddots & a_{n-1,n}^{(n-2)} \\ & & & 1 \end{bmatrix}$$

となる。先と同様に

$$L'D'U' = A^{(0)} \tag{7.11}$$

という関係がある。さらに LU 分解との関係では

$$L' = L, \ D'U' = U \tag{7.12}$$

となる。

---

**例題 7.2**

先の 3 次正方行列 $A$

$$A = \begin{bmatrix} 3 & -1 & 2 \\ 5 & 1 & -2 \\ 2 & 1 & -1 \end{bmatrix}$$

を LDU 分解すると，

$$L' = \begin{bmatrix} 1 & & \\ 5/3 & 1 & \\ 2/3 & 5/8 & 1 \end{bmatrix}, \ D' = \begin{bmatrix} 3 & & \\ & 8/3 & \\ & & 1 \end{bmatrix}, \ U' = \begin{bmatrix} 1 & -1/3 & 2/2 \\ & 1 & -2 \\ & & 1 \end{bmatrix}$$

となる。 ■

---

　LU 分解や LDU 分解を経て連立一次方程式を解くメリットは，定数項の計算を分離できることにある。つまり行列 $A$ が同じで，定数項 $\mathbf{b}$ だけが異なる問題を個々に解くとき，行列を一度だけ LU(または LDU) 分解しておけば，計算しなければいけないのは前進代入，後退代入のみとなる。このようなシチュエーションは固有値計算 (第 9 章) やニュートン法 (第 10 章) で出現する。

**問題 7.1**　係数行列の LDU 分解が与えられているとき，解 $\mathbf{x}$ を求める手順を考えよ。

---

■ **Python スクリプト例**　LU 分解を行うためには，下記の SciPy の線形代数パッケージ (linalg) の関数が使用できる。連立一次方程式を解くためには lu_factor 関数で LU 分解し，その結果を lu_solve 関数に渡して前進・後退代入を行う。

**LU 分解 1** $P, L, U :=$scipy.linalg.lu$(A)$ ・・・ 行列 $A$ を部分枢軸選択して $P, L, U$ に行列形式で分解して格納。

**LU 分解 2** $LU, \mathbf{p} :=$scipy.linalg.lu_factor$(A)$・・・行列 $A$ を部分枢軸選択して $LU$ に $L$ の対角成分より下の要素と $U$ の上対角成分を格納。部分枢軸選択結果は整数配列 $\mathbf{p}$ に格納。

**前進・後退代入** $x :=$scipy.linalg.lu_solve$((LU, \mathbf{p}), \mathbf{b})$・・・lu_factor 関数で得た LU 分解と部分枢軸選択結果を渡して前進・後退代入を行う。

　上記の関数を使用したスクリプトを listing 7.1 に示す。この例では，$[0, 1]$ 区間の一様乱数を要素とする行列 $A$ と $\mathbf{x}$ を生成して実行している。

## listing 7.1　LU 分解

```python
# lu.py: LU 分解
import numpy as np
import scipy as sc
import scipy.linalg as sclinalg

# 行列サイズ
str_dim = input('正方行列サイズ dim = ')
dim = int(str_dim)  # 文字列→整数

# 乱数行列をA として与える
np.random.seed(20200529)
mat_a = sc.random.rand(dim, dim)
print('A = \n', mat_a)

# 乱数ベクトルをtrue_x とする
true_x = sc.random.rand(dim)

# LU 分解(1)
P, L, U = sclinalg.lu(mat_a)  # PLU = A

print('P = \n', P)
print('L = \n', L)
print('U = \n', U)

print('|| P * L * U - A|| == 0? ->', np.linalg.norm(P @ L @ U - mat_a) / np.linalg.norm(
    mat_a))

# LU 分解(2)
LU, pivot = sclinalg.lu_factor(mat_a)
print('Pivot = ', pivot)
print('LU = ', LU)

# 連立一次方程式 Ax = b を解く
b = mat_a @ true_x

# LU 分解から前進・後退代入
x = sclinalg.lu_solve((LU, pivot), b)
print('x = ', x)
print(f'rE(x) = {np.linalg.norm(true_x - x) / np.linalg.norm(true_x):10.3e}')
```

問題 7.2　listing 7.1 を用いて，下記の連立一次方程式を解け。

$$
\begin{bmatrix} 2 & 1 & -1 \\ 1 & 3 & 1 \\ -1 & 1 & 4 \end{bmatrix}
\begin{bmatrix} x_1 \\ x_2 \\ x_3 \end{bmatrix}
=
\begin{bmatrix} 3 \\ 20 \\ 33 \end{bmatrix}
$$

ガウスの消去法の変形として**ガウス・ジョルダン法** (Gauss-Jordan method) がある。これは連立一次方程式の解法というよりは，逆行列の計算法として用いられる。

**アルゴリズム 7.4　ガウス・ジョルダン法**

1. $i = 1, 2, ..., n$ に対して以下を計算する。

   (a) $a_{ii}^{(i-1)} = 0$ ならば終了する。

   (b) $j = 1, 2, ..., i-1, i+1, ..., n$ に対して以下を計算する。

       i. $k = i+1, i+2, ..., n$ に対して

   $$a_{jk}^{(i)} := a_{jk}^{(i-1)} - \frac{a_{ji}^{(i-1)}}{a_{ii}^{(i-1)}} a_{ik}^{(i-1)}$$

       ii. $b_j^{(i)} := b_j^{(i-1)} - \frac{a_{ji}^{(i-1)}}{a_{ii}^{(i-1)}} b_i^{(i-1)}$

2. $i = 1, 2, ..., n$ に対して

$$x_i := \frac{b_i^{(n)}}{a_{ii}^{(i-1)}}$$

まず 1. で行列を

$$A^{(n)} = \begin{bmatrix} a_{11}^{(0)} & & & \\ & a_{22}^{(1)} & & \\ & & \ddots & \\ & & & a_{nn}^{(n-1)} \end{bmatrix}$$

という形にする。つまり対角成分以外をすべて 0 クリアしてしまうのである。このときはもちろん定数項も適宜計算され，$\mathbf{b}^{(n)} = [b_1^{(n)}\ b_2^{(n)}\ \cdots\ b_n^{(n)}]^{\mathrm{T}}$ となっている。

あとは

$$x_i := \frac{b_i^{(n)}}{a_{ii}^{(i-1)}} \quad (i = 1, 2, ..., n)$$

として順に $\mathbf{x}$ の全成分を得ることができる。

ガウスの消去法，ガウス・ジョルダン法は計算量の面でかなりの相違があることを，日本では二宮[28]がかなり以前から繰り返し指摘している。以下の補題でそれを確認しよう。

ガウスの消去法の計算量は

**乗除算**：$\frac{n}{6}(n-1)(2n+5) + \frac{n}{2}(n+1)$ 回
**加減算**：$\frac{n}{3}(n^2-1) + \frac{n}{2}(n-1)$ 回

である。

証明

(1) 前進消去

$$a_{jk}^{(i)} := a_{jk}^{(i-1)} - \frac{a_{ji}^{(i-1)}}{\underline{a_{ii}^{(i-1)}}} a_{ik}^{(i-1)}, \quad b_j^{(i)} := b_j^{(i-1)} - \frac{a_{ji}^{(i-1)}}{\underline{a_{ii}^{(i-1)}}} b_i^{(i-1)}$$

下線部分は中間変数 $w$ に入れておくと，

$$a_{jk}^{(i)} := a_{jk}^{(i-1)} - w \cdot a_{ik}^{(i-1)}, \quad b_j^{(i)} := b_j^{(i-1)} - w \cdot b_i^{(i-1)}$$

となり，乗除算 1 回，加減算 1 回である。これが $k = i+1, i+2, ..., n$ まで続くから，定数項の分を加えて

**乗除算**：$(n-i)+1 = n-i+1$ 回
**加減算**：$(n-i)+1 = n-i+1$ 回

である。これに $j$ が変わるたびに計算される中間変数 $w$ の分を加えて，乗除算は $n-i+2$ となる。

これが $j = i+1, i+2, ..., n$ まで続くから

**乗除算**：$(n-i+2)(n-i)$ 回
**加減算**：$(n-i+1)(n-i)$ 回

である。よって合計で

**乗除算**：$\sum_{i=1}^{n-1}(n-i+2)(n-i) = \frac{n}{6}(n-1)(2n+5)$ 回
**加減算**：$\sum_{i=1}^{n-1}(n-i+1)(n-i) = \frac{n}{3}(n^2-1)$ 回

となる。

(2) 後退代入

$$x_i := \frac{b_i^{(i-1)} - \sum_{j=i+1}^{n} a_{ij}^{(i-1)} x_j}{a_{ii}^{(i-1)}}$$

より

**乗除算**：$n - i + 1$ 回

**加減算**：$n - i$ 回

である。よって

**乗除算**：$\sum_{i=1}^{n}(n-i+1) = \sum_{i=1}^{n} i = \frac{n}{2}(n+1)$ 回

**加減算**：$\sum_{i=1}^{n}(n-i) = \sum_{i=1}^{n-1} i = \frac{n}{2}(n-1)$ 回

を得る。

以上を合計して，計算量を得た。 □

ではガウス・ジョルダン法はどうか。

**補題 7.2**

ガウス・ジョルダン法の計算量は

**乗除算**：$\frac{n(n^2+2n-1)}{2}$ 回

**加減算**：$\frac{n(n^2-1)}{2}$ 回

となる。

証明

**乗除算** 消去法と同様，中間変数 $w := a_{ji}^{(i-1)}/a_{ii}^{(i-1)}$ を使用すると 1 行につき $n - i + 1$ 回の乗除算が必要になる。これに定数項の分を加えて $n - i + 2$ 回となる。

**加減算** 定数項分を合わせて $n - i + 1$ 回。

よって合計，

**乗除算**：$(n-1)\sum_{i=1}^{n}(n-i+2) + n = \frac{n(n^2+2n-1)}{2}$ 回

**加減算**：$(n-1)\sum_{i=1}^{n}(n-i+1) = \frac{n(n^2-1)}{2}$ 回

となる。 □

　上の補題から，LU 分解 + 前進代入の方がガウス・ジョルダン法よりも計算量が少ないことが分かる。したがって，ガウス・ジョルダン法による逆行列の計算はさらに計算量が多くなることが予想される。

　逆行列計算用のガウス・ジョルダン法は下記のように与えられる。

**アルゴリズム 7.5　逆行列計算用のガウス・ジョルダン法**

1. $i = 1, 2, ..., n$ に対して以下の計算を行う。

   (a) $a_{ii}^{(i)} := 1/a_{ii}^{(i-1)}$
   (b) $j = 1, 2, ..., i-1, i+1, ..., n$ に対して

$$a_{ji}^{(i)} := a_{ji}^{(i-1)} \cdot a_{ii}^{(i)}$$

(c) $j = 1, 2, ..., i-1, i+1, ..., n$ に対して以下の計算を行う。

    i. $k = 1, 2, ..., i-1, i+1, ..., n$ に対して

$$a_{jk}^{(i)} := a_{jk}^{(i-1)} - a_{ji}^{(i-1)} \cdot a_{ik}^{(i-1)}$$

(d) $j = 1, 2, ..., i-1, i+1, ..., n$ に対して

$$a_{ji}^{(i)} := -a_{ji}^{(i-1)} \cdot a_{ii}^{(i-1)}$$

  この計算法は，別のメモリ領域を使うことなく，元の行列を上書きすることで逆行列の計算ができる (in-place computation)。

**例題 7.3**

  $n = 3$ として具体的に検証してみよう。

  普通は

$$\left[\begin{array}{ccc|ccc} a_{11}^{(0)} & a_{12}^{(0)} & a_{13}^{(0)} & 1 & 0 & 0 \\ a_{21}^{(0)} & a_{22}^{(0)} & a_{23}^{(0)} & 0 & 1 & 0 \\ a_{31}^{(0)} & a_{32}^{(0)} & a_{33}^{(0)} & 0 & 0 & 1 \end{array}\right] = [A^{(0)} | B^{(0)}]$$

というように単位行列を並べて書いておく。

  まず第 1 行を $a_{11}^{(0)}$ で割り

$$\left[\begin{array}{ccc|ccc} 1 & a_{12}^{(1)} & a_{13}^{(1)} & 1/a_{11}^{(0)} & 0 & 0 \\ a_{21}^{(0)} & a_{22}^{(0)} & a_{23}^{(0)} & 0 & 1 & 0 \\ a_{31}^{(0)} & a_{32}^{(0)} & a_{33}^{(0)} & 0 & 0 & 1 \end{array}\right]$$

という形にする。ここで $a_{1j}^{(1)} = a_{1j}^{(0)} / a_{11}^{(0)}$ である。

  右側の行列で変化したのは $(1, 1)$ 成分だけだから，

$$\left[\begin{array}{c|cc} 1/a_{11}^{(0)} & a_{12}^{(1)} & a_{13}^{(1)} \\ a_{21}^{(0)} & a_{22}^{(0)} & a_{23}^{(0)} \\ a_{31}^{(0)} & a_{32}^{(0)} & a_{33}^{(0)} \end{array}\right]$$

とできる。

  次に $a_{ij}^{(1)} := a_{ij}^{(0)} - a_{1j}^{(1)} \cdot a_{i1}^{(0)}$ とすることで

$$\left[\begin{array}{ccc|ccc} 1 & a_{12}^{(1)} & a_{13}^{(1)} & 1/a_{11}^{(0)} & 0 & 0 \\ 0 & a_{22}^{(1)} & a_{23}^{(1)} & -a_{21}^{(0)}/a_{11}^{(0)} & 1 & 0 \\ 0 & a_{32}^{(1)} & a_{33}^{(1)} & -a_{31}^{(0)}/a_{11}^{(0)} & 0 & 1 \end{array}\right]$$

となる。右側の行列で変化している成分は 1 列目だけだから

$$
\left[
\begin{array}{c|cc}
1/a_{11}^{(0)} & a_{12}^{(1)} & a_{13}^{(1)} \\
\hline
-a_{21}^{(0)}/a_{11}^{(0)} & a_{22}^{(1)} & a_{23}^{(1)} \\
-a_{31}^{(0)}/a_{11}^{(0)} & a_{32}^{(1)} & a_{33}^{(1)}
\end{array}
\right]
$$

としてよい。こうして左側の枢軸列に対応する右側の列を入れておけば，右側の行列は必要ない。
　こうして結局

$$
\left[
\begin{array}{ccc}
1/a_{11}^{(0)} & -a_{12}^{(1)}/a_{22}^{(1)} & -a_{13}^{(2)}/a_{33}^{(2)} \\
-a_{21}^{(0)}/a_{11}^{(0)} & 1/a_{22}^{(1)} & -a_{23}^{(2)}/a_{33}^{(2)} \\
-a_{31}^{(0)}/a_{11}^{(0)} & -a_{32}^{(1)}/a_{22}^{(1)} & 1/a_{33}^{(2)}
\end{array}
\right] = A^{-1}
$$

を得る。

このアルゴリズムを用いて逆行列を求めるには

$$
\begin{cases}
\textbf{乗除算} & : \quad n^3 \text{回} \\
\textbf{加減算} & : \quad n(n-1)^2 \text{回}
\end{cases}
$$

の計算を必要とする。よって $\mathbf{x} := A^{-1}\mathbf{b}$ として連立一次方程式を解けば，合計

$$
\begin{cases}
\textbf{乗除算} & : \quad n^2(n+1) \text{回} \\
\textbf{加減算} & : \quad n^2(n-1) \text{回}
\end{cases}
$$

となる。これは LU 分解 + 前進代入・後退代入の約 3 倍，ガウス・ジョルダン法の倍近い計算量を要する。

■ **Python スクリプト例**　SciPy の linalg パッケージに逆行列を求める inv 関数がある。
　LU 分解のスクリプト (listing 7.1) の 18 行目以降を次のようにすることで，逆行列 $A^{-1}$ を求めることができる。listing 7.2 では $AA^{-1}$ と単位行列 (SciPy の eye 関数を使用) とのノルム絶対誤差を求めて検算を行っている。また，$A^{-1}\mathbf{b}$ を計算して連立一次方程式を解いている。

listing 7.2　逆行列の計算

```
18   # 逆行列を求める
19   mat_a_inv = sclinalg.inv(mat_a)
20
21   print('A^(-1) = \n', mat_a_inv)
22   print('|| A * A^(-1) - I|| == 0? ->', np.linalg.norm(mat_a @ mat_a_inv - sc.eye(dim)))
23
24   # 連立一次方程式 Ax = b を解く
25   b = mat_a @ true_x
26
27   # x := A^(-1) * b
```

```
28    x = mat_a_inv @ b
29    print('x = ', x)
30    print(f'rE(x) = {np.linalg.norm(true_x - x) / np.linalg.norm(true_x):10.3e}')
```

## 7.4 ● SciPy による直接法の使用例

SciPy には連立一次方程式を解く方法が複数存在する。listing 7.3 は 3 種類の方法

1. 逆行列を求めて解く
2. SciPy の汎用ソルバーである solve 関数を使用して解く
3. LU 分解と前進代入・後退代入を用いて解く

で同じ連立一次方程式を解き，計算時間と数値解の誤差を表示する Python スクリプトである。前述
したように，直接法においては LU 分解を経由して解く方法が最も計算量が少なくて済み，計算時間
は最も低速な逆行列を用いる方法よりも約 3 倍は高速になる。このことをベンチマークテストを通じ
て確認していただきたい。

listing 7.3　連立一次方程式の解法の比較

```
1     # linear_eq.py: 連立一次方程式を解く方法
2     import numpy as np
3     import scipy as sc
4     import scipy.linalg as sclinalg
5     # 時間計測
6     import time
7
8     # 行列サイズ
9     str_dim = input('正方行列サイズ dim = ')
10    dim = int(str_dim)  # 文字列→整数
11
12    # 乱数行列をA として与える
13    np.random.seed(20200529)
14    mat_a = sc.random.rand(dim, dim)
15
16    # x = [1 2 ... dim]
17    vec_true_x = np.arange(1, dim + 1)
18
19    # b = A * x
20    vec_b = mat_a @ vec_true_x
21
22    # 方法 1: 逆行列A^(-1)を求めて x := A^(-1) * b とする
23    start_time = time.time()
24    inv_mat_a = sclinalg.inv(mat_a)   # A^(-1)
25    vec_x = inv_mat_a @ vec_b          # A^(-1) * b
26    time1 = time.time() - start_time
27
28    relerr1 = sclinalg.norm(vec_x - vec_true_x) / sclinalg.norm(vec_true_x)
29    print(f'time = {time1:10.3g}, relerr(vec_x) = {relerr1:10.3e}')
```

```
30
31   # 方法 2: solve 関数を使う
32   start_time = time.time()
33   vec_x = sclinalg.solve(mat_a, vec_b)  # x
34   time2 = time.time() - start_time
35
36   relerr2 = sclinalg.norm(vec_x - vec_true_x) / sclinalg.norm(vec_true_x)
37   print(f'time = {time2:10.3g}, relerr(vec_x) = {relerr2:10.3e}')
38
39   # 方法 3: lu 分解 + 前進後退代入
40   start_time = time.time()
41   mat_lu, pivot = sclinalg.lu_factor(mat_a)  # PLU = A
42   vec_x = sclinalg.lu_solve((mat_lu, pivot), vec_b)
43   time3 = time.time() - start_time
44
45   relerr3 = sclinalg.norm(vec_x - vec_true_x) / sclinalg.norm(vec_true_x)
46   print(f'time = {time3:10.3g}, relerr(vec_x) = {relerr3:10.3e}')
```

問題 **7.3** listing 7.3 を使用し，$n = 1000, 5000, 10000, ...$ とできるだけ大きなサイズの連立一次方程式を解いて方法 1〜3 に要する計算時間と数値解のノルム相対誤差を求めよ。その結果何が分かるかも考察せよ。

## 7.5 ● クラウト法，修正コレスキー分解

**クラウト法** (Crout method) は LU 分解そのものといって良く，計算の順番が異なるだけである。アルゴリズムは以下の通りである。

アルゴリズム 7.6　クラウト法

1. $i = 1, 2, ..., n$ に対して以下を計算する。

   (a) $t_{i1} := a_{i1}^{(0)}$

   (b) $j = 2, 3, ..., n$ に対して，

   $$t_{ij} := a_{ij}^{(0)} - \sum_{l=1}^{i-1} t_{il} \cdot u_{lj}$$

   (c) $j = i+1, i+2, ..., n$ に対して，

   $$u_{ij} := \frac{a_{ij}^{(0)} - \sum_{l=1}^{i-1} t_{il} \cdot u_{lj}}{t_{ii}}$$

   (d) $k_i := (b^{(0)} - \sum_{l=1}^{i-1} t_{il} \cdot b_l^{(0)})/t_{ii}$

2. $x_n := k_n$

3. $i = n-1, ..., 1$ に対して

$$x_i := k_i - \sum_{j=i+1}^{n} u_{ij} \cdot x_j$$

LU 分解との相違点は，計算していく順序だけである．LU 分解は

$$\boxed{\text{LU 分解}} \,-\, a_{ij}^{(k)} := a_{ij}^{(k-1)} - \sum_{l=k+1}^{n} a_{il}^{(k-1)} \cdot a_{lj}^{(k-1)} / a_{kk}^{(k-1)} \;(j=k+1,...,n)$$

と，行方向に計算していたのに対し，クラウト法は

$$\boxed{\text{クラウト法}} \,-\, \begin{cases} t_{ij} & := & a_{ij}^{(0)} - \sum_{l=1}^{i-1} t_{il} \cdot u_{lj} & (j=2,...,n) \\ u_{ij} & := & (a_{ij}^{(0)} - \sum_{l=1}^{i-1} t_{il} \cdot u_{lj})/t_{ii} & (j=i+1,...,n) \end{cases}$$

とループを二段構えにする．

　以上見てきたガウスの消去法，LU 分解，LDU 分解，クラウト法は正則な係数行列を持つすべての連立一次方程式を解くことのできる汎用解法である．しかし，係数行列の性質を利用することで，さらに計算量を減らすことができる．

　特に実用上重要なのは，$A$ が実対称行列，すなわち $A^{\mathrm{T}} = A$ の場合である．このとき次の補題が成立する．

**補題7.3**

$A \in \mathbb{R}^{n \times n}$ が $A^{\mathrm{T}} = A$ であるとき，$A$ を枢軸選択なしで LDU 分解すると

$$U = L^{\mathrm{T}}$$

となる．

証明　LDU 分解は

$$a_{jk}^{(i)} := a_{jk}^{(i-1)} - \frac{a_{ik}^{(i-1)} \cdot a_{kj}^{(i-1)}}{a_{kk}^{(i-1)}}$$

と計算されるから，もし $i-1$ 段目の消去が終わった段階で $a_{pq}^{(i-1)} = a_{qp}^{(i-1)}$ であれば当然 $a_{pq}^{(i)} = a_{qp}^{(i)}$ となる．よって $a_{pq}^{(0)} = a_{qp}^{(0)}$ から

$$U = L^{\mathrm{T}}$$

が成立する．　　　　　　　　　　　　　　　　　　　　　　　　　　　　　　　□

　この補題から，$A$ の上三角 (もしくは下三角) 部分は計算しなくとも済むことが分かる．この実対称行

列に対する LDU 分解を LDL 分解, もしくは**修正コレスキー分解** (modified Cholesky decomposition) と呼ぶ。

これに対し，特に LDL 分解した対角行列 $D$ の対角成分すべてが正，すなわち $d_{ii} > 0$ であれば，$\sqrt{d_{ii}}$ を用いて $\sqrt{D}$ を

$$\sqrt{D} := \begin{bmatrix} \sqrt{d_{11}} & & & \\ & \sqrt{d_{22}} & & \\ & & \ddots & \\ & & & \sqrt{d_{nn}} \end{bmatrix}$$

と定義することで，$C := L\sqrt{D}$ を求めることができ，$A = CC^{\mathrm{T}}$ のように分解することができる。これを**コレスキー分解** (Cholesky decomposition) と呼び，これが可能な $A$ を**正定値** (positive definite) **対称行列**と呼ぶ。

---

**例題 7.4**

実対称行列 $A$ を

$$A = \begin{bmatrix} 2 & 1 & -1 \\ 1 & 3 & 1 \\ -1 & 1 & 4 \end{bmatrix}$$

とする。この $A$ に対する修正コレスキー分解は

$$A = \begin{bmatrix} 1 & & \\ 1/2 & 1 & \\ -1/2 & 3/5 & 1 \end{bmatrix} \begin{bmatrix} 2 & & \\ & 5/2 & \\ & & 13/5 \end{bmatrix} \begin{bmatrix} 1 & 1/2 & -1/2 \\ & 1 & 3/5 \\ & & 1 \end{bmatrix}$$

となる。またコレスキー分解は

$$A = \begin{bmatrix} \sqrt{2} & 0 & 0 \\ \frac{\sqrt{2}}{2} & \frac{\sqrt{10}}{2} & 0 \\ \frac{\sqrt{2}}{2} & \frac{3\sqrt{10}}{10} & \frac{\sqrt{65}}{5} \end{bmatrix} \begin{bmatrix} \sqrt{2} & \frac{\sqrt{2}}{2} & \frac{\sqrt{2}}{2} \\ 0 & \frac{\sqrt{10}}{2} & \frac{3\sqrt{10}}{10} \\ 0 & 0 & \frac{\sqrt{65}}{5} \end{bmatrix}$$

である。　∎

---

■ Python スクリプト例　正定値対称行列をコレスキー分解 (`cho_factor` 関数) と LDL 分解 (`ldl` 関数) して解く Python スクリプト (listing 7.4) を使い，ベンチマークテストを行ってみる。

listing 7.4　連立一次方程式を解く (正定値対称行列)

```python
# linear_eq_cholesky.py: 連立一次方程式を解く（正定値対称行列）
import numpy as np
import scipy as sc
import scipy.linalg as sclinalg
# 時間計測
import time

# 行列サイズ
str_dim = input('正方行列サイズ dim = ')
dim = int(str_dim)  # 文字列→整数

# 対称乱数行列をA として与える
np.random.seed(20200529)
mat_a1 = sc.random.rand(dim, dim)
# 正定値対称化: A = A1 * A1^T
mat_a = mat_a1 @ mat_a1.T

# x = [1 2 ... dim]
vec_true_x = np.arange(1, dim + 1)

# b = A * x
vec_b = mat_a @ vec_true_x

# 方法 1: コレスキー分解 + 前進後退代入
start_time = time.time()
mat_chol, low = sclinalg.cho_factor(mat_a)
vec_x = sclinalg.cho_solve((mat_chol, low), vec_b)  # x
time1 = time.time() - start_time

relerr1 = sclinalg.norm(vec_x - vec_true_x) / sclinalg.norm(vec_true_x)
print(f'Cholesky(seconds) = {time1:5.2g}, relerr(vec_x) = {relerr1:10.3e}')

# 方法 2: LDT^T 分解 + 前進後退代入
start_time = time.time()
mat_l, mat_d, perm = sclinalg.ldl(mat_a)  # LDL 分解
mat_l = mat_l[perm, :]  # 行入れ替えを修正
ldl_vec_b = vec_b[perm]  # 同上

vec_y = sclinalg.solve_triangular(
        mat_l, ldl_vec_b, lower=True, trans=0, unit_diagonal=True
)  # Ly = b
vec_z = [vec_y[i] / mat_d[i, i] for i in range(dim)]  # Dz = y
vec_x = sclinalg.solve_triangular(
        mat_l, vec_z, lower=True, trans=1, unit_diagonal=True
)  # L^T x = z
time2 = time.time() - start_time

relerr2 = sclinalg.norm(vec_x - vec_true_x) / sclinalg.norm(vec_true_x)
print(f'LDL^T(seconds)    = {time2:5.2g}, relerr(vec_x) = {relerr2:10.3e}')

# 方法 3: lu 分解 + 前進後退代入
```

```
52    start_time = time.time()
53    mat_lu, pivot = sclinalg.lu_factor(mat_a)  # PLU = A
54    vec_x = sclinalg.lu_solve((mat_lu, pivot), vec_b)
55    time3 = time.time() - start_time
56
57    relerr3 = sclinalg.norm(vec_x - vec_true_x) / sclinalg.norm(vec_true_x)
58    print(f'LU(seconds)      = {time3:5.2g}, relerr(vec_x) = {relerr3:10.3e}')
```

上記のスクリプトを実行した結果を**表 7.1** に示す。コレスキー分解が最も高速で，次が LU 分解，LDL 分解が最も低速になることが分かる。

表 7.1　正定値対称行列を用いた連立一次方程式の解導出ベンチマークテスト

| $n = 5000$ | | |
|---|---|---|
| | 計算時間 (秒) | 相対誤差 |
| コレスキー | 0.86 | 4.397e-06 |
| LDL | 2.5 | 1.016e-05 |
| LU | 1.1 | 3.332e-06 |
| $n = 10000$ | | |
| コレスキー | 4.9 | 2.284e-04 |
| LDL | 13 | 5.308e-04 |
| LU | 7.6 | 8.366e-05 |
| $n = 20000$ | | |
| コレスキー | 35 | 7.479e-03 |
| LDL | 91 | 1.599e-02 |
| LU | 61 | 3.518e-03 |

問題 7.4　例題 7.4 の $A$ を係数行列として持つ連立一次方程式

$$A\mathbf{x} = [2\ 5\ 4]^\mathrm{T}$$

の解を listing 7.4 の Python スクリプトを使って求めよ。

## 7.6 ● 行列の条件数と連立一次方程式の誤差解析

連立一次方程式の誤差解析において重要な役割を果たす，行列の条件数を定義する。

定義 7.1　行列の条件数

　正則行列 $A \in \mathbb{R}^{n \times n}$ の条件数 $\kappa(A)$ を

$$\kappa(A) = \|A\| \cdot \|A^{-1}\| \tag{7.13}$$

と定義する。$p$ ノルムを用いたものを $\kappa_p(A)$ と書く。

結論から先に言うと、この $\kappa(A)$ が非常に大きい行列 $A$ を悪条件である (ill-conditioned) と呼び、行列成分、定数ベクトル成分に含まれる初期誤差や、解法の過程で発生した丸め誤差を条件数倍して、数値解に忍び込む可能性がある。

連立一次方程式 (7.1) を実際にコンピュータで計算しようとすると、一般的には行列、ベクトル成分は丸められて誤差が混入していると考えられる。また、解法の過程でも丸め誤差が混入するのが普通である。よって、これらをすべて、行列あるいは定数ベクトルに忍び込んだ初期誤差として解釈することにすれば、解こうとする式 (7.1) は

$$\widetilde{A}\,\widetilde{\mathbf{x}} = \widetilde{\mathbf{b}}$$

という形に化けているということができる。では最終的に得られる $\widetilde{\mathbf{x}}$ に含まれる誤差 $E(\widetilde{\mathbf{x}})$ はどうなっているのだろうか。

それを解析する元になる補題、定理を示すことにする。

**補題 7.4** 定数項 $\mathbf{b}$ に誤差がある場合

連立一次方程式

$$A(\mathbf{x} + E(\widetilde{\mathbf{x}})) = \mathbf{b} + E(\widetilde{\mathbf{b}})$$

において

$$rE(\widetilde{\mathbf{x}}) \leq \kappa(A) \cdot rE(\widetilde{\mathbf{b}})$$

である。

証明 $E(\widetilde{\mathbf{x}}) = A^{-1}E(\widetilde{\mathbf{b}})$ から

$$\|E(\widetilde{\mathbf{x}})\| \leq \|A^{-1}\|\,\|E(\widetilde{\mathbf{b}})\|$$

を得る。さらに、$\|\mathbf{b}\| \leq \|A\|\,\|\mathbf{x}\|$ から与式を得る。 □

**補題 7.5** 係数行列 $A$ に誤差がある場合

$$(A + E(\widetilde{A}))(\mathbf{x} + E(\widetilde{\mathbf{x}})) = \mathbf{b}$$

において

$$\frac{\|E(\widetilde{\mathbf{x}})\|}{\|\mathbf{x} + E(\widetilde{\mathbf{x}})\|} \leq \kappa(A) \cdot rE(\widetilde{A})$$

である。

証明

$$\begin{aligned}
\mathbf{x} &= A^{-1}\mathbf{b} \\
&= A^{-1}(A + E(\widetilde{A}))(\mathbf{x} + E(\widetilde{\mathbf{x}})) \\
&= \mathbf{x} + E(\widetilde{\mathbf{x}}) + A^{-1}E(\widetilde{A})(\mathbf{x} + E(\widetilde{\mathbf{x}}))
\end{aligned}$$

から

$$-E(\widetilde{\mathbf{x}}) = A^{-1}E(\widetilde{A})(\mathbf{x} + E(\widetilde{\mathbf{x}}))$$

となる。したがって,

$$\begin{aligned}
\|E(\widetilde{\mathbf{x}})\| &\leq \|A^{-1}\|\,\|E(\widetilde{A})\| \cdot \|\mathbf{x} + E(\widetilde{\mathbf{x}})\| \\
&= \|A^{-1}\|\,\|A^{-1}\| \cdot \frac{\|E(\widetilde{A})\|}{\|A\|} \cdot \|\mathbf{x} + E(\widetilde{\mathbf{x}})\|
\end{aligned}$$

より,与式を得る。

---

**定理 7.1　係数行列,定数項ともに誤差を含んでいるとき**

$$(A + E(\widetilde{A}))(\mathbf{x} + E(\widetilde{\mathbf{x}})) = \mathbf{b} + E(\widetilde{\mathbf{b}})$$

となるとき $\|A^{-1}E(\widetilde{A})\| < 1$ ならば,

$$rE(\widetilde{\mathbf{x}}) \leq \frac{\kappa(A)}{1 - \|A^{-1}E(\widetilde{A})\|}\left(rE(\widetilde{\mathbf{b}}) + rE(\widetilde{A})\right)$$

である。

証明　$I + A^{-1}E(\widetilde{A})$ の固有値は $1 + \lambda(A^{-1}E(\widetilde{A}))$ だから,$\lambda(A^{-1}E(\widetilde{A}))$ によらず,正則になる。したがって,

$$(I + A^{-1}E(\widetilde{A}))^{-1} = I - A^{-1}E(\widetilde{A})(I + A^{-1}E(\widetilde{A}))^{-1}$$

が成立するから,

$$\|(I + A^{-1}E(\widetilde{A}))^{-1}\| \leq 1 + \|A^{-1}E(\widetilde{A})\|\,\|(I + A^{-1}E(\widetilde{A}))^{-1}\|$$

よって,

$$\|(I + A^{-1}E(\widetilde{A}))^{-1}\|\,(1 - \|A^{-1}E(\widetilde{A})\|) \leq 1$$

から

$$\|(I + A^{-1}E(\widetilde{A}))^{-1}\| \leq \frac{1}{1 - \|A^{-1}E(\widetilde{A})\|}$$

を得る。

ここで $(A + E(\widetilde{A}))(\mathbf{x} + E(\widetilde{\mathbf{x}})) = \mathbf{b} + E(\widetilde{\mathbf{b}})$ と $A\mathbf{x} = \mathbf{b}$ より

$$E(\widetilde{A})\mathbf{x} + (A + E(\widetilde{A}))E(\widetilde{\mathbf{x}}) = E(\widetilde{\mathbf{b}})$$

である。これに，左から $A^{-1}$ を掛けると

$$A^{-1}E(\widetilde{A})\mathbf{x} + (I + A^{-1}E(\widetilde{A}))E(\widetilde{\mathbf{x}}) = A^{-1}E(\widetilde{\mathbf{b}})$$

これを $E(\widetilde{\mathbf{x}})$ について解くと，

$$E(\widetilde{\mathbf{x}}) = (I + A^{-1}E(\widetilde{A}))^{-1}A^{-1}(E(\widetilde{A})\mathbf{x} - E(\widetilde{\mathbf{b}}))$$

である。よって，

$$\frac{\|E(\widetilde{\mathbf{x}})\|}{\|\mathbf{x}\|} \leq \|(I + A^{-1}E(\widetilde{A}))^{-1}\|\|A^{-1}\| \left( \|E(\widetilde{A})\| + \frac{\|E(\widetilde{\mathbf{b}})\|}{\|\mathbf{x}\|} \right)$$

$$\leq \frac{\|A^{-1}\|}{1 - \|A^{-1}E(\widetilde{A})\|} \left( \|E(\widetilde{A})\| + \frac{\|E(\widetilde{\mathbf{b}})\|}{\|\mathbf{b}\|} \right)$$

となる。ここで $\|\mathbf{x}\| \leq \|A\|\|\mathbf{b}\|$ より与式を得る。

この不等式は $\|A^{-1}\| \geq \frac{1}{\|A\|}$ を用いて，

$$rE(\widetilde{\mathbf{x}}) \leq \frac{\kappa(A)}{1 - \frac{\|E(\widetilde{A})\|}{\|A\|}} \cdot \left( rE(\widetilde{A}) + rE(\widetilde{\mathbf{b}}) \right) \tag{7.14}$$

という形にしたものが主に用いられる。

今まで見てきた不等式がいずれも条件数を係数つまりファクターとして持つ不等式になっていることが分かった。以上をまとめると

1. 定数項のみに誤差がある場合

$$rE(\widetilde{\mathbf{x}}) \leq \kappa(A) \cdot rE(\widetilde{\mathbf{b}})$$

2. 係数行列のみに誤差がある場合

$$\frac{\|E(\widetilde{\mathbf{x}})\|}{\|\mathbf{x} + E(\widetilde{\mathbf{x}})\|} \leq \kappa(A) \cdot rE(\widetilde{A})$$

3. 双方に誤差がある場合

$$rE(\widetilde{\mathbf{x}}) \leq \frac{\kappa(A)}{1 - \|A^{-1}E(\widetilde{A})\|}\left(rE(\widetilde{\mathbf{b}}) + rE(\widetilde{A})\right)$$

となる。

このうち, 2. では $\|E(\widetilde{\mathbf{x}})\|$ が $\|\mathbf{x}\|$ より小さいことが前提となる。$\|E(\widetilde{\mathbf{x}})\| > \|\mathbf{x}\|$ では

$$\frac{\|E(\widetilde{\mathbf{x}})\|}{\|\mathbf{x} + E(\widetilde{\mathbf{x}})\|} \approx 1$$

となり, 評価式の意味がなくなってしまう。

3. での $\|E(\widetilde{A})\|/\|A\| < 1$ という条件は, たちの悪い問題, すなわち, 悪条件問題 (ill-conditioned problem) では満たされないこともあり, 注意する必要がある。

上の不等式はいずれも, 行列・ベクトルノルムは同じものであるが, 有限次元のノルムの同値性から, 都合の良いものを組み合わせて使うこともできる。

これらの不等式を利用して, 初期誤差の摂動の限界を調べる。よって計算に必要な 10 進精度桁数はおおむね

$$計算に必要な桁数 \geq \log_{10}(\kappa(A)) + \max(\widetilde{A}の精度桁, \widetilde{\mathbf{b}}の精度桁) \tag{7.15}$$

となる。

ここでいう, $\widetilde{A}$ の精度桁, $\widetilde{\mathbf{b}}$ の精度桁とは, それぞれの成分の中で最も有効桁の少ない成分のものを意味する。

---

**例題 7.5**

悪条件行列として名高いのは, ヒルベルト (Hilbert) 行列 $H_n = [1/(i+j-1)]^n_{i,j=1,2,\dots,n}$ である。実際に条件数を求めてみると

| $n$ | 5 | 10 | 12 |
|-----|---|----|----|
| $\kappa_2(H_n)$ | $4.8 \times 10^5$ | $1.6 \times 10^{13}$ | $1.8 \times 10^{16}$ |

となり, 倍精度計算では $n \geq 13$ で有効桁数が 0 になる。　　　　■

---

**■ Python スクリプト例**　正方行列の条件数を求める機能として, NumPy の cond 関数がある。使い方としては $p$ ノルムに基づく行列 $A$ の条件数 $\kappa_p(A)$ を

$$\kappa_p(A) := \texttt{np.linalg.cond}\,(A, p)$$

のように使用して求める。norm 関数同様, $p = 2$ がデフォルトである。

listing 7.5 はヒルベルト行列 (SciPy の linalg パッケージの hilbert 関数を使用) の条件数を求め

るスクリプトである。比較のため，条件数の定義式 (7.13) に基づいた値の計算も行って出力している。当然のことながら，$\kappa_p(A) \geq 10^{15}$ のときは，算出した条件数そのものが正しくない可能性がある。

listing 7.5　ヒルベルト行列の条件数

```python
# linear_eq_cond_hilbert.py: 連立一次方程式と条件数
import numpy as np
import scipy.linalg as sclinalg

# 行列サイズ
str_dim = input('正方行列サイズ dim = ')
dim = int(str_dim)  # 文字列→整数

# ヒルベルト行列
mat_a = sclinalg.hilbert(dim)

# x = [1 2 ... dim]
vec_true_x = np.arange(1, dim + 1)

# b = A * x
vec_b = mat_a @ vec_true_x

# lu 分解 + 前進後退代入
mat_lu, pivot = sclinalg.lu_factor(mat_a)  # PLU = A
vec_x = sclinalg.lu_solve((mat_lu, pivot), vec_b)

relerr3 = sclinalg.norm(vec_x - vec_true_x) / sclinalg.norm(vec_true_x)
print(f'relerr(vec_x) = {relerr3:10.3e}')

# A の条件数を求める
print(f'cond(mat_a)                 = {np.linalg.cond(mat_a):10.3e}')
print(f'||mat_a||_2 * ||mat_a^(-1)||_2 = {sclinalg.norm(mat_a) * sclinalg.norm(sclinalg.inv(mat_a)):10.3e}')
print(f'cond(mat_a, 1)              = {np.linalg.cond(mat_a, 1):10.3e}')
print(f'||mat_a||_1 * ||mat_a^(-1)||_1 = {sclinalg.norm(mat_a, 1) * sclinalg.norm(sclinalg.inv(mat_a, 1)):10.3e}')
print(f'cond(mat_a, inf)            = {np.linalg.cond(mat_a, np.inf):10.3e}')
print(f'||mat_a||_i * ||mat_a^(-1)||_i = {sclinalg.norm(mat_a, np.inf) * sclinalg.norm(sclinalg.inv(mat_a), np.inf):10.3e}')
sclinalg.norm(slinalg.inv(mat_a), np.inf))
```

# 演習問題

**7.1**　次の連立一次方程式 $A\mathbf{x} = \mathbf{b}$ について，次の問いに答えよ。

$$\begin{bmatrix} 3 & -1 & 0 & 0 \\ -1 & 3 & -1 & 0 \\ 0 & -1 & 3 & -1 \\ 0 & 0 & -1 & 3 \end{bmatrix} \begin{bmatrix} x_1 \\ x_2 \\ x_3 \\ x_4 \end{bmatrix} = \begin{bmatrix} -1 \\ 1 \\ -2 \\ 19 \end{bmatrix}$$

(a) 係数行列 $A$ を LU 分解すると，

$$L = \begin{bmatrix} 1 & 0 & 0 & 0 \\ \boxed{(1)} & 1 & 0 & \boxed{(2)} \\ 0 & -\frac{3}{8} & \boxed{(3)} & 0 \\ \boxed{(4)} & 0 & \boxed{(5)} & 1 \end{bmatrix}$$

$$U = \begin{bmatrix} 3 & \boxed{(6)} & 0 & \boxed{(7)} \\ \boxed{(8)} & \frac{8}{3} & -1 & 0 \\ 0 & 0 & \boxed{(9)} & -1 \\ 0 & 0 & 0 & \boxed{(10)} \end{bmatrix}$$

となった。(1)〜(10) に当てはまる実数を求めよ。

(b) 上の LU 分解の結果を用いて連立一次方程式を解け。

7.2 係数行列 $A$ と定数項 $\mathbf{b}$ が

$$A = \begin{bmatrix} 1 & 1/2 & 1/3 \\ 1/2 & 1/3 & 1/4 \\ 1/3 & 1/4 & 1/5 \end{bmatrix}, \quad \mathbf{b} = \begin{bmatrix} 1 \\ 2 \\ 3 \end{bmatrix}$$

と与えられているとき，連立一次方程式 $A\mathbf{x} = \mathbf{b}$ の解 $\mathbf{x}$ を求めよ。

7.3 次のような三重対角行列を係数行列に持つ連立一次方程式に対して，LU 分解および LDU 分解を施したときの最小の計算量を求めよ。またそのときのアルゴリズムも詳しく述べよ。

$$\begin{bmatrix} \beta_1 & \gamma_1 & & & & \\ \alpha_1 & \beta_2 & \gamma_2 & & & \\ & \ddots & \ddots & \ddots & & \\ & & \ddots & \ddots & \ddots & \\ & & & \alpha_{n-2} & \beta_{n-1} & \gamma_{n-1} \\ & & & & \alpha_{n-1} & \beta_n \end{bmatrix} \begin{bmatrix} x_1 \\ x_2 \\ \vdots \\ \vdots \\ x_{n-1} \\ x_n \end{bmatrix} = \begin{bmatrix} b_1 \\ b_2 \\ \vdots \\ \vdots \\ b_{n-1} \\ b_n \end{bmatrix}$$

# 第 8 章

# 連立一次方程式の解法2
# ― 疎行列と反復法

連立一次方程式の反復法は，主に偏微分方程式の求解の際に使用されるものであるので，本書では扱わないことにした。

J.H.Wilkinson and C.Reinsch,
"Linear Algebra", Springer-Verlag (1971).

非ゼロ成分に比べ，ゼロ成分が多い行列を**疎行列** (sparse matrix) と呼び，ゼロ成分は記憶せず，非ゼロ成分のみを記憶しておくようなデータ構造を使用する。反対に，すべての要素を保存する形式を**密行列** (dense matrix) と呼ぶ。線形代数の理論的には疎行列も密行列も違いはないが，疎行列を用いると計算量とデータ容量の削減が可能であり，計算時間の短縮が可能となる。本章では基本的な疎行列のデータ形式を紹介し，疎行列向きの連立一次方程式の解法である反復法について解説する。

## 8.1 ● 密行列と疎行列

理論的には行列の要素はすべて存在しているものとして扱う。したがって，例えば対角行列 $D=\mathrm{diag}[d_1\ d_2\ \cdots\ d_n]$ も，ゼロ要素を持たない行列 $A$ も，同じ行数・列数であれば同じ数の要素を持つ。しかし実際に計算する際には，例えば行列・ベクトル乗算の場合，ゼロでないベクトル $\mathbf{x}$ に対しては

$$D\mathbf{x} = [d_1 x_1\ d_2 x_2\ \cdots\ d_n x_n]^{\mathrm{T}}$$

$$A\mathbf{x} = \left[\sum_{j=1}^{n} a_{1j}x_j\ \ \sum_{j=1}^{n} a_{2j}x_j\ \ \cdots\ \ \sum_{j=1}^{n} a_{nj}x_j\right]^{\mathrm{T}}$$

となるので，$D\mathbf{x}$ は $n$ 回の乗算のみ，$A\mathbf{x}$ はすでに述べたように $O(n^2)$ の計算量になる。ゼロ要素は計算する必要がないので，あえてメモリに保持しておく必要もない。対角行列のように，ゼロ要素を多数含む行列を**疎行列** (sparse matrix) と呼び，非ゼロ要素のみ保持しておき，記憶領域と計算量の節約を図る。反対に，ゼロ要素がごく少なく，すべての要素を記憶しておく必要がある行列を**密行列**

(dense matrix) と呼ぶ。

Python の場合，密行列は今まで見てきたように NumPy の `ndarray` を 2 次元配列として使用して格納する。疎行列は SciPy の sparse パッケージを使用し，そこでサポートされている次の疎行列フォーマット (と略称) を使用して格納する。

**BSR** ブロック列疎行列 (Block Sparse Row matrix)
**COO** 座標形式疎行列 (sparse matrix in COOrdinate format)
**CSC** 列圧縮疎行列 (Compressed Sparse Column matrix)
**CSR** 行圧縮疎行列 (Compressed Sparse Row matrix)
**DIA** 対角格納疎行列 (sparse matrix with DIAgonal storage)
**LIL** 行優先リストのリスト疎行列 (row-based LIst of Lists sparse matrix)

本書ではこのうち COO，CSR，CSC 形式のみ扱う。これらはすべて疎行列 (spmatrix) クラスとして定義されており，ドット積 (dot)，スカラー倍，転置，他の形式への変換が可能である。これらの事例は本章やその後の章でそれぞれ示す。

以下，次の実正方行列 $A \in \mathbb{R}^{5 \times 5}$ を用いて SciPy.sparse モジュールの使用方法を示す。

$$A = [a_{ij}]_{i,j=1,2,3,4,5} = \begin{bmatrix} 1 & 0 & 2 & 0 & 0 \\ 0 & 3 & 0 & 0 & -4 \\ 0 & 0 & 5 & 0 & 0 \\ 6 & 0 & 0 & -7 & 0 \\ 0 & 0 & 0 & 0 & 8 \end{bmatrix} \tag{8.1}$$

最初から要素が分かっている場合，入力位置の間違いを防止するため，$A$ を密行列として与えておくとよい。この例では行列要素はすべて整数 (int32) として取り扱われる。

listing 8.1　疎行列フォーマット

```python
# sparse_format.py: 疎行列フォーマット
import numpy as np
import scipy.sparse as scsp  # SciPy.sparse モジュール

# 密行列
mat_a = np.array([
    [1, 0, 2, 0, 0],
    [0, 3, 0, 0, -4],
    [0, 0, 5, 0, 0],
    [6, 0, 0, -7, 0],
    [0, 0, 0, 0, 8]
])
print('A = \n', mat_a)
```

$A$ が格納された `mat_a` を COO 形式 (`spmat_a_coo`)，CSR 形式 (`spmat_a_csr`)，CSC 形式 (`spmat_a_csc`) に変換するにはそれぞれ SciPy.sparse モジュールの `coo_matrix`，`csr_matrix`， csc_matrix 関数を使用すればよい。

```
14   # COO 形式
15   spmat_a_coo = scsp.coo_matrix(mat_a)
16   print('COO A = \n', spmat_a_coo)
17
18   # CSR 形式
19   spmat_a_csr = scsp.csr_matrix(mat_a)
20   print('CSR A = \n', spmat_a_csr)
21
22   # CSC 形式
23   spmat_a_csc = scsp.csc_matrix(mat_a)
24   print('CSC A = \n', spmat_a_csc)
```

疎行列形式を変更するときには spmatrix クラスのメンバ関数である tocoo, tocsr, tocsc を使用する。密行列形式に戻すときには todense もしくは toarray 関数を使用する。

```
25   # 密行列に戻す
26   print('CSR -> Dense: \n', spmat_a_csr.todense())
27   print('CSC -> Dense: \n', spmat_a_csc.todense())
```

疎行列のデータ形式はややこしいので，**表 8.1** のような構造体になっていることを理解し，上記の Python スクリプト例で使用される COO，CSR，CSC 形式の格納形式の具体例を見ておけば十分である。

表 8.1　密行列・疎行列データ形式

| | 密行列 | 疎行列 | | |
|---|---|---|---|---|
| | np.array | COO 形式 | CSR 形式 | CSC 形式 |
| データ型 | dtype | | | |
| 行列形状 | shape | | | |
| 次元数 | ndim(行列は常に 2) | | | |
| (非零) 要素数 | size | nnz | | |
| 行列要素 | data(ポインタ) | data(1 次元リスト) | | |
| 非零要素インデックス | なし | row, col | indices, indptr | |

以下，疎行列構造体の中身を示す。まず

```
dtype   =   int32
shape   =   (5, 5)
ndim    =   2
nnz     =   8
```

は共通である。この場合，非零成分は 8 個である。

■ **COO 形式** 8個の要素の行番号 (row) と列番号 (col) がそれぞれ格納される。

```
data[]  = [ 1  2  3 -4  5  6 -7  8]
row[]   = [0 0 1 1 2 3 3 4]
col[]   = [0 2 1 4 2 0 3 4]
```

例えば，$a_{25} = -4$ は data[3] = -4 に値が格納されており，row[3] = 1 (2 行目)，col[3] = 4 (5 列目) となる。このように行方向 (左から右の横方向) に値が格納されている形式を**行優先** (row-wise) **形式**と呼ぶ。

■ **CSR 形式** 行優先で並んだ要素を data に格納し，indices に列番号を格納しておく。indptr には各行の先頭要素が data の何番目にあるかを入れておく。こうすることで，COO 形式よりデータ量を減らすことができる。この例では $a_{25} = -4$ は，indptr[1] = 2 であるから 2 行目は 3 番目の要素から始まっており，indices[3] = 4 より，data[3] = -4 が $a_{25}$ 要素の値となる。

```
data[]   = [ 1  2  3 -4  5  6 -7  8]
indices[]= [0 2 1 4 2 0 3 4]
indptr[] = [0 2 4 5 7 8]
```

■ **CSC 形式** 列方向 (上から下への縦方向) に値を格納する形式を，**列優先** (column-wise) **形式**と呼ぶ。列優先に並んだ要素を data に格納しておき，各列の先頭要素がこの何番目に位置しているかを indptr に入れておくのが CSC 形式である。この例では $a_{25} = -4$ は，indptr[4] = 6 であるから，7 番目からが 5 列目の成分であり，indices[6] = 1 であるからこれが 2 行目の要素であることが分かる。したがって，data[6] = -4 が $a_{25}$ 要素の値となる。

```
data[]   = [ 1  6  3  2  5 -7 -4  8]
indices[]= [0 3 1 0 2 3 1 4]
indptr[] = [0 2 3 5 6 8]
```

なお，CSR, CSC 形式では indptr の最後の値は nnz(非零要素数) となっている。

問題 **8.1** $B \in \mathbb{R}^{3\times3}$ を CSR 形式で格納すると

```
data[]   = [4 3 2 1]
indices[]= [0 2 1 2]
indptr[] = [0 2 3 4]
```

となった。このとき，次の問いに答えよ。

1. 行列 $B$ を密行列として書け。
2. $B$ を COO 形式として表現するとどのように格納されるか？
3. $B$ を CSC 形式として表現するとどのように格納されるか？

## 8.2 ● SuiteSparse Matrix Collection と直接法

さまざまな企業や研究現場で使用された疎行列データを集めたサイトとして，SuiteSparse Matrix

Collection(`https://sparse.tamu.edu/`, **図 8.1**) がある。2020 年 8 月現在，2856 個の疎行列データを揃えており，いつでも Web ページから入手可能である。

図 8.1　SuiteSparse Matrix Collection のトップページ (2020 年 8 月時点)

ここでは，この中から $n$ 次実正方行列 $A$ としてつぎの 4 つを使用する (**表 8.2**)。

表 8.2　SuiteSparse Matrix Collection の 4 つの例題

| 名称 | $n$ | 条件数 | 元の問題 |
|---|---|---|---|
| bcsstm22 | 138 | $9.4 \times 10^2$ | 構造体 |
| orani678 | 2529 | $9.6 \times 10^3$ | 経済モデル |
| lns_3937 | 3937 | $2.0 \times 10^{16}$ | 流体力学 |
| memplus | 17758 | $1.3 \times 10^5$ | 回路シミュレーション |

各疎行列の非零要素がどのように分布しているかを示したものが**図 8.2** である。青い点が非零成分を示している。

これらの疎行列は MATLAB 形式，Rutherford Boeing 形式，Matrix Market(MTX) 形式の 3 種類のファイルとして提供されている。ここでは SciPy.io パッケージで取り扱うことができる MTX 形式を使用することにする。この場合，拡張子も .mtx である。MTX ファイルは COO 形式のテキストファイルなので，読み込まれた行列は自動的に COO 形式として格納される。

4 つの疎行列ファイルをダウンロードして解凍し，下記の Python スクリプトと同じフォルダ (ディレクトリ) に MTX ファイルとして置いてあるものとする。

例えば `memplus.mtx` ファイルを読み込み，COO 形式から CSR 形式に変換するためには，listing 8.2 のように Python スクリプトを作ればよい。

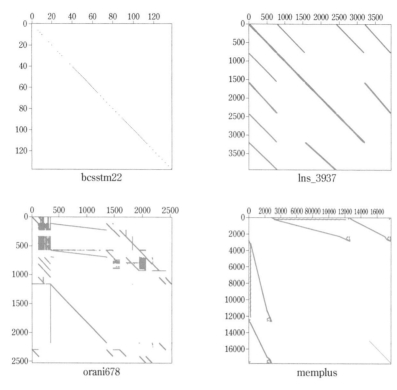

図 8.2 bcsstm22(左上), lns_3937(右上), orani678(左下), memplus(右下)

## listing 8.2 疎行列の取り扱い例

```python
# sparse_matrix_lu.py: 疎行列の取り扱いと直接法
import scipy.io as scio
import scipy.sparse.linalg as scsplinalg
import numpy as np

# Matrix Market 形式ファイルの読み込み
mtx_filename = 'memplus'  # n = 17758

mtx_filename_full = mtx_filename + '.mtx'
spmat_info = scio.mminfo(mtx_filename_full)
print('spmat_info = ', spmat_info)

row_dim = spmat_info[0]
col_dim = spmat_info[1]

# COO 形式
spmat_a_coo = scio.mmread(mtx_filename_full)
print('spmat_a = ', spmat_a_coo)

# COO -> CSR
```

```
21    spmat_a = spmat_a_coo.tocsr()
```

他の 3 つの MTX ファイルについても同様に読み込み，CSR 形式の疎行列として使用することができる。

では，疎行列を係数行列とする連立一次方程式を直接法で解いてみよう。このためには SciPy.sparse.linalg パッケージを使用する。機能は SciPy.linalg パッケージとよく似ている。

まず，真の解 $\mathbf{x} = [1\ 2\ \cdots\ n]^{\mathrm{T}}$ とし，定数ベクトル $\mathbf{b} := A\mathbf{x}$ を dot メソッドを用いて生成する。

```
22    # x = [1, 2, ..., n]
23    true_x = np.array(np.arange(1, col_dim + 1))
24    print('true_x = ', true_x)
25    b = spmat_a.dot(true_x)
26    print('b = ', b)
```

連立一次方程式を一度解くだけなら

```
      # 連立一次方程式を解く（1）
      x = scsplinalg.spsolve(spmat_a, b)
```

でよい。

LU 分解した行列を保存しておきたい場合は下記のように一度 CSC 形式に変換し，splu 関数を使用し，前進・後退代入は solve 関数で行えばよい。

```
27    # 連立一次方程式を解く（2）LU 分解 + 前進・後退代入
28    spmat_a_csc = spmat_a_coo.tocsc()  # csc であることを求められる
29    spmat_lu = scsplinalg.splu(spmat_a_csc)  # LU 分解
30    x = spmat_lu.solve(b)  # 前進・後退代入
31    print('x = ', x)
```

数値解のノルム相対誤差と，成分ごとの最大・最小相対誤差を導出する部分は NumPy を用いて行えばよい。

```
32    # 相対誤差
33    relerr_vec = np.fabs(true_x - x) / np.fabs(x)
34    relerr_norm = np.linalg.norm(true_x - x) / np.linalg.norm(x)  # 2-norm
35
36    # 最大・最小相対誤差のindex
37    max_i = np.argmax(relerr_vec)
38    min_i = np.argmin(relerr_vec)
39
40    print(f'x[{max_i:5d}] = {x[max_i]:25.17e}, max relerr = {np.max(relerr_vec):7.1e}')
41    print(f'x[{min_i:5d}] = {x[min_i]:25.17e}, min relerr = {np.min(relerr_vec):7.1e}')
42    print(f'norm2_relerr = {relerr_norm:7.1e}')
```

他の疎行列 MTX ファイル bcsstm22, lns_3937, orani678 を係数行列とする連立一次方程式を作り，計算時間とノルム相対誤差，成分ごとの最大・最小相対誤差をそれぞれ求めよ。

## 8.3 ● ヤコビ反復法

連立一次方程式

$$Ax = b \tag{8.2}$$

の解の近似値 $\mathbf{x}_{k+1}$ を漸化式

$$\mathbf{x}_{k+1} := M\mathbf{x}_k + \mathbf{c} \quad M \in \mathbb{R}^{n \times n},\ \mathbf{c} \in \mathbb{R}^n \tag{8.3}$$

で計算する方法を，連立一次方程式に対する**反復法** (iteration method) と呼ぶ。この反復式は式 (8.2) と同じ解を持つようにして作られる。すなわち，

$$\boxed{\mathbf{x} = M\mathbf{x} + \mathbf{c}\ \text{の解}} = \boxed{Ax = b\ \text{の解}} \tag{8.4}$$

となるようにする。

次に，式 (8.3) によって得られる列 $\{\mathbf{x}_0,\ \mathbf{x}_1,\ ...\}$ が収束するための条件を見ていくことにする。

---

**定理 8.1**

任意の初期値 $\mathbf{x}_0 \in \mathbb{R}^n$ に対して漸化式 (8.3) を用いて得られる列 $\{\mathbf{x}_i\}_0^\infty$ が収束するためには，行列 $M$ のすべての固有値の絶対値が 1 より小さいことが必要十分条件である。

---

証明 （⇒）

$\lim_{n \to \infty} \mathbf{x}_k = \mathbf{x}$ とする。そうすれば

$$\begin{cases} \mathbf{x} = M\mathbf{x} + \mathbf{c} \\ \mathbf{x}_k = M\mathbf{x}_{k-1} + \mathbf{c} \end{cases}$$

より

$$\mathbf{x} - \mathbf{x}_k = M(\mathbf{x} - \mathbf{x}_{k-1})$$
$$= \cdots = M^k(\mathbf{x} - \mathbf{x}_0)$$

であるから

$$\|\mathbf{x} - \mathbf{x}_k\| \leq \|M\|^k \|\mathbf{x} - \mathbf{x}_0\|$$

を得る。これより $\|M\| < 1$ であるためには，固有値はすべて 1 未満でなくてはならない。

($\Leftarrow$)

仮定より，$\|M\| < 1$ であるから

$$\begin{aligned}
\mathbf{x}_k &= M\mathbf{x}_{k-1} + \mathbf{c} \\
&= M(M\mathbf{x}_{k-2} + \mathbf{c}) + \mathbf{c} = \cdots \\
&= M^k\mathbf{x}_0 + \left(\sum_{i=1}^{k-1} M^i\right)\mathbf{c}
\end{aligned}$$

を得る。よって，$\lim_{k\to\infty} \mathbf{x}_k = (I - M)^{-1}\mathbf{c}$ となる。 □

この定理により，収束の速さについての目安をつけることができる。すなわち，

$$\|\mathbf{x} - \mathbf{x}_k\| \le \|M\|\|\mathbf{x} - \mathbf{x}_{k-1}\| \tag{8.5}$$

だから，少なくとも $M$ の最大固有値の絶対値倍以上の速さで収束していくことになる。

**ヤコビ反復法** (Jacobi iterative method) は最もシンプルな反復法である。成分ごとに書くと次のようなアルゴリズムになる。

**アルゴリズム 8.1　ヤコビ反復法**

1. 初期値 $\mathbf{x}_0 \in \mathbb{R}^n$ を与える。
2. for $k = 1, 2, \ldots$ に対して以下を計算する。

$$\begin{cases}
x_1^{(k+1)} &:= x_1^{(k)} + \frac{1}{a_{11}}(b_1 - \sum_{j=1}^n a_{1j}x_j^{(k)}) \\
x_2^{(k+1)} &:= x_2^{(k)} + \frac{1}{a_{22}}(b_2 - \sum_{j=1}^n a_{2j}x_j^{(k)}) \\
&\quad\vdots \\
x_n^{(k+1)} &:= x_n^{(k)} + \frac{1}{a_{nn}}(b_n - \sum_{j=1}^n a_{nj}x_j^{(k)})
\end{cases}$$

これを式 (8.3) の形で書けば，

$$\mathbf{x}_{k+1} := J\mathbf{x}_k + \mathbf{c} \tag{8.6}$$

を得る。ここで

$$J = \begin{bmatrix}
0 & -\frac{a_{12}}{a_{11}} & \cdots & -\frac{a_{1n}}{a_{11}} \\
-\frac{a_{21}}{a_{22}} & 0 & \ddots & \vdots \\
\vdots & \ddots & \ddots & -\frac{a_{n-1,n}}{a_{n-1,n-1}} \\
-\frac{a_{n1}}{a_{nn}} & \cdots & -\frac{a_{n,n-1}}{a_{nn}} & 0
\end{bmatrix}, \quad \mathbf{c} = \begin{bmatrix}
\frac{b_1}{a_{11}} \\
\frac{b_2}{a_{22}} \\
\vdots \\
\frac{b_n}{a_{nn}}
\end{bmatrix}$$

である。

この漸化式の持つ収束の条件を調べてみる。$J \in \mathbb{R}^{n\times n}$ の固有多項式 $p_J(\lambda)$ は

$$p_J(\lambda) = |J - \lambda I|$$

$$= \begin{vmatrix} -\lambda & -\frac{a_{12}}{a_{11}} & \cdots & -\frac{a_{1n}}{a_{11}} \\ -\frac{a_{21}}{a_{22}} & -\lambda & \cdots & -\frac{a_{2n}}{a_{22}} \\ \vdots & & \ddots & \vdots \\ -\frac{a_{n1}}{a_{nn}} & -\frac{a_{n2}}{a_{nn}} & \cdots & -\lambda \end{vmatrix}$$

$$= (-1)^n a_{11} a_{22} \cdots a_{nn} \begin{vmatrix} a_{11}\lambda & a_{12} & \cdots & a_{1n} \\ a_{21} & a_{22}\lambda & \cdots & a_{2n} \\ \vdots & & \ddots & \vdots \\ a_{n1} & a_{n2} & \cdots & a_{nn}\lambda \end{vmatrix} \tag{8.7}$$

となる。よって $a_{ii} \neq 0$ $(i = 1, 2, ..., n)$ であれば

$$p_J(\lambda) = \begin{vmatrix} a_{11}\lambda & a_{12} & \cdots & a_{1n} \\ a_{21} & a_{22}\lambda & \cdots & a_{2n} \\ \vdots & & \ddots & \vdots \\ a_{n1} & a_{n2} & \cdots & a_{nn}\lambda \end{vmatrix} \tag{8.8}$$

と考えてよい。

　この固有多項式を解析的に解くことは一般に不可能である。そこで，ヤコビ反復法が収束する必要十分条件を求めることはあきらめて，十分条件を得ることで我慢する。そのために以下の**ゲルシュゴリン** (Gershgorin) **の定理**を用いる。

---

**定理 8.2　ゲルシュゴリンの定理**

　正方行列 $A = [a_{ij}]$ $(i, j = 1, 2, ..., n)$ に対し，複素平面 $\mathbb{C}$ において中心 $a_{ii}$, 半径 $\sum_{j=1, j\neq i}^{n} |a_{ij}|$ の円 $S_i$ $(i = 1, 2, ..., n)$ を定義したとき，すべての $A$ の固有値 $\lambda$ は $\cup_{i=1}^{n} S_i$ 内に存在する。これは任意の $A$ の固有値 $\lambda$ に対し

$$|a_{ii} - \lambda| \leq \sum_{j=1, j\neq i}^{n} |a_{ij}|$$

を満たす $i \in \{1, 2, ..., n\}$ が必ず存在することを意味する。

---

　そうすれば任意の $J$ の固有値 $\lambda$ に対して

$$|\lambda| \leq \max_{i} \sum_{j=1,\ j\neq i}^{n} \left| \frac{a_{ij}}{a_{ii}} \right| \tag{8.9}$$

だから

$$\max_{j} \sum_{i=1,\ i\neq j}^{n} \left| \frac{a_{ij}}{a_{ii}} \right| \leq 1 \tag{8.10}$$

が収束のための十分条件となる。これは同時に $\|M\|_1 \le 1$ となる条件も満たしている。

また，$\|\cdot\|_\infty$ を用いて $\|M\|_\infty \le 1$ となる条件を満たすためには，

$$\max_i \sum_{j=1,\ j\neq i}^{n} \left|\frac{a_{ij}}{a_{ii}}\right| \le 1 \tag{8.11}$$

となればよい。

■ **Python スクリプト例**　係数行列が疎行列として与えられていることを前提にした Python スクリプトによるヤコビ反復法の実装例は listing 8.3 のようになる。

**listing 8.3　ヤコビ反復法**

```
1   # ヤコビ反復法
2   def jacobi_iteration_sparse(vec_x, mat_a_sp, diagonal_mat_a, vec_b, rtol, atol, max_times):
3       dim = vec_x.size
4       old_x = vec_x
5
6       # メインループ
7       for times in range(max_times):
8           new_x_diff = (vec_b - mat_a_sp.dot(old_x)) / diagonal_mat_a
9
10          # 収束判定
11          if np.linalg.norm(new_x_diff) <= (rtol * np.linalg.norm(old_x) + atol):
12              break
13
14          old_x += new_x_diff
15
16      return times, old_x
```

これを使用するには listing 8.2 の 27〜30 行目を次のように置き換えればよい。

```
1   # 対角要素を取り出し
2   diagonal_mat_a = spmat_a.diagonal()
3
4   # ヤコビ反復法実行
5   # x := 0
6   x = np.zeros(col_dim)
7   iterative_times, x = jacobi_iteration_sparse(x, spmat_a, diagonal_mat_a, b, 1.0e-10, 0.0,
        col_dim * 10)
```

フルスクリプト例は `jacobi_iteration_sparse.py` を参照されたい。

問題 **8.3**　bcsstm22, lns_3937, orani678, memplus のうち，ヤコビ反復法で収束し，近似解が得られるものを調べよ。また，得られる場合はその計算時間とノルム相対誤差，成分ごとの最大・最小相対誤差も求めよ。

**共役勾配法** (conjugate-gradient method, **CG 法**) のアルゴリズムは以下の通りである。

アルゴリズム 8.2 　共役勾配法

1. 初期値 $\mathbf{x}_0 \in \mathbb{R}^n$ を決める。
2. $\mathbf{r}_0 := \mathbf{b} - A\mathbf{x}_0$, $\mathbf{p}_0 := \mathbf{r}_0$ とする。
3. $k = 0, 1, 2, \dots$ に対して以下を計算する。

   (a) $\alpha_k := \dfrac{(\mathbf{r}_k, \mathbf{p}_k)}{(\mathbf{p}_k, A\mathbf{p}_k)}$
   (b) $\mathbf{x}_{k+1} := \mathbf{x}_k + \alpha_k \mathbf{p}_k$
   (c) $\mathbf{r}_{k+1} := \mathbf{r}_k - \alpha_k A\mathbf{p}_k (\text{または} := \mathbf{b} - A\mathbf{x}_{k+1})$
   (d) $\beta_k := \dfrac{\|\mathbf{r}_{k+1}\|_2^2}{\|\mathbf{r}_k\|_2^2}$
   (e) 収束判定
   (f) $\mathbf{p}_{k+1} := \mathbf{r}_{k+1} + \beta_k \mathbf{p}_k$

このアルゴリズムの特徴は

1) ベクトル計算が多い
2) 反復法に似てはいるが，有限回の操作で収束する
3) 丸め誤差の影響が大きい

という点にある。1) は SIMD (Single Instruction Multiple Data) 命令を備えたマルチコア CPU や GPU のような並列化しやすい環境では計算のスピードアップが期待できる性質である。この点を踏まえて，共役勾配法のアルゴリズムをベクトル反復法という名で分類している本もある。
　2) は次の補題から示される。

補題 8.1

　共役勾配法において，$0 \le i < j \le l \le n$ のとき

(1) $(\mathbf{r}_j, \mathbf{p}_i) = 0$
(2) $(\mathbf{r}_j, \mathbf{p}_j) = \|\mathbf{r}_j\|_2^2$
(3) $(\mathbf{p}_i, A\mathbf{p}_j) = 0$
(4) $(\mathbf{r}_i, \mathbf{r}_j) = 0$

が成立する。
証明　ここで $0 \le i < j \le k$ とする。$k \le l$ とし，$k$ に対する帰納法で証明する。まず命題 $(\text{A}_k)$ を

(1) $(\mathbf{r}_j, \mathbf{p}_i) = 0$
(2) $(\mathbf{r}_j, \mathbf{p}_j) = \|\mathbf{r}_j\|_2^2$

(3) $(\mathbf{p}_i, A\mathbf{p}_j) = 0$

(4) $(\mathbf{r}_i, \mathbf{r}_j) = 0$

とする。

$(A_0)$ は (2) が $\mathbf{r}_0 = \mathbf{p}_0$ から自明。それ以外は命題の条件を満たしていない。

$(A_k)$ を仮定すると $(A_{k+1})$ は次のようにして示される。

(1) $i < j \le k$ のときは示されているから，まず $i = k$, $j = k+1$ のときを示せばよい。

$$\begin{aligned}
(\mathbf{r}_{k+1}, \mathbf{p}_k) &= (\mathbf{r}_k, \mathbf{p}_k) - \alpha_k (A\mathbf{p}_k, \mathbf{p}_k) \\
&= (\mathbf{r}_k, \mathbf{p}_k) - \frac{(\mathbf{r}_k, \mathbf{p}_k)}{(\mathbf{p}_k, A\mathbf{p}_k)}(A\mathbf{p}_k, \mathbf{p}_k) \\
&= 0
\end{aligned}$$

さらに $(A_k)(1)$, $(A_k)(3)$ から

$$(\mathbf{r}_{k+1}, \mathbf{p}_j) = (\mathbf{r}_k, \mathbf{p}_j) - \alpha_k (A\mathbf{p}_k, \mathbf{p}_j) = 0$$

が分かる。

(2) 上の命題を使って

$$\begin{aligned}
(\mathbf{r}_{k+1}, \mathbf{p}_{k+1}) &= (\mathbf{r}_{k+1}, \mathbf{r}_{k+1}) + \beta_k (\mathbf{r}_{k+1}, \mathbf{p}_k) \\
&= (\mathbf{r}_{k+1}, \mathbf{r}_{k+1})
\end{aligned}$$

が示された。

(3)

$$\begin{aligned}
(\mathbf{p}_{k+1}, A\mathbf{p}_j) &= (\mathbf{r}_{k+1}, A\mathbf{p}_j) - \beta_k (\mathbf{p}_k, A\mathbf{p}_j) \\
&= \frac{1}{\alpha_j}(\mathbf{r}_{k+1}, \mathbf{r}_j - \mathbf{r}_{j+1}) - \beta_k (\mathbf{p}_k, A\mathbf{p}_j) \\
&= \frac{1}{\alpha_j}(\mathbf{r}_{k+1}, \mathbf{p}_j - \beta_{j-1}\mathbf{p}_{j-1} - \mathbf{p}_{j+1} + \beta_j \mathbf{p}_j) - \beta_k (A\mathbf{p}_k, \mathbf{p}_k) \\
&= \begin{cases} 0 & \text{for } j < k \qquad (A_k)(3) \text{ と } (A_{k+1})(1) \text{ から。} \\ 0 & \text{for } j = k \quad \alpha_k, \beta_k \text{を展開し，} (A_{k+1})(1)(2) \text{ から。} \end{cases}
\end{aligned}$$

(4) $(A_{k+1})(1)(3)$ から

$$(\mathbf{r}_j, \mathbf{r}_{k+1}) = (\mathbf{r}_j, \mathbf{r}_k) - \alpha_k (\mathbf{r}_j, A\mathbf{p}_k) = 0$$

よって補題は証明された。

この補題の (4) から

$$l \leq n$$

でなければならない。したがって，共役勾配法は $n$ 回以下の反復で真値が得られる。しかし，実際の数値計算においてはこの条件が満足されず，収束判定に基づいて反復を制御する必要がある。

■ mpmath パッケージを用いた多倍長精度 CG 法の Python スクリプト　丸め誤差の影響を確認するため，mpmath パッケージを用いて CG 法を実装し，その反復過程を観察してみることにする。

係数行列 $A$ と解 $\mathbf{x}$ を

$$A = \begin{bmatrix} 100 & 99 & \cdots & 1 \\ 99 & 99 & \cdots & 1 \\ \vdots & \vdots & & \vdots \\ 1 & 1 & \cdots & 1 \end{bmatrix}, \quad \mathbf{x} = \begin{bmatrix} 0 \\ 1 \\ \vdots \\ 99 \end{bmatrix}$$

とする。

### listing 8.4　多倍長精度 CG 法

```
1   # cg_mpmath.py: 多倍長精度CG 法
2   import numpy as np
3   import mpmath  # 多倍長精度計算
4   import mpmath.libmp  # 可能ならばgmpy2 を使用
5   # 時間計測
6   import time
7
8   # 計算精度初期設定
9   mpmath.mp.dps = 30
10  input_dps = input('10進精度桁数 dps = ')
11  if int(input_dps) > mpmath.mp.dps:
12      mpmath.mp.dps = int(input_dps)
13  print('10進精度桁数 = ', mpmath.mp.dps)
14
15
16  # CG 法(mpmath 版)
17  def cg(vec_x, mat_a, vec_b, rtol, atol, max_times):
18      dim = vec_x.rows
19      r = vec_b - mat_a * vec_x
20      p = r
21      init_norm_r = mpmath.norm(r)
22      old_norm_r = init_norm_r
23      # メインループ
24      for times in range(max_times):
25          ap = mat_a * p
26          alpha = (r.T * p)[0] / (p.T * ap)[0]
27          vec_x = vec_x + alpha * p
```

```
28          r = r - alpha * ap
29          new_norm_r = mpmath.norm(r)
30          beta = new_norm_r * new_norm_r / (old_norm_r * old_norm_r)
31          # 収束判定
32          print(times, mpmath.nstr(new_norm_r / init_norm_r))
33          if(new_norm_r <= (rtol * init_norm_r + atol)):
34              break
35
36          p = r + beta * p
37          old_norm_r = new_norm_r
38
39      return times, vec_x
40
41
42  # 行列サイズ
43  str_dim = input('正方行列サイズ dim = ')
44  dim = int(str_dim)   # 文字列→整数
45
46  # 行列要素を設定
47  mat_a = mpmath.zeros(dim, dim)
48  for i in range(dim):
49      for j in range(dim):
50          mat_a[i, j] = mpmath.mpf(dim - max(i, j))
51
52  mat_a = mat_a.T * mat_a
53  # print(mat_a)
54
55  # x = [1 2 ... dim]
56  vec_true_x = mpmath.matrix([i for i in range(1, dim + 1)])
57  # nprint(vec_true_x)
58
59  # b = A * x
60  vec_b = mat_a * vec_true_x
61
62  # CG 法実行
63  # vec_x := 0
64  vec_x = mpmath.zeros(dim, 1)
65  start_time1 = time.time()
66  iterative_times, vec_x = cg(vec_x, mat_a, vec_b, 1.0e-20, 0.0, dim * 10)
67  time1 = time.time() - start_time1
68
69  relerr = mpmath.norm(vec_x - vec_true_x) / mpmath.norm(vec_true_x)
70  print(
71      'CG: iteration, time = ',
72      iterative_times, time1,
73      ', relerr(vec_x) = ', relerr
74  )
```

この問題に対して $n = 100$ とし，CG 法を 10 進 16 桁 (倍精度相当)，50 桁，100 桁，200 桁，500 桁でそれぞれ計算して残差 $\|\mathbf{r}_k\|_2 = \|\mathbf{b} - A\mathbf{x}_k\|_2$ をプロットすると**図 8.3**のようになる。桁数が多く

なる (丸め誤差が小さくなる) につれて，反復回数が少なくなることが分かる。

　通常は IEEE754 倍精度での数値実験結果のみを使用することが多いが，こうして多倍長精度計算も行ってみると，いかに CG 法が丸め誤差の影響に敏感であるかが明確となる。

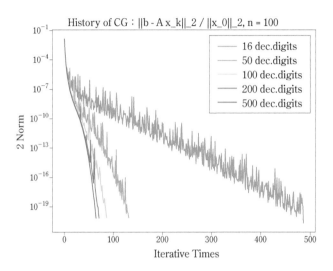

図 8.3　多倍長精度計算した CG 法の残差履歴

問題 8.4　上記の例において最短計算時間となる計算精度桁数を求めよ。

### 8.4.1　BiCGstab 法

　CG 法を皮切りに，**クリロフ部分空間法**と呼ばれる連立一次方程式の解法が多数開発された。**BiCGstab 法**は一般の連立一次方程式 (7.1) を解くためのクリロフ部分空間法の一種である。SciPy.sparse.linalg パッケージでは `bicgstab` 関数として提供されている。以下，このアルゴリズムを擬似コードで示す。

アルゴリズム 8.3　BiCGstab 法

$\mathbf{x}_0$: 初期値
$\mathbf{r}_0$: 初期残差 ($\mathbf{r}_0 = \mathbf{b} - A\mathbf{x}_0$)
$\tilde{\mathbf{r}}$: $(\mathbf{r}_0, \tilde{\mathbf{r}}) \neq 0$ を満足する任意ベクトル。例えば $\tilde{\mathbf{r}} = \mathbf{r}_0$
$M$: 前処理行列 (前処理なしの場合は $M = I$)
**for** $i = 1, 2, ...$

　　　$\rho_{i-1} = (\tilde{\mathbf{r}}, \mathbf{r}_{i-1})$
　　　**if** $\rho_{i-1} = 0$ **then** 終了

**if** $i = 1$ **then**

$$\mathbf{p}_1 = \mathbf{r}_0$$

**else**

$$\beta_{i-1} = (\rho_{i-1}/\rho_{i-2})(\alpha_{i-1}/\omega_{i-1})$$
$$\mathbf{p}_i = \mathbf{r}_i + \beta_{i-1}(\mathbf{p}_{i-1} - \omega_{i-1}\mathbf{v}_{i-1})$$

**end if**

$\widehat{\mathbf{p}}$ を $M\,\widehat{\mathbf{p}} = \mathbf{p}_i$ を解いて求める

$\widehat{\mathbf{v}}_i = A\widehat{\mathbf{p}}$

$\alpha_i = \rho_{i-1}/(\widetilde{\mathbf{r}}, \mathbf{v}_i)$

$\mathbf{s} = \mathbf{r}_{i-1} - \alpha_i\mathbf{v}_i$

**if** $\|\mathbf{s}\|$ が十分に小さい **then**

$$\mathbf{x}_i = \mathbf{x}_{i-1} + \alpha_i\widehat{\mathbf{p}}$$
$$\text{終了}$$

**end if**

$\widehat{\mathbf{s}}$ を $M\,\widehat{\mathbf{s}} = \mathbf{s}$ を解いて求める

$\mathbf{t} = A\widehat{\mathbf{s}}$

$\omega_i = (\mathbf{t}, \mathbf{s})/(\mathbf{t}, \mathbf{t})$

$\mathbf{x}_i = \mathbf{x}_{i-1} + \alpha_i\widehat{\mathbf{p}} + \omega_i\widehat{\mathbf{s}}$

収束判定

$\mathbf{r}_i = \mathbf{s} - \omega_i\mathbf{t}$

$\omega_i \neq 0$ であれば反復続行

**end for**

　収束性を高めたいときには，$A$ に「近い」行列 $M$ を用いて $M^{-1}A\mathbf{x} = M^{-1}\mathbf{b}$ を解くように変形すると，$M^{-1}A$ の固有値分布が圧縮され，条件数が 1 に近いものになることが期待される。このような方法を**前処理** (preconditioning) と呼ぶ。疎行列用の前処理としては，ゼロ要素を計算しない LU 分解，すなわち**不完全 LU 分解** (incomplete LU decomposition) が使用できる。この機能も spilu 関数として SciPy.sparse.linalg パッケージに実装されている。

　前処理として不完全 LU 分解を用いる場合は次のように spilu 関数を使用して前処理用の行列 $M$ を生成し，前処理は前進・後退代入を行う solve 関数を用いて行うようにセッティングすればよい。

```
# 前処理用LinearOperator セッティング
spmat_a_csc = spmat_a_coo.tocsc()  # SuperLU は CSC 形式のみ
spmat_ilu = scsplinalg.spilu(spmat_a_csc)  # ILU 分解
# matvec は M^(-1) * vec 処理
```

```
spmat_m = scsplinalg.LinearOperator(spmat_ilu.shape, matvec=spmat_ilu.solve)

# 前処理付きBiCGstab
x, info = scsplinalg.bicgstab(spmat_a, b, M=spmat_m)
```

この結果，例えば memplus を係数行列とする連立一次方程式に用いると，**図 8.4** に示すように，反復回数が劇的に減り，前処理しない場合に比べて高速に解くことができるようになる。

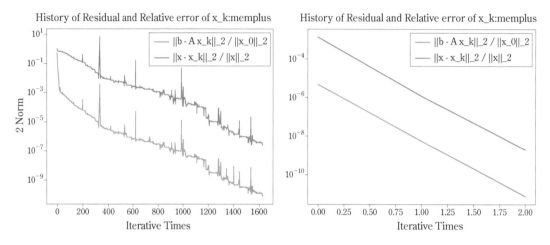

図 8.4　BiCGstab 法の残差履歴：前処理なし (左)，前処理あり (右)

SciPy.sparse.linalg パッケージには，他にも

**cg** CG 法・・・正定値対称行列用 (アルゴリズム 8.2)
**bicg** BiCG 法
**gmres** GMRES 法
**lgmres** LGMRES 法・・・GMRES 法の改良版

といった疎行列用の連立一次方程式求解反復法が用意されている。収束性に難があるときには，これらを順次試し，前処理も組み合わせて最も効果的なものを選べばよい。

# 演習問題

8.1 係数行列 $A$ と解 $\mathbf{x}$ を

$$
A = \begin{bmatrix}
2 & -1 & & & \\
-1 & 2 & -1 & & \\
& \ddots & \ddots & \ddots & \\
& & -1 & 2 & -1 \\
& & & -1 & 2
\end{bmatrix}, \quad
\mathbf{x} = \begin{bmatrix}
1 \\
2 \\
\vdots \\
n
\end{bmatrix}
$$

とする。このとき，定数ベクトル $\mathbf{b} := A\mathbf{x}$ を作り，

(a) 直接法
(b) ヤコビ反復法
(c) BiCGstab 法

のうち，$n = 100, 500, 1000$ のとき，得られた数値解 $\tilde{\mathbf{x}}$ のノルム相対誤差が $O(10^{-10})$ 以下になる最も高速な解法を求めよ。ただし，SciPy.sparse モジュールの機能を必ず使用し，疎行列として $A$ を取り扱うこと。

### 第 9 章

# 行列の固有値・固有ベクトル計算

現在実用になっている固有値の計算法はどれも相当に大げさなもので，下記のようないくつかの"部品"の適当な組み合わせからできている。ただ，どの部品にも，また組み合わせ方にも，いろいろと数値計算上注意を払わなければならない細かな点が多く，"数値計算の入門書"を読んで"原理"を理解して"小さな演習問題"をやったくらいでは，"本当に良いプログラム"を書くのは難しいのではないかと思われる。

伊理正夫・藤野和建「数値計算の常識」(共立出版)

　正方行列の固有値・固有ベクトルを求める問題は，さまざまな用途に利用される。常微分方程式の境界値問題も離散化することでこの問題に帰着されるものがあるし，近年ではサーチエンジンにおいても，リンク情報を離散連結グラフと見立て，各ノードの重要度を固有値・固有ベクトル計算として導出する目的でも利用されている。しかし，連立一次方程式と異なり，5次以上の行列の固有値は，有限回の代数的操作では真値を得ることは不可能である。したがって，極限操作を有限回の計算で打ち切ることを念頭においてアルゴリズムを実行しなくてはならない。特に大規模な行列に対しては計算時間を短縮するためにリダクションと呼ばれる操作を行うなどさまざまな工夫を行う必要がある。本章ではそのごく初歩を簡単に触れるにとどめる。

## 9.1 ● 行列の固有値・固有ベクトル

定義 9.1　正方行列の固有値・固有ベクトル

　$A \in \mathbb{C}^{n \times n}$ に対し，

$$A\mathbf{v} = \lambda\mathbf{v} \quad (\mathbf{v} \neq 0) \tag{9.1}$$

を満足する $\lambda \in \mathbb{C}$ を行列 $A$ の**固有値** (eigenvalue)，$\mathbf{v} \in \mathbb{C}^n$ を行列 $A$ の固有値 $\lambda$ に対応する**固**

**有ベクトル** (eigenvector) と呼ぶ。

本章では行列はすべて実正方行列 $\mathbb{R}^{n \times n}$ に限定する。また特定の行列 $A$ の固有値であることを明示する必要がある場合は，$\lambda(A)$ と書くことにする。

---

**定理 9.1**

$A \in \mathbb{R}^{n \times n}$ の固有値は，$n$ 次実係数代数方程式

$$|A - \lambda I| = 0 \tag{9.2}$$

の根である。この $\lambda$ を変数とする方程式 (9.2) を固有方程式，固有方程式の左辺 $|A - \lambda I|$ を固有多項式と呼ぶ。したがって，$A$ の固有値は重複も含めて $\mathbb{C}$ 内に $n$ 個存在する。

---

よって，5 次以上の正方行列の固有値を有限回の演算で求めることは一般にはできないことになる。したがって無限回反復を行うか，途中で打ち切って近似解を求めることで満足するほかない。

本章では $A$ の $n$ 個の固有値を，重複も含めて，絶対値の大きい順に

$$|\lambda_1(A)| \geq |\lambda_2(A)| \geq \cdots \geq |\lambda_n(A)|$$

と書くことにする。特に $A \in \mathbb{R}^{n \times n}$ が対称行列，すなわち $A^{\mathrm{T}} = A$ であれば次の性質を持つ。

---

**定理 9.2**

実対称行列 $A$ の固有値 $\lambda(A)$ はすべて実数である。

---

したがって，実対称行列においては複素数の固有値，固有ベクトルへの対策は必要ない。すべて実数の範囲で求めることができるため，実対称行列に特化したアルゴリズム (ヤコビ法など) もある。逆に，複素数の固有値を求める際には，複素数演算を使用するか，特別な対策を講じる必要が出てくる。

行列の大きさが小さいときに，手計算で行列の固有値と固有ベクトルを求めるときには下記の手順で行う。

(1) 固有方程式 (9.2) を解く。
(2) (1) の解 (固有値)$\lambda$ ごとに，ランク落ちの連立一次方程式

$$(A - \lambda I)\mathbf{v} = 0 \tag{9.3}$$

を解く。

連立一次方程式 (9.3) には，ランク落ちの分，すなわち $k := n - \mathrm{rank}(A - \lambda I)$ 次元の自由度がある。

この $k$ 個分の $\mathbf{v} = [v_1\ v_2\ \cdots\ v_n]^{\mathrm{T}}$ の要素 $v_{n-k+1}, ..., v_n$ はゼロ以外の任意の値を設定し，それ以外の要素の計算は直接法を使うなどして決定する。

---

**例題 9.1**

下記の $A \in \mathbb{R}^{2 \times 2}$ の固有値と固有ベクトルを求めてみる。

$$A = \begin{bmatrix} 2 & 2 \\ 1 & 1 \end{bmatrix} \tag{9.4}$$

(1) 固有多項式は $|A - \lambda I| = \lambda^2 - 3\lambda$ となるので，$\lambda_1 = 3,\ \lambda_2 = 0$ となる。

(2) 固有値ごとに対応する固有ベクトル $\mathbf{v}_1 = [v_1^{(1)}\ v_2^{(1)}]^{\mathrm{T}}$, $\mathbf{v}_2 = [v_1^{(2)}\ v_2^{(2)}]^{\mathrm{T}}$ を，ランク落ちの連立一次方程式 $(A - \lambda_i I)\mathbf{v}_i = 0\ (i = 1, 2)$ を解いて求める。それぞれ

$$
\begin{aligned}
(A - \lambda_1 I)\mathbf{v}_1 = 0 &\Leftrightarrow \begin{bmatrix} -1 & 2 \\ 1 & -2 \end{bmatrix} \begin{bmatrix} v_1^{(1)} \\ v_2^{(1)} \end{bmatrix} = \begin{bmatrix} 0 \\ 0 \end{bmatrix} \\
(A - \lambda_2 I)\mathbf{v}_2 = 0 &\Leftrightarrow \begin{bmatrix} 2 & 2 \\ 1 & 1 \end{bmatrix} \begin{bmatrix} v_1^{(2)} \\ v_2^{(2)} \end{bmatrix} = \begin{bmatrix} 0 \\ 0 \end{bmatrix}
\end{aligned} \tag{9.5}
$$

となるので，$v_2^{(i)} = 1\ (i = 1, 2)$ とおくと，$\mathbf{v}_1 = [2\ 1]^{\mathrm{T}}$, $\mathbf{v}_2 = [-1\ 1]^{\mathrm{T}}$ となる。 ∎

---

■ **SciPy の固有値・固有ベクトル計算**　例題 9.1 の行列 (9.4) の固有値と固有ベクトルをすべて求める Python スクリプトを listing 9.1 に示す。SciPy の線形代数パッケージの eig 関数を利用している。対角化できる良条件の行列に対しては，すべての固有値・固有ベクトルが複素数・複素ベクトルになっても求めることができる。

**listing 9.1　行列の固有値と固有ベクトル**

```python
# eig.py: 行列の固有値と固有ベクトル
import numpy as np
import scipy.linalg as sclinalg

# 行列を与える
mat_a = np.array([[2, 2], [1, 1]])

# 行列確認
print('A = \n', mat_a)

# 固有値と固有ベクトル
eigval, ev = sclinalg.eig(mat_a)
ev = ev.T   # 転置
print('Eigenvalues = ', eigval)
```

```
15   print('Eigenvectors = \n', ev)
16
17   # 検算 ||A * v - lambda * v|| == 0 ?
18   for i in range(0, eigval.size):
19       print(
20           '|| A * v - lambda[', i, '] * v||_2 = ',
21           sclinalg.norm(mat_a @ ev[i] - eigval[i] * ev[i])
22       )
```

検算は $\|A\mathbf{v} - \lambda\mathbf{v}\|_2$ を求め，ゼロに近いかどうかを確認して行っている．この場合は下記のように固有値・固有ベクトルが正確に求められていることが分かる．

```
A =
 [[2 2]
  [1 1]]
Eigenvalues = [3.+0.j 0.+0.j]
Eigenvectors =
 [[ 0.89442719  0.4472136 ]
  [-0.70710678  0.70710678]]
|| A * v - lambda[ 0 ] * v||_2 =  0.0
|| A * v - lambda[ 1 ] * v||_2 =  2.482534153247273e-16
```

問題 9.1 次の行列 $A, B \in \mathbb{R}^{2 \times 2}$ のすべての固有値と固有ベクトルを求めよ．

$$A = \begin{bmatrix} 1 & -2 \\ -2 & 1 \end{bmatrix}, B = \begin{bmatrix} 1 & -2 \\ 3 & 4 \end{bmatrix}$$

## 9.2 ● 固有値・固有ベクトル計算の分類

固有値・固有ベクトルの計算の基盤となるものとして，**相似変換** (similar transformation) がある．

定理 9.3　相似変換

$P \in \mathbb{R}^{n \times n}$ が正則であれば，行列 $A$ の固有方程式 $|A - \lambda I| = 0$ は

$$|P^{-1}AP - \lambda I| = |P^{-1}||A - \lambda I||P| = 0$$

より不変である．すなわち，相似変換 $P^{-1}AP$ の固有値は $A$ の固有値と同じである．ただし固有ベクトルは $P^{-1}\mathbf{v}$ に変化する．

先に述べたように，5次以上の行列の固有値を求めるには無限回の反復が必要となるが，それを「固

有方程式を解く」という観点から行うのか，それとも「**行列演算により対角行列もしくは (上) 三角行列へ収束させる**」という観点から行うのかで，アルゴリズムを分類できる。

また，**固有値と固有ベクトルを同時に求める方法** (べき乗法・逆べき乗法，対称行列に対するヤコビ法) なのか，**固有値のみを求める方法** (QR 法，Bisection 法) なのかという観点でも分類が可能である。

さらに計算量を減らす目的で，相似変換による行列の疎行列化，すなわち**リダクション**が行われることも多い。固定値のみを求める方法を用いて，行列 $A$ の固有値 $\lambda$ が判明すれば，ランク落ちの連立一次方程式

$$(A - \lambda I)\mathbf{v} = 0 \tag{9.6}$$

を解くことにより，固有値 $\lambda$ に属する固有ベクトル $\mathbf{v}$ を求めることができる。ただし，$\mathrm{rank}(A - \lambda I) < n$ なので，未知数を最低 1 つ，あらかじめ設定しておいてから解く必要が出てくる。

それに対して，固有多項式の係数を明示的に導出し，代数方程式の解法 (第 10 章参照) を使用する方法は，数値解に混入する丸め誤差が大きくなるという理由で現在では使用しないのが普通である。逆に，代数方程式をコンパニオン行列の固有値問題として解く方法が広く使用されており，後述するように，Python の代数方程式求解はこの方式による。

## 9.3 ● べき乗法と逆べき乗法

**べき乗法**は最も単純な，絶対値最大固有値 $\lambda_1 = \lambda_1(A)$ とそれに属する固有ベクトル $\mathbf{v}_1$ を同時に求める方法である。もしすべての固有値が相異なる ($i < j$ のとき，$\lambda_i \neq \lambda_j$，かつ，$|\lambda_i| > |\lambda_j|$) ならば，各固有値 $\lambda_i = \lambda_i(A)$ に属する固有ベクトル $\mathbf{v}_i$ は $n$ 次元線形空間の基底となるため，任意のベクトル $\mathbf{x}_0$ は

$$\mathbf{x}_0 = c_1\mathbf{v}_1 + c_2\mathbf{v}_2 + \cdots + c_n\mathbf{v}_n$$

と表現できる。したがって $\mathbf{x}_k := A^k\mathbf{x}_0$ とすれば

$$\mathbf{x}_k = (\lambda_1)^k \left\{ c_1\mathbf{v}_1 + c_2\left(\frac{\lambda_2}{\lambda_1}\right)^k \mathbf{v}_2 + \cdots + c_n\left(\frac{\lambda_n}{\lambda_1}\right)^k \mathbf{v}_n \right\}$$

であるから，

$$\mathbf{x}_k = (\lambda_1)^k c_1\mathbf{v}_1 + O\left(\left(\frac{|\lambda_2|}{|\lambda_1|}\right)^k\right)$$

となり，固有ベクトル $\mathbf{v}_1$ へ収束する。そうすれば固有値 $\lambda_1$ は**レイリー** (Rayleigh) **商**

$$\lambda_1 \approx \frac{(A\mathbf{x}_{k+1}, \mathbf{x}_k)}{(\mathbf{x}_k, \mathbf{x}_k)}$$

を計算することで得られる。実際にはオーバーフローを防ぐため，反復 1 回ごとに $\|\mathbf{x}_k\| = 1$ となるように正規化する。

1. 初期ベクトル $\mathbf{x}_0$(ここで $||\mathbf{x}_0|| = 1$) を決める。
2. for $k = 0, 1, 2, \ldots$

   (a) $\mathbf{y}_{k+1} := A\mathbf{x}_k$
   (b) $\gamma_{k+1} := (\mathbf{y}_{k+1}, \mathbf{x}_k)/(\mathbf{x}_k, \mathbf{x}_k)$
   (c) 収束判定
   (d) $\mathbf{x}_{k+1} := \mathbf{y}_{k+1}/||\mathbf{y}_{k+1}||$

このアルゴリズムに従うと，$\gamma_k$ が $\lambda_1(A)$ へ，$\mathbf{x}_k$ はそれに属する固有ベクトルへと収束する。収束判定は固有値の近似値 $\gamma_k$，あるいは固有ベクトルの近似値 $\mathbf{x}_k$ を見て判断する。

$A$ が正則行列であるとき，$A^{-1}$ に対してべき乗法を実行すると，その絶対値最大の固有値とそれに属する固有ベクトルを求めることになる。すなわち，$A$ の絶対値最小固有値とそれに属する固有ベクトルを得ることができる。これを**逆べき乗法** (inverse power method) と呼ぶ。

ただし，第 7 章で示した通り，逆行列そのものを求めるのは計算量の観点から好ましいことではない。したがって一度 $A$ を LU 分解しておき，逆行列を乗じる部分で後退代入のみ行うように工夫する。

1. 初期ベクトル $\mathbf{x}_0$(ここで $||\mathbf{x}_0|| = 1$) を決める。
2. $A$ を LU 分解し，$L_A U_A = A$ とする。
3. for $k = 0, 1, 2, \ldots$

   (a) $\mathbf{y}_{k+1} := U_A^{-1} L_A^{-1} \mathbf{x}_k$ とする。すなわち $A\mathbf{y}_{k+1} = \mathbf{x}_k$ を $\mathbf{y}_{k+1}$ について解く。
   (b) $\delta_{k+1} := (\mathbf{y}_{k+1}, \mathbf{x}_k)/(\mathbf{x}_k, \mathbf{x}_k)$
   (c) 収束判定
   (d) $\mathbf{x}_{k+1} := \mathbf{y}_{k+1}/||\mathbf{y}_{k+1}||$

べき乗法と同様，$\delta_k$ は $\lambda_n(A)$ へ，$\mathbf{x}_k$ はそれに属する固有ベクトルへと収束する。ただし，途中で $A$ を係数行列とする連立一次方程式を解く必要があるため，べき乗法より条件数 $\kappa(A)$ 倍された分，精度が悪化する可能性がある。

### 9.3.1　数値例

べき乗法と逆べき乗法の数値例を以下に示す。

べき乗法と逆べき乗法の数値例

実対称行列 $A$ を

$$
A = \begin{bmatrix}
5 & 4 & 3 & 2 & 1 \\
4 & 4 & 3 & 2 & 1 \\
3 & 3 & 3 & 2 & 1 \\
2 & 2 & 2 & 2 & 1 \\
1 & 1 & 1 & 1 & 1
\end{bmatrix}
$$

とする。このとき，IEEE754 倍精度で計算すると，べき乗法の場合以下のような結果を得る。 ■

$\lambda_1(A)$ の近似値が

```
    Maximum Eigenvalue:    1.23435375196795842e+01
```

になっているときの固有ベクトルの近似値 $\mathbf{x}$，および $A\mathbf{x}$ の各要素の $\mathbf{x}$ との比をそれぞれ出力すると

```
    i      eigenvector[i]         A * eivenvector[i] / eigenvector[i]
    0   2.23606797749978981e+00   1.23435375196795842e+01
    1   2.05491504837138317e+00   1.23435375196779056e+01
    2   1.70728512307438196e+00   1.23435375196750883e+01
    3   1.22134111072129303e+00   1.23435375196720223e+01
    4   6.36451305172487269e-01   1.23435375196696810e+01
```

となる。
同様に，逆べき乗法の場合以下のような結果を得る。

```
Minimum Eigenvalue:    2.71554129623403084e-01
    i      eigenvector[i]         A * eivenvector[i] / eigenvector[i]
    0   1.16523414829594052e+00   2.71554128916587478e-01
    1  -3.12574884108380457e+00   2.71554129050644799e-01
    2   4.09386037170360861e+00   2.71554129276193768e-01
    3  -3.76220016281536740e+00   2.71554129521628440e-01
    4   2.23606797749979025e+00   2.71554129709021375e-01
```

■ **べき乗法と逆べき乗法の Python スクリプト例**　listing 9.2 にべき乗法 (power_eig 関数) と逆べき乗法 (inv_power_eig 関数) の実装と使用例を示す。前述の通り，逆べき乗法はべき乗法の行列の乗算部分を，LU 分解しておいた行列を使って前進・後退代入するように置き換えて逆行列の絶対値最大固有値，すなわち，元の行列の絶対値最小固有値の逆数を求めるようにしただけである。

listing 9.2　べき乗法と逆べき乗法

```
1  # power_eig.py: べき乗法
2  import numpy as np
3  import scipy as sc
4  import scipy.linalg as sclinalg
5
```

```
 6
 7    # べき乗法
 8    def power_eig(init_max_ev, mat_a, max_times, rtol=1.0e-10, atol=1.0e-50):
 9        old_ev = init_max_ev
10        tmp_ev = old_ev
11
12        # 絶対値最大成分を取得
13        index = np.abs(old_ev).argmax()
14        old_max_eig = old_ev[index]
15        old_ev /= old_max_eig
16
17        # メインループ
18        for times in range(max_times):
19            tmp_ev = mat_a.dot(old_ev)
20            new_max_eig = tmp_ev[index]
21
22            if np.abs(new_max_eig - old_max_eig) <= np.abs(old_max_eig) * rtol + atol:
23                break
24
25            index = np.abs(tmp_ev).argmax()
26            old_max_eig = new_max_eig
27            new_max_eig = tmp_ev[index]
28            old_ev = tmp_ev / new_max_eig
29            print(f'{times:5d}, {new_max_eig:25.17e}')
30
31        max_ev = tmp_ev / np.linalg.norm(tmp_ev)
32
33        return times, new_max_eig, max_ev
34
35
36    # 逆べき乗法
37    def inv_power_eig(init_max_ev, mat_a, max_times, rtol=1.0e-10, atol=1.0e-50):
38        old_ev = init_max_ev
39        tmp_ev = old_ev
40
41        # 絶対値最大成分を取得
42        index = np.abs(old_ev).argmax()
43        old_max_eig = old_ev[index]
44        old_ev /= old_max_eig
45
46        # LU 分解
47        mat_lu, pivot = sclinalg.lu_factor(mat_a)
48
49        # メインループ
50        for times in range(max_times):
51            tmp_ev = sclinalg.lu_solve((mat_lu, pivot), old_ev)
52            new_max_eig = tmp_ev[index]
53
54            if np.abs(new_max_eig - old_max_eig) <= np.abs(old_max_eig) * rtol + atol:
55                break
56
```

```
57          index = np.abs(tmp_ev).argmax()
58          old_max_eig = new_max_eig
59          new_max_eig = tmp_ev[index]
60          old_ev = tmp_ev / new_max_eig
61          print(f'{times:5d}, {1.0 / new_max_eig:25.17e}')
62
63      max_ev = tmp_ev / np.linalg.norm(tmp_ev)
64
65      return times, 1.0 / new_max_eig, max_ev
66
67
68  # 行列サイズ
69  str_dim = input('正方行列サイズ dim = ')
70  dim = int(str_dim)   # 文字列→整数
71
72  # 乱数行列をA として与える
73  np.random.seed(20190515)
74  mat_a = sc.random.rand(dim, dim)
75  # 対称行列化
76  for i in range(dim):
77      for j in range(i):
78          mat_a[i, j] = mat_a[j, i]
79
80  # 行列確認
81  print('A = ', mat_a)
82
83  # 固有値と固有ベクトル
84  eigval, ev = sclinalg.eig(mat_a)
85  ev = ev.T
86  print('Eigenvalues = ', eigval)
87  print('Eigenvectors = ', ev)
88
89  # A * v = lambda * v ?
90  for i in range(0, eigval.size):
91      print('|| A * v - lambda[', i, '] * v||_2 = ', sclinalg.norm(mat_a @ ev[i].T - eigval[i
           ] * ev[i]))
92
93  # べき乗法実行
94  max_ev = sc.random.rand(dim)
95  itimes, max_eig, max_ev = power_eig(max_ev, mat_a, dim, 1.0e-13)
96  print('iterative times = ', itimes)
97  print('max_eig = ', max_eig)
98  print('max_ev = ', max_ev)
99
100 # 逆べき乗法実行
101 min_ev = sc.random.rand(dim)
102 itimes, min_eig, min_ev = inv_power_eig(min_ev, mat_a, dim, 1.0e-13)
103 print('iterative times = ', itimes)
104 print('min_eig = ', min_eig)
105 print('min_ev = ', min_ev)
```

## 9.4 ● QR 分解法

行列 $A$ が正則であれば，その列ベクトル $A = [\mathbf{a}_1\ \mathbf{a}_2\ \cdots\ \mathbf{a}_n]$ は $n$ 個の 1 次独立なベクトルの組と見なせる。

複数の 1 次独立なベクトルの組を，正規直交基底に変換するアルゴリズムとして，**グラム・シュミット** (Gram-Schmidt) **の直交化法**がある。$\mathbf{a}_1, \mathbf{a}_2, ..., \mathbf{a}_n$ へ適用し，正規直交基底 $\mathbf{q}_1, \mathbf{q}_2, ..., \mathbf{q}_n$ を作るアルゴリズムは次のようになる。

**アルゴリズム 9.3　グラム・シュミットの直交化法**

1. for $i = 1, 2, ..., n$

   (a) $\mathbf{u}_i := \mathbf{a}_i - \sum_{j=1}^{i-1}(\mathbf{a}_i, \mathbf{q}_j)\mathbf{q}_j$
   (b) $\mathbf{q}_i := \mathbf{u}_i / \|\mathbf{u}_i\|_2$

このアルゴリズムを行列の形で表すと，

$$[\mathbf{a}_1\ \mathbf{a}_2\ \cdots\ \mathbf{a}_n] = [\mathbf{q}_1\ \mathbf{q}_2\ \cdots\ \mathbf{q}_n]\begin{bmatrix} \|\mathbf{u}_1\|_2 & (\mathbf{a}_2, \mathbf{q}_1) & (\mathbf{a}_3, \mathbf{q}_1) & \cdots & & (\mathbf{a}_n, \mathbf{q}_1) \\ & \|\mathbf{u}_2\|_2 & (\mathbf{a}_3, \mathbf{q}_2) & \cdots & & (\mathbf{a}_n, \mathbf{q}_2) \\ & & \ddots & \ddots & & \vdots \\ & & & \|\mathbf{u}_{n-1}\|_2 & & (\mathbf{a}_n, \mathbf{q}_{n-1}) \\ & & & & & \|\mathbf{u}_n\|_2 \end{bmatrix}$$

となる。これを

$$A = QR$$

と書くと，$Q$ は直交行列 $QQ^{\mathrm{T}} = I$ に，$R$ は上三角行列になる。これを行列 $A$ の **QR 分解** (QR decomposition) と呼ぶ。$A$ の QR 分解を用いて，分解された行列の積を逆順で求め，さらに QR 分解を行って逆順の行列積を求める繰り返しを行うアルゴリズムを **QR 分解法**と呼ぶ。

**アルゴリズム 9.4　QR 分解法**

1. $A_0 := A$ とする。
2. for $k = 0, 1, 2, ...$

   (a) $Q_k R_k = A_k$ と $A_k$ を QR 分解する。
   (b) $A_{k+1} := R_k Q_k$

**問題 9.2**　アルゴリズム 9.3 によって生成される $n$ 個ベクトルの組 $\mathbf{q}_1, \mathbf{q}_2, ..., \mathbf{q}_n$ が正規直交基底をなすことを示せ。

■ **Python スクリプト例**　QR 分解を行う機能は SciPy の linalg パッケージの **qr** 関数に備わってい

るので，それを利用した Python スクリプトを listing 9.3 に示す。

listing 9.3　QR 分解法

```
1   # qr.py: QR 分解法
2   import numpy as np
3   import scipy.linalg as sclinalg
4   # 時間計測
5   import time
6
7
8   # QR 分解法
9   def qr(mat_a, rtol, atol, max_times):
10      row_dim, col_dim = mat_a.shape
11      if row_dim != col_dim:
12          return 0, 0
13
14      dim = row_dim
15
16      rq = mat_a
17      old_diagonal = np.array([mat_a[i, i] for i in range(dim)])
18
19      # メインループ
20      for times in range(max_times):
21          # QR 分解
22          q, r = sclinalg.qr(rq, pivoting=False)
23          # RQ 生成
24          rq = r @ q
25
26          if times % 10 == 0:
27              print('times = ', times)
28              print(rq)
29
30          new_diagonal = np.array([rq[i, i] for i in range(dim)])
31          diff_diagonal = new_diagonal - old_diagonal
32
33          # 収束判定
34          if np.linalg.norm(diff_diagonal) <= (rtol * np.linalg.norm(new_diagonal) + atol):
35              break
36
37          old_diagonal = new_diagonal
38
39      return rq, times
40
41
42  # 行列サイズ
43  str_dim = input('正方行列サイズ dim = ')
44  dim = int(str_dim)   # 文字列→整数
45
46  # 行列要素を設定
47  mat_a = np.zeros((dim, dim))
48  for i in range(dim):
```

```
49        for j in range(dim):
50            mat_a[i, j] = float(dim - max(i, j))
51
52    print('mat_a = \n', mat_a)
53
54    # QR 分解法実行
55    start_time1 = time.time()
56    qr, iterative_times = qr(mat_a, 1.0e-15, 0.0, 51)
57    time1 = time.time() - start_time1
58
59    print('QR: iteration, time = ', iterative_times, time1)
60    print(' i         eigenvalues ')
61    for i in range(dim):
62        print(f'{i:2d} {qr[i, i]:25.17e}')
```

この結果，対角成分に固有値が並んだ上三角行列へ収束する．以下，先の例題の対称行列に QR 分解法を適用した数値例を示す．

```
正方行列サイズ dim = 5
mat_a =
[[5. 4. 3. 2. 1.]
 [4. 4. 3. 2. 1.]
 [3. 3. 3. 2. 1.]
 [2. 2. 2. 2. 1.]
 [1. 1. 1. 1. 1.]]
times =  0
[[12.2         1.09544512  0.55267942  0.22563043 -0.06030227]
 [ 1.09544512  1.          0.50452498  0.20597146 -0.05504819]
 [ 0.55267942  0.50452498  0.8         0.32659863 -0.08728716]
 [ 0.22563043  0.20597146  0.32659863  0.6        -0.16035675]
 [-0.06030227 -0.05504819 -0.08728716 -0.16035675  0.4        ]]
times =  10
[[ 1.23435375e+01  5.82673257e-10  3.44737040e-14 -1.56527866e-16  -1.61920926e-16]
 [ 5.82674365e-10  1.44869056e+00  8.64509006e-05  3.47080717e-07  -7.43229582e-09]
 [ 3.47712099e-14  8.64509006e-05  5.82940681e-01  2.34037434e-03  -5.01161655e-05]
 [ 1.39598505e-16  3.47080717e-07  2.34037434e-03  3.52573467e-01  -7.54991624e-03]
 [-2.98932596e-18 -7.43229592e-09 -5.01161655e-05 -7.54991624e-03   2.72257771e-01]]
(略)
times =  50
[[ 1.23435375e+01 -1.10850484e-15 -3.00326810e-16 -2.77060997e-16  -1.85565766e-16]
 [ 3.52261822e-47  1.44869057e+00  9.49208475e-17  1.33509678e-16   1.07360020e-16]
 [ 3.23082698e-67  1.32869028e-20  5.82964498e-01  4.63476266e-12  -4.73654087e-16]
 [ 2.56893774e-78  1.05648573e-31  4.63534417e-12  3.53253283e-01  -2.05331173e-07]
 [-1.49321472e-84 -6.14090413e-38 -2.69432927e-18 -2.05331174e-07   2.71554129e-01]]
QR: iteration, time =  50 0.02344822883605957

その結果，対角成分には
i         eigenvalues
0    1.23435375196770565e+01
```

　現在，固有値計算に適用されるアルゴリズムは QR 分解法をベースにしたものが多い。実際には，後で述べる行列のリダクションを行った上で，原点移動と呼ばれる手法を用いて収束を速めつつ，逐次行列のサイズを減らしていく，という工夫がなされている。

**問題 9.3**　大きなサイズの正方行列に対して QR 分解法を適用したとき，どの程度の計算時間を要するか調べよ。また，同じ問題に対してべき乗法，逆べき乗法を用いたときの計算時間とも比較せよ。

## 9.5 ● 行列のリダクション

　固有多項式を計算する方法をとる場合には，行列を必ずその値を簡単に計算できるように変形しておく必要がある。また，行列演算を繰り返し行う手法でも，疎行列化できればそれだけ計算量を減らすことが可能になる。このように，元の行列を相似変換によって構造的な疎行列に変換することを**行列のリダクション**と呼ぶ。

　主として用いられているものとしては，次の**ハウスホルダー法** (Householder method) がある。

**アルゴリズム 9.5　ハウスホルダー法**

1. $A_0 := A$ とする。
2. for $i = 1, 2, ..., n-1$

   (a) $s^2 := \sum_{j=i+1}^{n} a_{ji}^2$
   (b) $s := \mathrm{sign}(a_{i+1,i})\sqrt{s^2}$
   (c) $c := 1/(s^2 + a_{i+1,i}s)$
   (d) $\mathbf{w}_i := [0 \ ... \ 0 \ \ a_{i+1,i} + s \ \ a_{i+2,i} \ ... \ a_{ni}]^{\mathrm{T}}$
   (e) $P_i := I - c\mathbf{w}_i\mathbf{w}_i^{\mathrm{T}}$
   (f) $\mathbf{q}_i := cA\mathbf{w}_i - \frac{c}{2}\mathbf{w}_i(cA\mathbf{w}_i)^{\mathrm{T}}\mathbf{w}_i$
   (g) $A_{i+1} := P_iA_iP_i = A_i - \mathbf{q}_i\mathbf{w}_i^{\mathrm{T}} - \mathbf{w}_i\mathbf{q}_i^{\mathrm{T}}$

このアルゴリズムにより，一般の実正方行列 $A$ は，直交変換行列 $P = P_1P_2\cdots P_{n-1}$ によって

$$P^{-1}AP = \begin{bmatrix} \alpha_1 & & & * \\ \beta_1 & \alpha_2 & & \\ & \ddots & \ddots & \\ & & \beta_{n-1} & \alpha_n \end{bmatrix} \tag{9.7}$$

という形になる。これを**ヘッセンベルグ** (Hessenberg) **行列**と呼ぶ。

$A$ が対称行列であれば，変換後の行列も対称性を保つため，$P^{-1} = P^*(= P^{\mathrm{T}})$ より

$$
P^{-1}AP = P^*AP = \begin{bmatrix} \alpha_1 & \beta_1 & & \\ \beta_1 & \alpha_2 & \ddots & \\ & \ddots & \ddots & \beta_{n-1} \\ & & \beta_{n-1} & \alpha_n \end{bmatrix} \tag{9.8}
$$

という対称な**三重対角行列** (tridiagonal matrix) となる。

■ **Python スクリプト例**　ハウスホルダー法を行って変換行列 $P$ と，正規変換した行列を求める機能は，SciPy の linalg パッケージの hessenberg 関数に備わっているので，それを利用した Python スクリプトを listing 9.4 に示す。

listing 9.4　ハウスホルダー法

```
1   # hessenberg.py: ハウスホルダー法
2   import numpy as np
3   import scipy.linalg as sclinalg
4   # 時間計測
5   import time
6
7   # 行列サイズ
8   str_dim = input('正方行列サイズ dim = ')
9   dim = int(str_dim)  # 文字列→整数
10
11  # 行列要素を設定
12  mat_a = np.zeros((dim, dim))
13  for i in range(dim):
14      for j in range(dim):
15          mat_a[i, j] = float(dim - max(i, j))
16
17  print('mat_a = \n', mat_a)
18
19  # ハウスホルダー法実行
20  start_time1 = time.time()
21  h, p = sclinalg.hessenberg(mat_a, calc_q=True)
22  time1 = time.time() - start_time1
23
24  print('time = ', time1)
25  print('H = \n', h)
26  print('P = \n', p)
27  print('P H P^* = \n', p @ h @ p.T.conj())
```

先の例題にハウスホルダー法を適用すると，変換行列 $P$ は

```
 1.000e+00   0.000e+00   0.000e+00   0.000e+00   0.000e+00
 0.000e+00  -7.303e-01   6.293e-01  -2.615e-01   4.828e-02
 0.000e+00  -5.477e-01  -3.146e-01   7.191e-01  -2.897e-01
 0.000e+00  -3.651e-01  -5.843e-01  -2.615e-01   6.759e-01
 0.000e+00  -1.826e-01  -4.045e-01  -5.883e-01  -6.759e-01
```

となり，変換後の三重対角行列 $H = P^*AP$ は

```
[[ 5.00000000e+00  -5.47722558e+00  -2.11510228e-16  -1.08065633e-16  -7.22149607e-17]
 [-5.47722558e+00   8.20000000e+00   8.12403840e-01   4.80406218e-16   4.74626250e-16]
 [ 0.00000000e+00   8.12403840e-01   1.02222222e+00   1.90986570e-01   8.32667268e-17]
 [ 0.00000000e+00   0.00000000e+00   1.90986570e-01   4.70085470e-01  -5.68114574e-02]
 [ 0.00000000e+00   0.00000000e+00   0.00000000e+00  -5.68114574e-02   3.07692308e-01]]
```

となる。$P$ は

```
P =
        [[ 1.            0.            0.            0.            0.          ]
         [ 0.           -0.73029674    0.6292532    -0.26148818   -0.04828045]
         [ 0.           -0.54772256   -0.3146266     0.7190925     0.28968273]
         [ 0.           -0.36514837   -0.58430655   -0.26148818   -0.67592637]
         [ 0.           -0.18257419   -0.40451992   -0.58834841    0.67592637]]
```

となるので，$PHP^*$ を計算すると

```
 P H P^* =
        [[5. 4. 3. 2. 1.]
         [4. 4. 3. 2. 1.]
         [3. 3. 3. 2. 1.]
         [2. 2. 2. 2. 1.]
         [1. 1. 1. 1. 1.]]
```

となり，元の $A$ に戻ることが確認できる。

## 演習問題

**9.1** $A \in \mathbb{R}^{3 \times 3}$ を

$$A = \begin{bmatrix} 2 & 1 & 0 \\ 1 & 2 & 1 \\ 0 & 1 & 2 \end{bmatrix}$$

とする。次の問いに答えよ。

(a) $A$ の絶対値最大固有値 $\lambda_1$ と，それに対応する固有ベクトル $\mathbf{v}_1$ を求めよ。ただし $\lambda_1$ は 10 進 2 桁以上の精度を持つようにせよ。

(b) $A$ の LU 分解を求めよ。

(c) $A$ の絶対値最小固有値 $\lambda_3$ と，それに対応する固有ベクトル $\mathbf{v}_3$ を求めよ。ただし $\lambda_3$ は 10 進 2 桁以上の精度を持つようにせよ。

**9.2** 次の行列のすべての固有値と，それに対応する固有ベクトルを求めよ。

$$A_1 = \begin{bmatrix} 1 & -2 \\ -2 & 3 \end{bmatrix}, \quad A_2 = \begin{bmatrix} 1 & -2 \\ 0 & 3 \end{bmatrix}, \quad A_3 = \begin{bmatrix} 1 & 0 \\ -2 & 3 \end{bmatrix}$$

**9.3** べき乗法および逆べき乗法が収束するためには，$A$ が対角化可能であることが前提となっている。では，$A$ の**ジョルダン標準形** (Jordan canonical form) に 2 次以上のジョルダンブロックが含まれている場合，数値解はどのような状態になるか？ [注1]

---

注 1　2 次以上のジョルダンブロックが含まれる場合は，べき乗法に限らず，他の固有値計算アルゴリズムでも固有値の精度が落ちることが報告されている。

### 第 10 章

# 非線形方程式の解法

板谷 非線型では，線型で分かっている事を非常によく使うわけですね。だからまず線型解析をちゃんと勉強することですね。
山口 ちゃんとというのはどこまでやったらいいわけですか。
藤井 一生線型をやらねばいけない。(笑)

山口昌哉 編「非線型の現象と解析」(日本評論社)

　本章では**ニュートン法** (Newton method) を中心とする非線形方程式の解法について解説する。非線形方程式は線形方程式とは異なり，一般には解の存在や一意性は保証されない。後述の縮小写像が定義できる非線形方程式のみ，解の存在が証明される。以下，まず縮小写像の原理を解説した後，変数の数と方程式の次元数が同じ非線形方程式に適用されるニュートン法について解説する。

## 10.1 ● 方程式の分類

　一般に，**方程式** (equation) とは未知数を含む等式のことをいう。方程式は，等式の本数 (次元数，1 次元か $n(\geq 2)$ 次元か)，未知数の個数 (1 つか複数か)，そして未知数の線形性 (あるかないか) によって分類できる。本章の本論に入る前に，ここでその分類について再確認しておくことにする。なお，本章では未知数の個数と等式の数が一致している方程式のみを扱うことにする。

　まず，未知数 1，次元数 1 の方程式を考える。未知数 $x$ を独立変数とする 1 次元関数 $f$ を用いて方程式を

$$f(x) = 0 \tag{10.1}$$

と表現できる。左辺の変数 $x$ に関して関数 $g$ が線形性を持つとは，任意の定数 $\alpha$ と変数 $y, z$ に対して

$$g(\alpha y) = \alpha g(y)$$
$$g(y + z) = g(y) + g(z)$$

となることをいう。この場合，定数 $a$ を用いて $g(x) = ax$ と表現できる。これに定数 $b$ を加えて $f(x) = g(x) + b$ を作ると，式 (10.1) は

$$ax + b = 0 \quad (a, b \text{ は定数})$$

となる。これを線形 (1 次) 方程式と呼ぶ。これ以外の方程式はすべて**非線形方程式** (nonlinear equation) と分類される。ただし，非線形方程式の中でも，$f$ が $m$ 次の多項式である場合，つまり

$$\sum_{i=0}^{m} a_i x^i = 0$$

を**代数方程式** (algebraic equation) と呼ぶ。代数方程式は必ず解が存在し，さまざまな問題に登場するため，これに特化した数値解法が用意されている。本書では，線形方程式以外の方程式を広義の非線形方程式，線形方程式と代数方程式を除いた方程式を狭義の非線形方程式と呼ぶことにする。

以上をまとめると，1 次元 1 変数方程式は下記のように分類できる。

$$1 \text{ 次元 1 変数方程式} \quad f(x) = 0 \begin{cases} ax + b = 0 \quad (a, b \text{ は定数}) \\ \text{広義の非線形方程式} \begin{cases} \sum_{i=0}^{m} a_i x^i = 0 \quad \text{代数方程式} \\ \text{狭義の非線形方程式} \end{cases} \end{cases}$$

$n(\geq 2)$ 次元 $n$ 変数方程式も同様に分類できる。この一般形は，未知数を $x_1, x_2, ..., x_n$ とすれば，$n$ 個の $n$ 変数関数 $f_1, f_2, ..., f_n$ を用いて

$$\begin{cases} f_1(x_1, x_2, ..., x_n) &= 0 \\ f_2(x_1, x_2, ..., x_n) &= 0 \\ &\vdots \\ f_n(x_1, x_2, ..., x_n) &= 0 \end{cases}$$

と表現される。これをベクトル表記を用いて

$$\mathbf{x} = [x_1 \ x_2 \ \cdots \ x_n]^{\mathrm{T}}, \ \mathbf{f} = [f_1 \ f_2 \ \cdots \ f_n]^{\mathrm{T}}$$

とまとめることで，方程式も

$$\mathbf{f}(\mathbf{x}) = 0 \tag{10.2}$$

と簡潔に記述することができる。

$n$ 次元方程式の場合も，関数 $\mathbf{g}(\mathbf{x})$ が変数 $\mathbf{x}$ に関して線形性を持つとは，1 次元の場合同様，任意の定数 $\alpha$ と，変数 $\mathbf{y}, \mathbf{z}$ に対して

$$\mathbf{g}(\alpha \mathbf{y}) = \alpha \mathbf{g}(\mathbf{y})$$

$$\mathbf{g}(\mathbf{y} + \mathbf{z}) = \mathbf{g}(\mathbf{y}) + \mathbf{g}(\mathbf{z})$$

となることをいう。よって，このような $\mathbf{g}$ は $n \times n$ 行列 $A$ を用いて $\mathbf{g}(\mathbf{x}) = A\mathbf{x}$ と表現できる。これと定数ベクトル $\mathbf{c}$ を用いて $\mathbf{f}(\mathbf{x})$ を $\mathbf{f}(\mathbf{x}) = \mathbf{g}(\mathbf{x}) + \mathbf{c}$ とすると，式 (10.2) は

$$A\mathbf{x} + \mathbf{c} = 0 \quad (A \in \mathbb{R}^{n \times n} \text{ or } \mathbb{C}^{n \times n}, \mathbf{c} \in \mathbb{R}^n \text{ or } \mathbb{C}^n)$$

となり，これは連立一次方程式 (7.1) にほかならない。この解法についてはすでに第 7 章，第 8 章で解説した。$n$ 次元の代数方程式は，各 $f_i$ が $x_1, x_2, ..., x_n$ に関する多項式として表現できるものをいう。

以上より，$n$ 次元 $n$ 変数方程式は次のように分類される。

$$n \text{ 次元 } n \text{ 変数方程式 } \quad \mathbf{f}(\mathbf{x}) = 0 \quad \begin{cases} A\mathbf{x} + \mathbf{c} = 0 \quad (A \in \mathbb{R}^{n \times n}, \mathbf{c} \in \mathbb{R}^n) \\ \text{広義の非線形方程式} \begin{cases} \text{代数方程式} \\ \text{狭義の非線形方程式} \end{cases} \end{cases}$$

問題 10.1 次の方程式は，上記のどの分類に当てはまるか，答えよ。

1. $3x^2 + 1 = 0$
2. $\sin x - x = 0$
3. $\begin{cases} 2x_1 x_2^2 + x_1 + x_2 = 0 \\ x_1^3 x_2^2 + x_1 x_2 + 2 = 0 \end{cases}$

## 10.2 ● 縮小写像

解くべき非線形方程式

$$\mathbf{f}(\mathbf{x}) = 0 \tag{10.3}$$

において，関数 $\mathbf{f}(\mathbf{x})$ を $\mathbf{x} \in \mathbb{R}^n \to \mathbf{f}(\mathbf{x}) \in \mathbb{R}^n$ とする。この非線形方程式 (10.3) の解が存在したとして，それを $\mathbf{a}$ としたとき，

$$\Phi(\mathbf{a}) = \mathbf{a}$$

を満足する関数 $\Phi(\mathbf{x})$ を考える。この関数を用いた漸化式

$$\mathbf{x}_{k+1} := \Phi(\mathbf{x}_k)$$

によって生成されたベクトル列 $\mathbf{x}_0, \mathbf{x}_1, \mathbf{x}_2, ...$ に対して

$$||\Phi(\mathbf{x}_{k+1}) - \Phi(\mathbf{x}_k)|| \leq \alpha ||\mathbf{x}_{k+1} - \mathbf{x}_k|| \quad (k = 0, 1, 2, ...)$$

となる定数 $0 < \alpha < 1$ が存在するとき，この $\Phi(\mathbf{x})$ を**縮小写像**と呼ぶ。このような $\Phi(\mathbf{x})$ が存在すればこのベクトル列は収束し

$$\lim_{k \to \infty} \mathbf{x}_k = \mathbf{a} \tag{10.4}$$

となることが証明される。しかしこれを言い換えれば，「解の近くに初期値をとることができれば収束する」ということを言っているに過ぎない。解が 1 つであるとは限らないし，そもそも未知の解を求めようというのにその近傍を限定することはそれほど簡単なことではない。したがって，実際にはある程度の範囲で関数 $\mathbf{f}(\mathbf{x})$ の図を描くか，もしくはその断面を描くかして，解の存在を確認することになる。

この非線形方程式を解くアルゴリズムは，$\mathbf{f}(\mathbf{x})$ から $\Phi(\mathbf{x})$ をどのように導くかということで決定される。しかし，それは必ずしも縮小写像にはならないことは言うまでもない。

## 10.3 ● 1 次元 1 変数方程式に対するニュートン法

1 次元 1 変数方程式 (10.1) に対する解法を考える。まず，第 5 章の平方根の計算で用いたニュートン法の一般形を示す。

**アルゴリズム 10.1** ニュートン法 (1 次元 1 変数方程式)

1. 初期値 $x_0 \in \mathbb{R}(\text{or } \mathbb{C})$ を設定する。
2. for $k = 0, 1, 2, \ldots$

   (a) $x_{k+1} := x_k - \dfrac{f(x_k)}{f'(x_k)}$

   (b) 収束判定

式 (10.1) を満たす複素数解を求める場合は複素数の初期値を，実数解のみを求める場合は実数の初期値を設定する。どちらにしろ，反復過程が縮小写像になるよう，解の近くに初期値を設定することが望ましい。数学的には簡単なことではないが，実際の現象の数理モデルとして式 (10.1) が表現されている場合は，物理的条件から，解の「あたり」をつけることができることも多いようである。

実数解を求めるニュートン法は，**図 10.1** のようにして幾何学的な解釈ができる。

つまり，点 $(x_0, f(x_0))$ における接線と $x$ 軸との交点が次の近似値 $x_1$ になり，点 $(x_1, f(x_1))$ における接線と $x$ 軸との交点が次の近似値 $x_2$ になり，… という具合である。しかしこれでは収束の「速さ」が不明確な上，複素数解に収束する状況が説明できない。

そこで，テイラー展開に基づくニュートン法の解釈を試みよう。$x_0$ と $x_1$ との差を $h_0 = x_1 - x_0$ とすれば，$f(x)$ が $x_0$ の近傍で 2 階以上連続微分可能であればテイラー展開より

$$\begin{aligned}
f(x_1) &= f(x_0 + h_0) \\
&= f(x_0) + f'(x_0)h_0 + \frac{1}{2!}f''(x_0)h_0^2 + \cdots \\
&= \underline{f(x_0) + f'(x_0)h_0} + O(h_0^2)
\end{aligned}$$

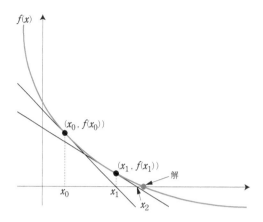

図 10.1　ニュートン法の幾何学的意味

となる。本来の目的は $f(x_0 + h_0) = 0$ となる $h_0$ を決めることであるが，とりあえず次善の策として右辺の下線部が 0 になるような $h_0 = -f(x_0)/f'(x_0)$ をとる。そうすれば

$$f(x_1) = O(h_0^2)$$

となることは確実であるから，$|h_0| < 1$ であれば，少なくとも $x_1$ は $x_0$ よりも解に近いことになる。同様なやり方で，$h_1 = -f(x_1)/f'(x_1)$, $h_2 = -f(x_2)/f'(x_2)$, ... とし，これを用いて近似値 $x_2 = x_1 + h_1$, $x_3 = x_2 + h_2$, ... を作っていけば，それぞれ $O(h_1^2)$, $O(h_2^2)$, ... と，近似値との差の 2 乗の速さで収束していくことが分かる。この意味でニュートン法は**2 次収束する解法**であると呼ばれている。これは，解の条件と初期値が良ければ，次の時点の近似解は 2 倍の精度を得ることができることを示している。

**例題10.1**

　1 次元の非線形方程式

$$x - \cos x = 0$$

をニュートン法で解くと，その漸化式は

$$x_{k+1} := x_k - \frac{x_k - \cos x_k}{1 + \sin x_k}$$

となる。初期値を $x_0 := 1.0$ としたときの近似解の収束状況を**表 10.1** に示す。　∎

表 10.1 ニュートン法の収束 (1 次元, IEEE754 倍精度計算)

| $k$ | $x_k$ |
|---|---|
| 0 | 1.00000000000000000 |
| 1 | 0.750363867840243892 |
| 2 | 0.739112890911361675 |
| 3 | 0.739085133385283921 |
| 4 | 0.739085133215160672 |

問題 10.2 $x = \sin x$ の実数解をニュートン法を用いて 10 進 2 桁以上求めたい。

1. ニュートン法の漸化式を明示せよ。
2. 実数解を求めよ。また，収束状況について考察せよ。

■ニュートン法の実装例 例題 10.1 をニュートン法で解く Python スクリプトは listing 10.1 のようになる。

listing 10.1 ニュートン法

```
1  # newton1.py: ニュートン法
2  import numpy as np
3
4
5  # f(x) = 0
6  def func(x):
7      return x - np.cos(x)
8
9
10 # f'(x) = 0
11 def dfunc(x):
12     return 1 + np.sin(x)
13
14
15 # 初期値
16 x0 = 1.0
17
18 # 停止条件
19 atol = 1.0e-50
20 rtol = 1.0e-10
21
22 # ニュートン反復
23 x_old = x0
24 for times in range(100):
25     x_new = x_old - func(x_old) / dfunc(x_old)
26     print(f'x_{times:d} = {x_new:25.17e}, {func(x_new):10.3e}')
27     if np.abs(x_new - x_old) <= rtol * np.abs(x_old) + atol:
```

```
28          break
29      x_old = x_new
30
31  # 表示
32  print(f'最終 -> x_{times:d} = {x_new:25.17e}')
33  print(f'検算 -> func(x_{times:d}) = {func(x_new):25.17e}')
```

## 10.4 ● $n$ 次元 $n$ 変数方程式に対するニュートン法

$n$ 次元 $n$ 変数方程式 (10.2) に対しても，前述の 1 次元問題と同様，$f(\mathbf{x})$ のテイラー展開を使うことでニュートン法を得ることができる。

初期値 $\mathbf{x}_0 \in \mathbb{R}^n (\text{or } \mathbb{C}^n)$ と次の近似値 $\mathbf{x}_1$ との差を $\mathbf{h}_0$ とし，すべての成分がすべての変数 $\mathbf{x} = [x_1 \ x_2 \ \cdots \ x_n]^\mathrm{T}$ に対して 1 階微分可能であるとき，$\mathbf{f}(\mathbf{x}_1) = \mathbf{f}(\mathbf{x}_0 + \mathbf{h}_0)$ のまわりでテイラー展開すると，

$$\mathbf{f}(\mathbf{x}_1) = \mathbf{f}(\mathbf{x}_0 + \mathbf{h}_0) = \mathbf{f}(\mathbf{x}_0) + \left[\underline{\frac{\partial \mathbf{f}}{\partial \mathbf{x}}(\mathbf{x}_0)}\right]\mathbf{h}_0 + \cdots$$

となる。ここで，下線部は**ヤコビ行列** (Jacobian matrix) であり，これを成分ごとに書くと

$$\left[\frac{\partial \mathbf{f}}{\partial \mathbf{x}}\right] = \begin{bmatrix} \frac{\partial f_1}{\partial x_1} & \frac{\partial f_1}{\partial x_2} & \cdots & \frac{\partial f_1}{\partial x_n} \\ \frac{\partial f_2}{\partial x_1} & \frac{\partial f_2}{\partial x_2} & \cdots & \frac{\partial f_2}{\partial x_n} \\ \vdots & \vdots & & \vdots \\ \frac{\partial f_n}{\partial x_1} & \frac{\partial f_n}{\partial x_2} & \cdots & \frac{\partial f_n}{\partial x_n} \end{bmatrix} = \left[\frac{\partial f_i}{\partial x_j}\right]$$

となる。

1 次元問題同様，$\mathbf{h}_0$ の 1 次項まで 0 になるような $\mathbf{h}_0$ は

$$\mathbf{f}(\mathbf{x}_0) + \left[\frac{\partial \mathbf{f}}{\partial \mathbf{x}}(\mathbf{x}_0)\right]\mathbf{h}_0 = 0 \quad \Leftrightarrow \quad \mathbf{h}_0 = -\left[\frac{\partial \mathbf{f}}{\partial \mathbf{x}}(\mathbf{x}_0)\right]^{-1}\mathbf{f}(\mathbf{x}_0)$$

となる。よって，$n$ 次元 $n$ 変数方程式に対するニュートン法は次のようになる。

**アルゴリズム 10.2　ニュートン法 ($n$ 次元 $n$ 変数方程式)**

1. 初期値 $\mathbf{x}_0 \in \mathbb{R}^n$ を設定する。
2. for $k = 0, 1, 2, \ldots$

    (a) $\mathbf{x}_{k+1} := \mathbf{x}_k - \left[\frac{\partial \mathbf{f}(\mathbf{x}_k)}{\partial \mathbf{x}}\right]^{-1}\mathbf{f}(\mathbf{x}_k)$

    (b) 収束判定

**例題 10.2**

2 次元の非線形方程式

$$\begin{bmatrix} x_1 + x_2 - 3 \\ x_1 x_2 - 2 \end{bmatrix} = \begin{bmatrix} 0 \\ 0 \end{bmatrix}$$

をニュートン法で解くと，その漸化式は

$$\begin{bmatrix} x_1^{(k+1)} \\ x_2^{(k+1)} \end{bmatrix} := \begin{bmatrix} x_1^{(k)} \\ x_2^{(k)} \end{bmatrix} - \begin{bmatrix} 1 & 1 \\ x_2^{(k)} & x_1^{(k)} \end{bmatrix}^{-1} \begin{bmatrix} x_1^{(k)} + x_2^{(k)} - 3 \\ x_1^{(k)} x_2^{(k)} - 2 \end{bmatrix}$$

となる。初期値を $\mathbf{x}_0 := [10\ {-}10]^{\mathrm{T}}$ としたときの近似解の収束状況を**表 10.2** に示す。　■

表 10.2　ニュートン法の収束 (2 次元, 2 進 128 桁計算)

| $k$ | $\mathbf{x}_k$ | |
|---|---|---|
| 0 | 10 | -10 |
| 1 | 6.4000000000000000000000000000000000002 | -3.4 |
| 2 | 3.975510204081632653061224489795918367352 | -0.975510204081632653061224489795918367479 |
| 3 | 2.788249743425812204519070612581388697281 | 0.211750256574187795480929387418611302722 |
| 4 | 2.241155746850199313542849724396028442936 | 0.758844253149800686457150275603971557064 |
| 5 | 2.039233382784949106980013450642101121817 | 0.960766617215050893019986549357898878186 |
| 6 | 2.001427265423368836896825250714132069516 | 0.998572734576631163103174749285867930485 |
| 7 | 2.000002031288213879092684800652133329163 | 0.999997968711786120907315199347866670841 |
| 8 | 2.000000000004126115045186393794669669899 | 0.999999999995873884954813606205330330101 |
| 9 | 2.000000000000000000000017024825365973028 | 0.999999999999999999999982975174634026975 |
| 10 | 2.000000000000000000000000000000000000006 | 0.999999999999999999999999999999999999979 |

**問題 10.3**　3 次元の非線形方程式

$$\begin{bmatrix} x_1 + x_2 + x_3 - 6 \\ x_1 x_2 x_3 - 6 \\ x_1^2 + x_2^2 + x_3^2 - 14 \end{bmatrix} = \begin{bmatrix} 0 \\ 0 \\ 0 \end{bmatrix}$$

にニュートン法を適用するときに使用するヤコビ行列を求めよ。また，適切な初期値を指定し，この方程式を解け。

■ **多次元ニュートン法の Python スクリプト例**　自力で多次元方程式用のニュートン法を実装するのは練習としては悪くないが，SciPy の optimize パッケージが提供する root 関数は非常によくできているので，先にそれを利用することを考えた方がよい。listing 10.2 のスクリプトでは，最初に非線形

方程式の左辺の関数 $\mathbf{f}(\mathbf{x})$ と初期値 $\mathbf{x}_0$ のみ root 関数に渡して実行するもの，次がそれに加えてヤコビ行列を計算する関数もオプションとして渡すようにしたものである。

listing 10.2　多次元ニュートン法

```python
# newton_mdim.py: 多次元ニュートン法
import numpy as np
import scipy.optimize as scopt


# f(x) = 0
def func(x):
    return [x[0] + x[1] - 3, x[0] * x[1] - 2]


# f'(x) = 0
def dfunc(x):
    return np.array([
        [1, 1],
        [x[1], x[0]]
    ])


# 初期値
x0 = [10, -10]

# root 関数(1)
final = scopt.root(func, x0)

# 表示
print('----- root 関数(1) -----\n', final)
print('最終 -> x =')
for i in range(0, (final.x).size):
    print(f'{i:3d}, {final.x[i]:25.17e}')

print('検算 -> f(x) = ')
for i in range(0, (final.fun).size):
    print(f'{i:3d}, {final.fun[i]:25.17e}')

# root 関数(2)
final = scopt.root(func, x0, jac=dfunc)

# 表示
print('----- root 関数(2) -----\n', final)
print('最終 -> x =')
for i in range(0, (final.x).size):
    print(f'{i:3d}, {final.x[i]:25.17e}')

print('検算 -> f(x) = ')
for i in range(0, (final.fun).size):
    print(f'{i:3d}, {final.fun[i]:25.17e}')
```

これを実行した結果は下記のようになる。最終結果はすべて root 関数の返り値に含まれており，近似解 final.x とその検算結果 final.fun のみ強調して表示している。反復回数は **f(x)** の評価回数 nfev にある通りで，ヤコビ行列計算関数を渡さない場合は 15 回，渡した場合は 13 回と，後者が 2 回少なくなっていることが分かる。

```
----- root 関数(1) -----
fjac: array([[-0.66252826,  0.74903691],
[-0.74903691, -0.66252826]])
      fun: array([ 0.00000000e+00, -2.22044605e-16])
  message: 'The solution converged.'
     nfev: 15
      qtf: array([-5.59707053e-11,  4.95064709e-11])
        r: array([-1.50936957, -0.76033224, -0.66252863])
   status: 1
  success: True
        x: array([2., 1.])
最終 -> x =
  0,   1.99999999999999978e+00
  1,   1.00000000000000000e+00
検算 -> f(x) =
  0,   0.00000000000000000e+00
  1,  -2.22044604925031308e-16
----- root 関数(2) -----
fjac: array([[-0.66252826,  0.74903691],
[-0.74903691, -0.66252826]])
      fun: array([0., 0.])
  message: 'The solution converged.'
     nfev: 13
     njev: 1
      qtf: array([-5.59708716e-11,  4.95066181e-11])
        r: array([-1.50936957, -0.76033224, -0.66252863])
   status: 1
  success: True
        x: array([2., 1.])
最終 -> x =
  0,   2.00000000000000000e+00
  1,   1.00000000000000000e+00
検算 -> f(x) =
  0,   0.00000000000000000e+00
  1,   0.00000000000000000e+00
```

## 10.5 ● 代数方程式の解導出

本章で取り扱う代数方程式を

$$\sum_{i=0}^{n} a_i x^i = 0 \ \ (a_n \neq 0, \ a_i \in \mathbb{R}) \tag{10.5}$$

とする。場合に応じて左辺の多項式を $p_n(x) = \sum_{i=0}^{n} a_i x^i$ と置き換えて

$$p_n(x) = 0 \tag{10.6}$$

とも書くことにする。

第 9 章で述べたように，5 次未満の 1 次元代数方程式には解の公式が存在する。すなわち，有限回の代数的演算 (四則演算と有理数のべき乗) で真の解を得ることが可能である。また，5 次以上の代数方程式については一般の非線形方程式と同様，ニュートン法などの無限回反復法を適用しなければならない。

一方，一般の非線形方程式と決定的に違うのは，解の存在が保証されているということである。

> **定理 10.1　代数学の基本定理**
>
> $n$ 次代数方程式 (10.5) は複素数体 $\mathbb{C}$ 内に，重複も込めて $n$ 個の解 $\alpha_1, \alpha_2, ..., \alpha_n$ が必ず存在する。

式 (10.6) の解が $\alpha_i \ (i = 1, 2, ..., n)$ であれば，左辺の多項式の因数分解

$$p_n(x) = a_n \prod_{i=1}^{n} (x - \alpha_i) \tag{10.7}$$

を求めたことと同じ意味を持つ。

また，一般の非線形方程式と異なり，$p_n(x)$ の任意階導関数は簡単に求めることができる。ニュートン法の反復で必要となる，$k$ 回反復時の近似値 $x_k$ における関数値 $p_n(x_k)$ と微分係数 $p'_n(x_k)$ の値は次のようにして同時に求めることが可能である。

アルゴリズム 10.3　多項式の値と微分係数の計算

1. $b_n := a_n$
2. $c_{n-1} := b_n$
3. $i = n - 1, ..., 1$

   (a) $b_i := a_i + b_{i+1} x_k$
   (b) $c_{i-1} := b_i + c_i x_k$

4. $b_0 := a_0 + b_1 \cdot x_k$

以上の計算により，

$$b_0 = p_n(x_k) \tag{10.8}$$
$$c_0 = p'_n(x_k) \tag{10.9}$$

を得る。

アルゴリズム 10.3 によって $p_n(x_k)$ と $p'_n(x_k)$ が求められることを示せ。

## 10.6 ● コンパニオン行列の固有値問題として代数方程式を解く方法

最大次係数が 1 となる代数方程式

$$x^n + c_{n-1}x^{n-1} + \cdots + c_1 x + c_0 = 0 \tag{10.10}$$

は，次のコンパニオン行列 $C \in \mathbb{R}^{n \times n}$

$$C = \begin{bmatrix} 0 & 1 & 0 & 0 & \cdots & 0 \\ 0 & 0 & 1 & 0 & \cdots & 0 \\ \vdots & \ddots & \ddots & \ddots & \ddots & \vdots \\ 0 & \cdots & 0 & 0 & 1 & 0 \\ -c_0 & \cdots & -c_{n-4} & -c_{n-3} & -c_{n-2} & -c_{n-1} \end{bmatrix}$$

の固有方程式と同一視できる。実際，$C$ の固有多項式 $|C - \lambda I|$ は式 (10.10) の左辺に $(-1)^n$ を乗じたものになる。したがって，$C$ の固有値が代数方程式 (10.10) の解となる。NumPy パッケージの `roots` 関数はこの性質を利用して，代数方程式の解を導出している。listing 10.3 にスクリプト例を示す。

listing 10.3　代数方程式を解く

```python
# roots_poly.py : 代数方程式を解く
import numpy as np

# 次数
max_deg = 20

# 真の解 : true_roots = [n, n-1, ..., 1]
true_roots = np.array(range(max_deg, 0, -1))
print('true_roots = ', true_roots)

# 多項式p(x) = (x - n) * ... * (x - 1) の係数を生成
poly_coef = np.poly(true_roots)
print('polynomial = ', poly_coef)

# 代数方程式の解 (根)を導出
approx_roots = np.roots(poly_coef)
print('approx_roots = ', approx_roots)
relerr_approx_roots = np.abs((approx_roots - true_roots) / true_roots)
print('relerr      = ', relerr_approx_roots)
```

# 演習問題

**10.1** 次の非線形方程式の実数解のうちの 1 つを求めたい。このとき，次の問いに答えよ。

$$x^2 = \tan 2x - 2$$

(a) ニュートン法の漸化式を求めよ。

(b) 上の漸化式を用いて，10 進 3 桁以上の精度を持つ解の近似値を求めよ。またその手順も記述せよ。

**10.2** 非線形方程式 $x^2 - \exp(x) = 0$ の実数解をすべて求めたい。次の問いに答えよ。

(a) この方程式の実数解の個数を，理由を含めて答えよ。

(b) この方程式の実数解をすべて求めよ。ただし精度桁は 10 進 3 桁以上とする。

(c) この方程式を次のようにして求める。

    i. $\exp(x)$ を 2 次までのマクローリン展開式に置き換える。

    ii. 置き換えた 2 次方程式を解の公式を用いて求める。

このようにして求めた 2 つの解 $\widetilde{x_1}$, $\widetilde{x_2}$ のうち，実数解に近い方の値の相対誤差を求めよ。

**10.3** 非線形方程式の解法は，線形方程式にも対応できることを説明せよ。

**10.4** 図 10.1 に示すような幾何学的解釈によって，ニュートン法の漸化式が得られることを説明せよ。

**10.5** $f(x)$ が 3 階以上連続微分可能であるとき，$f(x_k) + f'(x_k)h_k + \frac{1}{2!}f''(x_k)h_k^2 = 0$ となるよう $h_k$ を定める解法を**ハレー** (Halley) **法**と呼ぶ。具体的には，まず

$$f(x_k) + h_k\left\{f'(x_k) + \frac{1}{2}f''(x_k)h_k\right\} = 0$$

より

$$h_k = -\frac{f(x_k)}{f'(x_k) + \frac{1}{2}f''(x_k)h_k}$$

とし，左辺を $h_k = x_{k+1} - x_k$ と置き換えて

$$x_{k+1} = x_k - \frac{f(x_k)}{f'(x_k) + \frac{1}{2}f''(x_k)h_k}$$

とする。次に，右辺の $h_k$ をニュートン法の漸化式 $x_{k+1} - x_k = f(x_k)/f'(x_k)$ に置き換えると

$$x_{k+1} = x_k - \frac{2f(x_k)f'(x_k)}{2(f'(x_k))^2 - f(x_k)f''(x_k)}$$

を得る。こうして作られる漸化式は 3 次収束する解法となる。先の 1 次元の例題に対してこの解法を適用し，3 次収束することを確認せよ。

## 10.6 3次方程式

$$a_3 x^3 + a_2 x^2 + a_1 x + a_0 = 0 \ (a_3 \neq 0) \tag{10.11}$$

に対する解公式は**カルダノ** (Cardano) **法**と呼ばれる。この解公式を導く手順をおおざっぱに示す。

まず

$$x = y - \frac{a_2}{3a_3}$$

とし，式 (10.11) に代入して

$$y^3 + 3py + q = 0 \tag{10.12}$$

と式変形する。このとき

$$p = -\frac{a_2^2}{9a_3^2} + \frac{a_1}{3a_3}$$

$$q = \frac{2a_2^3}{27a_3^3} - \frac{a_1 a_2}{3a_3^2} + \frac{a_0}{a_3}$$

である。さらに $y = u + v$ とし，かつ $u$ と $v$ は $uv = -p$ を満足するものとすると，式 (10.12) の $y$ に代入して

$$u^3 + v^3 = -q$$

を得る。また $u^3 v^3 = -p^3$ なので，$u^3, v^3$ は 2 次方程式

$$z^2 + qz - p^3 = 0$$

の解である。したがって

$$u^3 = \frac{-q + \sqrt{q^2 + 4p^3}}{2}$$

$$v^3 = \frac{-q - \sqrt{q^2 + 4p^3}}{2}$$

である。これを満足するもののうち 1 つを $\hat{u}, \hat{v}$ とし，1 の複素数 3 乗根のうちどちらか 1 つを $\omega$ とすれば，$uv = -p$ を満足するものは

$$\beta_1 = \hat{u} + \hat{v}$$

$$\beta_2 = \omega\hat{u} + \omega^2\hat{v}$$

$$\beta_3 = \omega^2\hat{u} + \omega\hat{v}$$

である。したがって式 (10.12) の解 $\beta_1, \beta_2, \beta_3$ を具体的に書くと

$$\beta_1 = \hat{u} + \hat{v}$$
$$\beta_2 = -\frac{1}{2}(\hat{u} + \hat{v}) - \sqrt{-1}\frac{\sqrt{3}}{2}(\hat{u} - \hat{v}) \qquad (10.13)$$
$$\beta_3 = -\frac{1}{2}(\hat{u} + \hat{v}) + \sqrt{-1}\frac{\sqrt{3}}{2}(\hat{u} - \hat{v})$$

となる。ここで $\sqrt{-1}$ は虚数単位である。よって，これらを用いて元の 3 次代数方程式 (10.11) の解 $\alpha_i$ $(i = 1, 2, 3)$ は

$$\alpha_i = \beta_i - \frac{a_2}{3a_3} \ (i = 1, 2, 3)$$

となる。この解法を Python で実装せよ。

**10.7　4 次方程式**

$$a_4 x^4 + a_3 x^3 + a_2 x^2 + a_1 x + a_0 = 0 \ (a_4 \neq 0) \qquad (10.14)$$

に対する解公式は**フェラーリ** (Ferrari) **法**と呼ばれる。これもカルダノ法と同様に

$$x = y - \frac{a_3}{4a_4}$$

とおいて式 (10.14) に代入することにより

$$y^4 + py^2 + qy + r = 0 \qquad (10.15)$$

となる。ここで

$$p = -\frac{3a_3^2}{8a_4^2} + \frac{a_2}{a_4}$$
$$q = \frac{a_3^3}{8a_4^3} - \frac{a_2 a_3}{2a_4^2} + \frac{a_1}{a_4}$$
$$r = -\frac{3a_3^4}{256a_4^4} + \frac{a_2 a_3^2}{16a_4^3} - \frac{a_1 a_3}{4a_4^2} + \frac{a_0}{a_4}$$

である。

$q = 0$ のときはただちに因数分解でき

$$\left(y^2 - \frac{-p - \sqrt{p^2 - 4r}}{2}\right)\left(y^2 - \frac{-p + \sqrt{p^2 - 4r}}{2}\right) = 0$$

を $y$ について解けばよい。

$q \neq 0$ のときは，式 (10.15) を

$$y^4 = -py^2 - qy - r$$

とし，この両辺に $y^2 z + z^2/4$ を加えて

$$\left(y^2 + \frac{z}{2}\right)^2 = (z-p)\left(y - \frac{q}{2(z-p)}\right)^2 + \frac{1}{4(z-p)}(z^3 - pz^2 - 4rz + 4pr - q^2) \quad (10.16)$$

と式変形する。そうすれば右辺の 3 次式が $z^3 - pz^2 - 4rz + 4pr - q^2 = 0$ となる $z$ を 1 つ見つければ, $q = 0$ のときと同様, ただちに因数分解でき

$$\left(y^2 + \frac{z}{2} - \sqrt{z-p}\left(y - \frac{q}{2(z-p)}\right)\right)\left(y^2 + \frac{z}{2} + \sqrt{z-p}\left(y - \frac{q}{2(z-p)}\right)\right) = 0 \quad (10.17)$$

を $y$ について解けばよいことになる。この解法を Python で実装せよ。

第 **11** 章

# 補間と最小二乗法

変数 $x$ の値が与えられたとき，関数 $f(x)$ の値を求めるにはどうするか．むかし—といっても，つい最近まで—は，適当な数表を引いて，必要ならば「補間」の計算を追加して，求めるのが普通であった．しかし，いまは違う．ポケットに入る計算機で，「関数キー」を押すだけで，平方根でも sin でも cos でも，たちどころに値が得られる．…

森口繁一「数値計算工学」(岩波書店)

**補間** (interpolation) とは，離散的な値を接続して 1 つの連続関数を形成する手法の総称である．用途によってさまざまな手法が考案されているが，ここでは多項式関数を形成する手法のみを扱うものとし，すべてを 1 つの多項式関数として導出するもの (多項式補間，最小二乗法) と，区間ごとに異なる多項式関数を形成するもの (スプライン補間) の 2 つを解説する．

## 11.1 ● 補間と最小二乗法

1 変数関数 $y = f(x)$ が $n$ 個の点 $(x_1, f_1)$, $(x_2, f_2)$, ..., $(x_n, f_n)$ を通過するものとする．ここで $f_i = f(x_i)$ の意味で用いる．また特に断らない限り，すべての $x_i$ は相異なるものとし，$x_i < x_j$ $(i < j)$ とする．

関数 $f(x)$ が未知で，この $n$ 個の通過点のみ与えられたとき，$f(x)$ に「近い」と思われる関数を作り出すにはどうすればよいかを本章では考える．

誰でも簡単にかつ単純に思いつくのは，2 点間を直線で結ぶというものである．この場合，一般に直線は 2 点間 $(x_i, f_i)$, $(x_{i+1}, f_{i+1})$ ごとにすべて異なる

$$l_i(x) = \frac{(x - x_i)f_{i+1} - (x - x_{i+1})f_i}{x_{i+1} - x_i} \tag{11.1}$$

という直線 (1 次多項式) で与えられる．このようにすべての点を通るように関数を作り，点間をつな

ぐことを**補間** (interpolation) と呼ぶ。この場合は $[x_1, x_n]$ 間を区分的に別々の1次多項式で補間しているので，**線形補間** (linear interpolation) と呼ぶ。1次式ではなく，複数の3次多項式を滑らかに結合して区分的に補間するものを**3次スプライン補間** (cubic spline interpolation) と呼ぶ。通常，スプライン補間と呼ばれるものはこの区分的3次多項式によるものである。

さらにすべての点を通る $n-1$ 次の補間多項式を1つ導出することも可能である。この補間多項式を導出するのが，次に述べるラグランジュ補間，ニュートン補間である。

これとは別に，すべての点を通過するのではなく，その近くを通る，利用者に都合の良い関数を作り出すのが最小二乗法と呼ばれるものである。普通はすべての点との距離の2乗和が最小になるように，パラメータを調節して関数を決定する。

最小二乗法は，実験や観測データのように，補間点に誤差を含んでいるときに有効に働くが，関数の「当てはめ」に無理があったり，誤差が極端に大きい場合には，説得力に欠ける結果を導くことにもなりかねない。

## 11.2 ● 連立一次方程式による $n-1$ 次補間多項式の導出

$n$ 個の点 $(x_1, f_1)$, $(x_2, f_2)$, ..., $(x_n, f_n)$ を通る $m$ 次多項式 $p_m(x) = \sum_{i=0}^{m} a_i x^i$ の係数 $a_0, a_1, ..., a_m$ は，$n$ 個の線形方程式を満足する。ちょうど $m+1=n$ のときは

$$
\begin{bmatrix}
1 & x_1 & x_1^2 & \cdots & x_1^{n-1} \\
1 & x_2 & x_2^2 & \cdots & x_2^{n-1} \\
1 & x_3 & x_3^2 & \cdots & x_3^{n-1} \\
\vdots & \vdots & \vdots & & \vdots \\
1 & x_n & x_n^2 & \cdots & x_n^{n-1}
\end{bmatrix}
\begin{bmatrix}
a_0 \\
a_1 \\
a_2 \\
\vdots \\
a_{n-1}
\end{bmatrix}
=
\begin{bmatrix}
f_1 \\
f_2 \\
f_3 \\
\vdots \\
f_n
\end{bmatrix}
\tag{11.2}
$$

となる。ここで

$$
V(x_1, x_2, ..., x_n) =
\begin{bmatrix}
1 & x_1 & x_1^2 & \cdots & x_1^{n-1} \\
1 & x_2 & x_2^2 & \cdots & x_2^{n-1} \\
1 & x_3 & x_3^2 & \cdots & x_3^{n-1} \\
\vdots & \vdots & \vdots & & \vdots \\
1 & x_n & x_n^2 & \cdots & x_n^{n-1}
\end{bmatrix}
$$

を**バンデルモンド行列** (Vandermonde matrix) と呼ぶ。

$x_i \neq x_j\ (i \neq j)$ であれば，

$$
|V(x_1, x_2, ..., x_n)| = \prod_{j=1, i>j}^{n} (x_i - x_j)
\tag{11.3}
$$

であるから，これは正則行列になる。したがって，必ず解 $a_0, a_1, ..., a_{n-1}$ が一意に定まる。

こうして求められた $n-1$ 次補間多項式 $p_{n-1}(x)$ の打ち切り誤差 (理論誤差) は次の定理で与えら

れる。

> **定理 11.1　補間多項式の打ち切り誤差**
>
> 元の関数 $y = f(x)$ が $x_1, x_2, ..., x_n$ を含む区間 $I$ で $n$ 階連続微分可能であるとき，
>
> $$p_{n-1}(x) - f(x) = \frac{f^{(n)}(\xi)}{n!}(x - x_1)(x - x_2) \cdots (x - x_n) \tag{11.4}$$
>
> を満足する $\xi \in I$ が存在する。

**例題 11.1　2次の場合**

3点 $(-2, -3), (-1, 2), (0, 1)$ を通る2次補間多項式を求める。このときのバンデルモンド行列および補間多項式の係数 $a_0, a_1, a_2$ が満足する連立一次方程式は

$$\begin{bmatrix} 1 & -2 & 4 \\ 1 & -1 & 1 \\ 1 & 0 & 0 \end{bmatrix} \begin{bmatrix} a_0 \\ a_1 \\ a_2 \end{bmatrix} = \begin{bmatrix} -3 \\ 2 \\ 1 \end{bmatrix}$$

となる。これを解くと

$$p_2(x) = 1 - 4x - 3x^2$$

という2次の補間多項式を得る。

**例題 11.2　4次の場合**

同様に，5点 $(-2, -3), (-1, 2), (0, 1), (3/2, 3), (3, 4)$ を通る4次補間多項式を求める。結果のみ以下に示す。

```
                Vandermonde Matrix
0  1.000e+00 -2.000e+00  4.000e+00 -8.000e+00  1.600e+01
1  1.000e+00 -1.000e+00  1.000e+00 -1.000e+00  1.000e+00
2  1.000e+00  0.000e+00  0.000e+00  0.000e+00  0.000e+00
3  1.000e+00  1.500e+00  2.250e+00  3.375e+00  5.062e+00
4  1.000e+00  3.000e+00  9.000e+00  2.700e+01  8.100e+01

    Coefficients of p(x)
0   1.00000000000000089e+00
1  -9.04761904761904212e-01
2   1.07777777777777795e+00
3   7.00000000000000178e-01
4  -2.82539682539682480e-01
```

```
          x                      p(x)                    f_i
-2.00000000000000000e+00  -2.99999999999999911e+00  -3.00000000000000000e+00
-1.00000000000000000e+00   2.00000000000000044e+00   2.00000000000000000e+00
 0.00000000000000000e+00   1.00000000000000089e+00   1.00000000000000000e+00
 1.50000000000000000e+00   3.00000000000000266e+00   3.00000000000000000e+00
 3.00000000000000000e+00   4.00000000000001421e+00   4.00000000000000000e+00
```

　連立一次方程式による補間多項式の係数を導出する方法は，補間点が増えて近接してくるとバンデルモンド行列が悪条件になるという難点がある。したがって，実際には以下で述べるラグランジュ補間，ニュートン補間によって補間多項式，およびその値を計算することが望ましい。

**問題 11.1** $f(x) = 1/(x^2+1)$ において，閉区間 $[-5,5]$ を等間隔に 6, 11, 21 分割したときの 5 次，10 次，20 次補間多項式を求めよ。また，それぞれのバンデルモンド行列の条件数はどのぐらいまで増大するか？

## 11.3 ● ラグランジュ補間

　$n$ 点から $n-1$ 次の補間多項式を求めるには他にも方法があり，その 1 つが**ラグランジュ補間**多項式である。これは次のように表現できる。

---

**定理 11.2　ラグランジュ補間**

$n$ 次多項式 $\psi(x)$ を

$$\psi(x) = \prod_{i=1}^{n}(x - x_i)$$

とする。このとき $n-1$ 次ラグランジュ補間多項式 $p_{n-1}(x)$ は次のように表現される。

$$
\begin{aligned}
p_{n-1}(x) &= \sum_{i=1}^{n} \frac{\psi(x)}{(x - x_i)\psi'(x_i)} f_i \\
&= \frac{(x-x_2)(x-x_3)\cdots(x-x_n)}{(x_1-x_2)(x_1-x_3)\cdots(x_1-x_n)} f_1 \\
&\quad + \frac{(x-x_1)(x-x_3)\cdots(x-x_n)}{(x_2-x_1)(x_2-x_3)\cdots(x_2-x_n)} f_2 \\
&\quad \vdots \\
&\quad + \frac{(x-x_1)(x-x_2)\cdots(x-x_{n-1})}{(x_n-x_1)(x_n-x_2)\cdots(x_n-x_{n-1})} f_n
\end{aligned}
\tag{11.5}
$$

---

これを数値例で見ていくことにする。

---

例題 11.3　2 次の場合

3 点 $(-2, -3), (-1, 2), (0, 1)$ を通る 2 次補間多項式をラグランジュ補間によって求めてみる。

$$
\begin{aligned}
p_2(x) &= \frac{(x - (-1))(x - 0)}{(-2 - (-1))(-2 - 0)} \cdot (-3) \\
&\quad + \frac{(x - (-2))(x - 0)}{(-1 - (-2))(-1 - 0)} \cdot 2 \\
&\quad + \frac{(x - (-2))(x - (-1))}{(0 - (-2))(0 - (-1))} \cdot 1 \\
&= 1 - 4x - 3x^2
\end{aligned}
$$

となり，先の連立一次方程式によるものと一致する。

---

■ Python スクリプト例　バンデルモンド行列を生成して連立一次方程式を解く方法と，SciPy の interpolate パッケージが備える `lagrange` 関数を用いた方法とを比較する Python スクリプトを listing 11.1 に示す。補間点数が少ないうちは大差ないが，多くなるとバンデルモンド行列の条件数が増大し，正確な補間多項式の係数が得られなくなってくるので，ラグランジュ補間に基づく方法か，後述するニュートン補間に基づく計算量の少ない方法で求めた方がよい。

listing 11.1　補間多項式

```
 1  # interpol.py: 補間多項式
 2  import numpy as np
 3  import scipy.linalg as sclinalg
 4  import scipy.interpolate as scipl
 5
 6
 7  # 元の関数
 8  def org_func(x):
 9      return np.sin(x)
10
11
12  # 補間点数
13  str_n = input('補間点数を入力 n = ')
14  n = int(str_n)
15
16  # 補間点
17  x = np.zeros(n)
18  y = np.zeros(n)
19  print('x.size = ', x.size)
20  for i in range(0, n):
```

```
21      print('補間点x を入力 x[' + str(i) + '] = ')
22      str_x = input()
23      x[i] = float(str_x)
24      y[i] = org_func(x[i])
25
26  print('x = ', x)
27  print('y = ', y)
28
29  # バンデルモンド行列生成
30  v_mat = np.zeros((n, n))
31  for i in range(0, n):
32      for j in range(0, n):
33          v_mat[i, j] = x[i] ** j
34
35  print('V = \n', v_mat)
36
37  # new_y := V^(^1) * y
38  v_coef = sclinalg.inv(v_mat) @ y
39  print('v_coef = ', np.flip(v_coef))
40
41  # ラグランジュ補間
42  l_poly = scipl.lagrange(x, y)
43  print('l_coef = ', l_poly.coef)
```

問題 11.2 補間点が同一であれば，式 (11.5) がバンデルモンド行列を使って解いた結果のラグランジュ補間多項式と同じものになることを示せ。

## 11.4 ● ニュートン補間

ラグランジュ補間多項式は，バンデルモンド行列を用いて求めるにしろ，式 (11.5) を使って求めるにしろ，補間点をさらに追加しようとすると，もう一度最初から計算し直す必要がある。この点を改良したアルゴリズムが**ネビル** (Neville) **のアルゴリズム**であり，これで求められるものが**ニュートン補間**多項式である。

$n = 5$ のときを例にして計算アルゴリズムを説明する。

まず**初期系列** (initial sequence) として，$f_{11}(x) := f_1$, $f_{21}(x) := f_2$, $f_{31}(x) := f_3$, $f_{41}(x) := f_4$, $f_{51}(x) := f_5$ を与えておく。これを 1 列目に配置し，式 (11.1) のように線形補間を行って 2 列目の値 $f_{22}(x)$, $f_{32}(x)$, $f_{42}(x)$, $f_{52}(x)$ を得ると

$$f_{22}(x) = \frac{(x - x_1)f_{21}(x) - (x - x_2)f_{11}(x)}{x_2 - x_1}$$

$$f_{32}(x) = \frac{(x - x_2)f_{31}(x) - (x - x_3)f_{21}(x)}{x_3 - x_2}$$

$$f_{42}(x) = \frac{(x - x_3)f_{41}(x) - (x - x_4)f_{31}(x)}{x_4 - x_3}$$

$$f_{52}(x) = \frac{(x - x_4)f_{51}(x) - (x - x_5)f_{41}(x)}{x_5 - x_4}$$

となる。これにより，2 列目は 1 次多項式の形で表現できることになる。

この 2 列目の値を用いてさらに線形補間を続ける。$f_{22}(x)$ と $f_{32}(x)$ はどちらも $(x_2, f_2)$ を通過するように生成されているので，$(x_1, f_1), (x_3, f_3)$ の 2 点を通過するように線形補間を行って $f_{33}(x)$ を生成すると

$$f_{33}(x) = \frac{(x - x_1)f_{32}(x) - (x - x_3)f_{22}(x)}{x_3 - x_1}$$

となる。同様にして以下の 3 列目の値 $f_{43}(x)$, $f_{53}(x)$ も

$$f_{43}(x) = \frac{(x - x_2)f_{42}(x) - (x - x_4)f_{32}(x)}{x_4 - x_2}$$

$$f_{53}(x) = \frac{(x - x_3)f_{52}(x) - (x - x_5)f_{42}(x)}{x_5 - x_3}$$

として生成する。このとき，3 列目の $f_{i3}(x)$ $(i = 3, 4, 5)$ はそれぞれ $(x_{i-2}, f_{i-2})$, $(x_{i-1}, f_{i-1})$, $(x_i, f_i)$ の 3 点を通過する 2 次多項式として表現できる $(\to$ 演習問題 11.3)。

同様にして，4 列目の $f_{44}(x)$, $f_{54}(x)$ を

$$f_{44}(x) = \frac{(x - x_1)f_{43}(x) - (x - x_4)f_{33}(x)}{x_4 - x_1}$$

$$f_{54}(x) = \frac{(x - x_2)f_{53}(x) - (x - x_5)f_{43}(x)}{x_5 - x_2}$$

として生成し，さらに 5 列目の $f_{55}(x)$ を

$$f_{55}(x) = \frac{(x - x_1)f_{54}(x) - (x - x_5)f_{44}(x)}{x_5 - x_1}$$

とする。この最後の $f_{55}(x)$ は，補間点すべてを通過する 4 次多項式として表現できるので，$p_4(x) = f_{55}(x)$ となっている。

以上をまとめると，計算は**表 11.1** のように進展していくことになる。

一般に，$n$ 個の補間点 $(x_1, f_1), (x_2, f_2), ..., (x_n, f_n)$ をすべて通過する $n-1$ 次補間多項式 $p_{n-1}(x)$ を得るための**ネビルのアルゴリズム**は次のようになる。

アルゴリズム 11.1　ネビルのアルゴリズム

1. $f_{j1}(x) := f_j$ $(j = 1, 2, ..., n)$ とする。
2. $i = 1, 2, ..., n$ において以下の計算を行う。

$$
\begin{array}{ccc}
f_{i-1,j-1}(x) & & \\
& \searrow & \\
f_{i,j-1}(x) & \to & f_{ij}(x)
\end{array}
$$

$$f_{ij}(x) := \frac{(x - x_{i-j+1})f_{i,j-1}(x) - (x - x_i)f_{i-1,j-1}(x)}{x_i - x_{i-j+1}} \quad (j = 1, 2, ..., i) \tag{11.6}$$

計算を進めていくと，

$$f_{nn}(x) = p_{n-1}(x) \tag{11.7}$$

となる。

表 11.1　5 点 4 次補間多項式を求めるネビルのアルゴリズム

| $x_1$ | $f_{11}(x)$ | | | | |
|-------|-------------|---|---|---|---|
| $x_2$ | $f_{21}(x)$ | $\to$ | $f_{22}(x)$ | | |
| $x_3$ | $f_{31}(x)$ | $\to$ | $f_{32}(x)$ | $\to$ | $f_{33}(x)$ |
| $x_4$ | $f_{41}(x)$ | $\to$ | $f_{42}(x)$ | $\to$ | $f_{43}(x)$ | $\to$ | $f_{44}(x)$ |
| $x_5$ | $f_{51}(x)$ | $\to$ | $f_{52}(x)$ | $\to$ | $f_{53}(x)$ | $\to$ | $f_{54}(x)$ | $\to$ | $f_{55}(x) = p_4(x)$ |

ネビルのアルゴリズムの例を以下に示す。

**例題 11.4**　2 次の場合

3 点 $(-2, -3), (-1, 2), (0, 1)$ を通る 2 次補間多項式をネビルのアルゴリズムを用いて求める。

| $-2$ | $-3$ | | | | |
|------|------|---|---|---|---|
| $-1$ | $2$ | $\to$ | $5x + 7$ | | |
| $0$ | $1$ | $\to$ | $-x + 1$ | $\to$ | $-3x^2 - 4x + 1$ |

**問題 11.3**　例題 11.4 に，補間点 $(1, 3)$ が追加されたときの補間多項式 $p_3(x)$ を求めよ。

■ Python スクリプト例　NumPy の poly1d 関数を使って，ネビルのアルゴリズムに従い，ニュートン補間多項式を求めるスクリプトは listing 11.2 のようになる。

listing 11.2　ニュートン補間

```
1   # neville.py: ニュートン補間・ネビルのアルゴリズム
2   import numpy as np
3
4
5   # 元の関数
6   def org_func(x):
7       return 1.0 / (25.0 + x ** 2)
8
9
10  # ネビルのアルゴリズム
11  # 補間多項式を返す
12  def neville_interpoly(x, y):
13      dim = len(x)
14      if len(y) != dim:
15          print('len(y) is not the same of len(x)!')
16          return 0
17
18      old_poly = [np.poly1d([0.0, y[i]]) for i in range(dim)]
19      new_poly = old_poly[:]   # 初期化
20      for j in range(1, dim):
21          for i in range(j, dim):
22              new_poly[i] = (np.poly1d([1.0, -x[i - j]]) * old_poly[i] - np.oly1d([1.0, -x[i
    ]]) * old_poly[i - 1]) / (x[i] - x[i - j])
23              print(i, j, '\n', new_poly[i])
24
25          old_poly = new_poly[:]
26
27      return new_poly[dim - 1]
28
29
30  # 補間点を生成
31  div_x = 5
32  x_min, x_max = -5.0, 5.0
33
34  x = np.linspace(x_min, x_max, div_x)
35  y = org_func(x)
36
37  print('x = ', x)
38  print('y = ', y)
39
40  interpoly = neville_interpoly(x, y)
41  print('Interpoly:\n', interpoly)
42  print('x           = ', x)
43  print('interpoly(x) = ', interpoly(x))
```

$f(x) = 1/(x^2 + 25)$ を $x \in [-15, 15]$ で多項式補間すると，端点付近で補間多項式の跳ね上がり現象がみられる（**図 11.1**）。これを**ルンゲの現象** (Runge's phenomenon) と呼び，多項式補間の次数をいたずらに上げても補間誤差が増えるだけとなる。

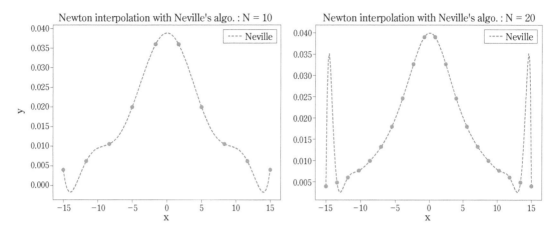

図 11.1　ルンゲの現象を起こしているニュートン補間例：分割数 10(左), 20(右)

## 11.5 ● 最小二乗法

$m$ 個の補間点 $(x_1, f_1), ..., (x_m, f_m)$ が与えられているとする。先の多項式補間ではこれらすべての点を通るように補間式を定めたが，必ずしもすべての点を通る必要がない場合もある。例えば，実験や観測の結果をプロットし，理論式との整合性を調べる場合，実験値はたいがいある程度の誤差を含んでおり，理論式とは一致しないことが多い。したがって，理論式のグラフは補間点 (実験値) の近傍を通過していればよく，補間点そのものと一致する必要はない。このようなときに使用されるのが**最小二乗法** (least square method) である。

$n$ 個の関数の組 $\phi_1(x), \phi_2(x), ..., \phi_n(x)$ が与えられたとき，これらの関数の線形結合

$$q_n(x; c_1, c_2, ..., c_n) = \sum_{i=1}^{n} c_i \phi_i(x)$$

を求める。

ここで関数 $Q_n(c_1, c_2, ..., c_n)$ を

$$Q_n(c_1, c_2, ..., c_n) = \sum_{k=1}^{m} \left| q_n(x_k; c_1, c_2, ..., c_n) - f_k \right|^2$$

とおき，係数 $c_1, c_2, ..., c_n$ は

$$\min_{\{c_1, c_2, ..., c_n\}} Q_n(c_1, c_2, ..., c_n) \tag{11.8}$$

となるように定める。そうすれば，すべての補間点 $(x_k, f_k)$ において

$$\frac{\partial Q_n(c_1, c_2, ..., c_n)}{\partial c_i} = 0$$

を満足すればよいことになる。したがって最終的には

$$
\begin{bmatrix}
\sum_{k=1}^{m} \phi_1^2(x_k) & \sum_{k=1}^{m} \phi_1(x_k)\phi_2(x_k) & \cdots & \sum_{k=1}^{m} \phi_1(x_k)\phi_n(x_k) \\
\sum_{k=1}^{m} \phi_2(x_k)\phi_1(x_k) & \sum_{k=1}^{m} \phi_2^2(x_k) & \cdots & \sum_{k=1}^{m} \phi_2(x_k)\phi_n(x_k) \\
\vdots & \vdots & & \vdots \\
\sum_{k=1}^{m} \phi_n(x_k)\phi_1(x_k) & \sum_{k=1}^{m} \phi_n(x_k)\phi_2(x_k) & \cdots & \sum_{k=1}^{m} \phi_n^2(x_k)
\end{bmatrix}
\begin{bmatrix}
c_1 \\ c_2 \\ \vdots \\ c_n
\end{bmatrix}
$$

$$
=
\begin{bmatrix}
\sum_{k=1}^{m} f_k \phi_1(x_k) \\
\sum_{k=1}^{m} f_k \phi_2(x_k) \\
\vdots \\
\sum_{k=1}^{m} f_k \phi_n(x_k)
\end{bmatrix}
\tag{11.9}
$$

を解くことで得られる。

特に

$$
\phi_i(x) = x^{i-1} \quad (i = 1, 2, ..., n)
$$

であれば式 (11.9) は

$$
\begin{bmatrix}
m & \sum_{k=1}^{m} x_k & \cdots & \sum_{k=1}^{m} x_k^{n-1} \\
\sum_{k=1}^{m} x_k & \sum_{k=1}^{m} x_k^2 & \cdots & \sum_{k=1}^{m} x_k^n \\
\vdots & \vdots & & \vdots \\
\sum_{k=1}^{m} x_k^{n-1} & \sum_{k=1}^{m} x_k^n & \cdots & \sum_{k=1}^{m} x_k^{2(n-1)}
\end{bmatrix}
\begin{bmatrix}
c_1 \\ c_2 \\ \vdots \\ c_n
\end{bmatrix}
=
\begin{bmatrix}
\sum_{k=1}^{m} f_k \\
\sum_{k=1}^{m} f_k x_k \\
\vdots \\
\sum_{k=1}^{m} f_k x_k^{n-1}
\end{bmatrix}
\tag{11.10}
$$

となる。さらに，$n = m$ のときは $c_1 = a_0, c_2 = a_1, ..., c_n = a_{n-1}$ に対応する式 (11.2) と同じ連立一次方程式と見なすことができる ($\rightarrow$ 演習問題 11.4)。

---

**例題 11.5** 2次の場合

3点 $(-2, -3), (-1, 2), (0, 1)$ を通る2次の最小二乗多項式を求めると，そのときの連立一次方程式は

$$
\begin{bmatrix}
3 & -3 & 5 \\
-3 & 5 & -9 \\
5 & -9 & 17
\end{bmatrix}
\begin{bmatrix}
c_1 \\ c_2 \\ c_3
\end{bmatrix}
=
\begin{bmatrix}
0 \\ 4 \\ -10
\end{bmatrix}
$$

となる。これと解くと先の例題と同様に

$$
c_1 = 1, \ c_2 = -4, \ c_3 = -3
$$

を得る。

■**Python スクリプト例** 最小二乗法で当てはめる関数が 1 次多項式の場合は統計モジュール
(SciPy.stats) の linregress 関数が使用できる。その他のさまざまな関数に対して当てはめたい場合
は最適化パッケージ (SciPy.optimize) の curve_fit 関数を使用する。

listing 11.3 は curve_fit 関数を使用し, 補間多項式が 1 次多項式となるよう指定したもので,
linregress 関数の導出した 1 次多項式 (傾きは ret.slope, $y$ 切片は ret.intercept) と完全に一
致していることが分かる (**図 11.2**)。なお, pandas (データ解析用の Python ライブラリ) を使用して,
CSV ファイルから元データを読み込んでいる。

**listing 11.3 最小二乗法**

```
 1  # least_square_fit.py: 最小二乗法
 2  import numpy as np
 3  import scipy.optimize as scopt  # curve_fit
 4  import scipy.stats as scsta  # linregress
 5  import pandas as pd  # Pandas
 6  import matplotlib.pyplot as plt  # グラフ描画
 7
 8
 9  # 当てはめ関数
10  def func(x, a0, a1):
11      return a0 + a1 * x
12
13
14  # CSV ファイル読み込み
15  data = pd.read_csv('./test_least_sq.csv')
16  print(data)
17
18  # 曲線当てはめ: curve_fit
19  popt, pcov = scopt.curve_fit(func, data.iloc[:, 0], data.iloc[:, 1])
20  print('popt = ', popt)
21  print('pcov = ', pcov)
22
23  # 直線当てはめ: linregress
24  ret = scsta.linregress(data.iloc[:, 0], data.iloc[:, 1])
25
26  # 結果確認
27  min_x = np.min(data.iloc[:, 0])
28  max_x = np.max(data.iloc[:, 0])
29  div_x = len(data.iloc[:, 0]) * 5  # 5倍の細かさ
30  h_x = (max_x - min_x) / div_x
31
32  print('        x                curve_fit                linregress          reldiff')
33  for i in range(div_x + 1):
34      x = min_x + h_x * i
35      curve_fit_val = func(x, *popt)
36      linregress_val = ret.intercept + ret.slope * x
37      reldiff = np.abs((curve_fit_val - linregress_val) / (curve_fit_val))
38      print(f'{x:15.5e}, {curve_fit_val:25.17e}, {linregress_val:25.17e},{reldiff:10.3e}')
```

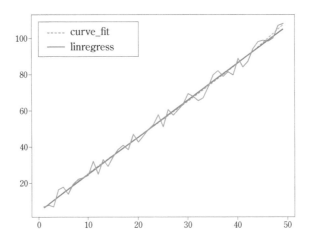

図 11.2　`curve_fit` 関数と `linregress` 関数による最小二乗近似

問題 11.4 $n = m$ のとき，最小二乗多項式とラグランジュ補間多項式が一致することを示せ．

## 11.6 ● 自然な 3 次スプライン補間

前述のネビルのアルゴリズムの 2 列目は，すべての補間点 $(x_1, f_1)$, $(x_2, f_2)$, ..., $(x_n, f_n)$ を通過する，区分的 1 次補間式 $l_1(x)$, $l_2(x)$, ..., $l_{n-1}(x)$ を与えている．しかしこれは補間点において連続 $l_i(x_{i+1}) = l_{i+1}(x_{i+1})$ ではあるものの，角ばってつながっているだけである．実用的には区分的に補間しつつも，「滑らか」に接続したいことも多い．数学的に言えば，つなぎ目でも微分可能であるようにすればよい．

区分的に次数の高い補間多項式 $q_i(x)$ を与えることで，補間点を滑らかに接続する補間のうち，本節では**自然な 3 次スプライン補間** (natural cubic spline interpolation) を紹介する．スプライン補間 $S(x)$ は全区間において

$$S(x) = \begin{cases} q_1(x) & (x \in [x_1, x_2)) \\ q_2(x) & (x \in [x_2, x_3)) \\ \quad\vdots \\ q_{n-1}(x) & (x \in [x_{n-1}, x_n]) \end{cases} \tag{11.11}$$

と表現される．

条件は以下の通りである．条件 2 によって，滑らかさを保証していることに注意せよ．

1. 各小区間 $[x_i, x_{i+1}](i = 1, 2, ..., n-1)$ ごとに，端点を通過する 3 次多項式 $q_i(x)$ を与える．すなわち，

$$q_i(x_i) = f_i = S(x_i) \quad (i = 1, 2, ..., n)$$

$$q_i(x_{i+1}) = q_{i+1}(x_{i+1}) \quad (i = 1, 2, ..., n-2)$$

を満足する。

2. $S(x)$ は全区間において 2 階連続微分可能。すなわち，各補間点において

$$\text{2-(a): } q_i'(x_{i+1}) = q_{i+1}'(x_{i+1}) = S'(x_{i+1}) \quad (i = 1, 2, ..., n-2)$$

$$\text{2-(b): } q_i''(x_{i+1}) = q_{i+1}''(x_{i+1}) = S''(x_{i+1}) \quad (i = 1, 2, ..., n-2)$$

を満足する。

3. 端条件 $S''(x_1) = 0$, $S''(x_n) = 0$ を満足する。(「自然な」3 次スプライン補間の条件)

3 条件をすべて満足するよう，$S(x)$ を構成してみよう。まず，条件 2-(b) と 3 より，$S''(x)$ は $x_2$, $x_3$, ..., $x_{n-1}$ で連続であるから，$q_i''(x)$ は補間点 $(x_2, S''(x_2))$, $(x_3, S''(x_3))$, ..., $(x_{n-1}, S''(x_{n-1}))$ を通過する 1 次補間になるので

$$q_1''(x) = \frac{(x - x_1)S''(x_2) - (x - x_2)S''(x_1)}{x_2 - x_1} = \frac{(x - x_1)S''(x_2)}{x_2 - x_1}$$

$$\vdots$$

$$q_i''(x) = \frac{(x - x_i)S''(x_{i+1}) - (x - x_{i+1})S''(x_i)}{x_{i+1} - x_i} \tag{11.12}$$

$$\vdots$$

$$q_{n-1}''(x) = \frac{(x - x_{n-1})S''(x_n) - (x - x_n)S''(x_{n-1})}{x_n - x_{n-1}} = -\frac{(x - x_n)S''(x_{n-1})}{x_n - x_{n-1}}$$

となる。$q_i''(x)$ を 2 回不定積分し，2 つの積分定数を条件 1 から決定すると

$$q_1(x) = \frac{S''(x_2)}{6}\left\{ \frac{(x - x_1)^3}{x_2 - x_1} + (x_2 - x_1)(x_1 - x) \right\} + \frac{x_2 - x}{x_2 - x_1}f_1 + \frac{x - x_1}{x_2 - x_1}f_2$$

$$\vdots$$

$$\begin{aligned}
q_i(x) = &\frac{S''(x_i)}{6}\left\{ \frac{(x_{i+1} - x)^3}{x_{i+1} - x_i} + (x - x_{i+1})(x_{i+1} - x_i) \right\} \\
&+ \frac{S''(x_{i+1})}{6}\left\{ \frac{(x - x_i)^3}{x_{i+1} - x_i} + (x_i - x)(x_{i+1} - x_i) \right\} \\
&+ \frac{x_{i+1} - x}{x_{i+1} - x_i}f_i + \frac{x - x_i}{x_{i+1} - x_i}f_{i+1}
\end{aligned}$$

$$\vdots$$

$$q_{n-1}(x) = \frac{S''(x_{n-1})}{6}\left\{ \frac{(x_n - x)^3}{x_n - x_{n-1}} + (x - x_n)(x_n - x_{n-1}) \right\} + \frac{x_n - x}{x_n - x_{n-1}}f_{n-1} + \frac{x - x_{n-1}}{x_n - x_{n-1}}f_n \tag{11.13}$$

となる (→ 演習問題 11.4)。これにより，2 階微分係数 $S''(x_2), ..., S''(x_{n-1})$ さえ決定できれば，すべての $q_i(x)$ が決まることが分かる。

最後に残った条件 2-(a) より，

$$q_i'(x_{i+1}) = \frac{S''(x_i)}{3}(x_{i+1} - x_i) + \frac{S''(x_{i+1})}{3}(x_{i+1} - x_i) + \frac{f_{i+1} - f_i}{x_{i+1} - x_i}$$

$$q_{i+1}'(x_{i+1}) = -\frac{S''(x_{i+1})}{3}(x_{i+2} - x_{i+1}) - \frac{S''(x_{i+2})}{3}(x_{i+2} - x_{i+1}) + \frac{f_{i+2} - f_{i+1}}{x_{i+2} - x_{i+1}}$$

であるから，

$$\begin{cases} q_1'(x_2) = q_2'(x_2) \\ \qquad\qquad \vdots \\ q_i'(x_{i+1}) = q_{i+1}'(x_{i+1}) \\ \qquad\qquad \vdots \\ q_{n-1}'(x_{n-1}) = q_n'(x_{n-1}) \end{cases}$$

をまとめて整理すると

$$\begin{cases} \dfrac{x_3 - x_1}{3}S''(x_2) + \dfrac{x_3 - x_2}{6}S''(x_3) = \dfrac{f_3 - f_2}{x_3 - x_2} - \dfrac{f_2 - f_1}{x_2 - x_1} \\ \qquad\qquad\qquad\qquad \vdots \\ \dfrac{x_{i+1} - x_i}{6}S''(x_i) + \dfrac{x_{i+2} - x_i}{3}S''(x_{i+1}) + \dfrac{x_{i+2} - x_{i+1}}{6}S''(x_{i+1}) = \dfrac{f_{i+2} - f_{i+1}}{x_{i+2} - x_{i+1}} - \dfrac{f_{i+1} - f_i}{x_{i+1} - x_i} \\ \qquad\qquad\qquad\qquad \vdots \\ \dfrac{x_{n-1} - x_{n-2}}{6}S''(x_{n-2}) + \dfrac{x_n - x_{n-2}}{3}S''(x_{n-1}) = \dfrac{f_n - f_{n-1}}{x_n - x_{n-1}} - \dfrac{f_{n-1} - f_{n-2}}{x_{n-1} - x_{n-2}} \end{cases}$$

となる。特に，

$$a_i := \frac{x_{i+1} - x_i}{6}$$
$$b_i := \frac{x_{i+2} - x_i}{3}$$
$$c_i := \frac{x_{i+2} - x_{i+1}}{6}$$
$$d_i := \frac{f_{i+2} - f_{i+1}}{x_{i+2} - x_{i+1}} - \frac{f_{i+1} - f_i}{x_{i+1} - x_i}$$

とおくと

$$
\begin{bmatrix}
b_1 & c_1 & & & \\
a_2 & b_2 & c_2 & & \\
& \ddots & \ddots & \ddots & \\
& & a_{n-3} & b_{n-3} & c_{n-3} \\
& & & a_{n-2} & b_{n-2}
\end{bmatrix}
\begin{bmatrix}
S''(x_2) \\
S''(x_3) \\
\vdots \\
S''(x_{n-2}) \\
S''(x_{n-1})
\end{bmatrix}
=
\begin{bmatrix}
d_1 \\
d_2 \\
\vdots \\
d_{n-3} \\
d_{n-2}
\end{bmatrix}
\tag{11.14}
$$

を得る。この連立一次方程式を $[S''(x_2)\ S''(x_3)\ ...\ S''(x_{n-1})]^{\mathrm{T}}$ について解き，式 (11.13) に代入すると，すべての $q_i(x)$ が決定される。

問題 11.5 ルンゲの現象を引き起こす $f(x) = 1/(x^2 + 25)$ を $[-15, 15]$ 区間において 3 次スプライン補間し，その結果を考察せよ。

■ Python スクリプト例　スプライン補間を求める方法としては，SciPy の interpolate モジュールの汎用関数 interp1d を使うのが一番手っとり早い方法で，ここではデフォルトの線形補間を求めるために利用している。自然な 3 次スプライン補間には CubicSpline 関数を使用している。元の関数は $\exp(\cos x)$ である。Python スクリプトを listing 11.4 に示す。

listing 11.4　スプライン補間

```
1   # spline.py: スプライン 1次元補間
2   import numpy as np
3   import scipy.interpolate as scipl
4   from tktools import relerr  # 相対誤差
5
6
7   # 真の関数
8   def true_func(x):
9       return np.exp(np.cos(x))
10
11
12  # 補間点設定
13  num_points = 11
14  min_x, max_x = -5.0, 5.0
15
16  # 補間点算出
17  x = np.linspace(min_x, max_x, num_points)
18  y = true_func(x)
19
20  # 補間多項式導出
21  interpoly_linear = scipl.interpolate.interp1d(x, y)  # linear がデフォルト
22  interpoly_cubic = scipl.CubicSpline(x, y)  # 3次スプライン
23
24  # 誤差導出
25  x_in_detail = np.linspace(min_x, max_x, num_points * 10)
26  y_in_detail = true_func(x_in_detail)
27
```

```
28    y_interpoly_linear = interpoly_linear(x_in_detail)
29    y_interpoly_cubic = interpoly_cubic(x_in_detail)
30
31    relerr_linear = relerr(y_interpoly_linear, y_in_detail)
32    relerr_cubic = relerr(y_interpoly_cubic, y_in_detail)
33
34    print('max relerr of linear interpoly: ', np.max(relerr_linear))
35    print('max_relerr of cubic interpoly : ', np.max(relerr_cubic))
```

　ここでは，$f(x) = \exp(\cos x)$ を $[-5, 5]$ で $11$ 点等間隔に補間している。**図 11.3** におけるオレンジの破線が線形補間，緑の一点破線が $3$ 次スプライン補間である。後者が滑らかに接続されていることが見てとれる。

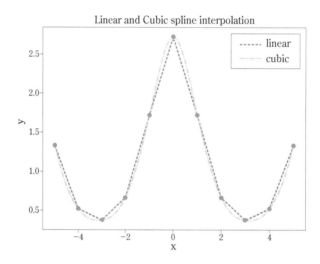

図 11.3　線形補間 ($1$ 次のスプライン補間) と $3$ 次スプライン補間

# 演習問題

**11.1** ニュートン補間を用いて，4 点 $(1,2)$, $(2,-1)$, $(3,6)$, $(4,3)$ を通過する補間多項式 $p_3(x)$ を求めたい。このとき，次の問いに答えよ。

(a) 以下のニュートン補間計算のための表の (1)〜(5) を埋め，$p_3(x)$ を求めよ。

| $x_i$ | $f_{i1}(x)$ | $f_{i2}(x)$ | $f_{i3}(x)$ | $f_{i4}(x)$ |
|---|---|---|---|---|
| 1 | 2 | | | |
| 2 | $-1$ | (1) | | |
| 3 | 6 | (2) | (3) | |
| 4 | 3 | $-3x+15$ | (4) | (5) |

(b) $p_3(x)$ をラグランジュ補間を用いて計算する手順を述べ，上記で求めた結果と一致することを確認せよ。

**11.2** 4 点 $(-1,3)$, $(0,2)$, $(1,-1)$, $(2,4)$ をすべて通過する 1 変数関数 $f(x)$ があるとする。このとき，$f(0.5)$ の近似値を補間多項式を求めることで得たい。次の問いに答えよ。

(a) この 4 点を通過する 3 次の補間多項式を $p_3(x)$ とする。$p_3(0.5)$ の値を求めよ。

(b) この 4 点に，さらに 1 点 $(-2,0)$ が追加された場合，4 次の補間多項式 $p_4(x)$ を得ることができる。このとき，$p_4(0.5)$ の値を求めよ。

**11.3** ネビルのアルゴリズムによって生成された各 $f_{ij}(x)$ は，$(x_{i-j+1}, f_{i-j+1})$, $(x_{i-j+2}, f_{i-j+2})$, ..., $(x_i, f_i)$ を通過する $j-1$ 次多項式として表現できることを証明せよ。

**11.4** 自然な 3 次スプライン補間 $S(x)$ を導出する過程のうち，式 (11.12) から式 (11.13) を導く計算を詳細に説明せよ。(ヒント：不定積分を 2 回行った際に出る積分定数 $C_1$, $C_2$ についての 2 次元連立一次方程式を，条件 1 から導いて $C_1$, $C_2$ について解く。)

### 第 12 章

# 関数の微分と積分

微分や積分は数値計算の教育には大変有用である。直感的に絵で理解しやすく，代数的にもすっきりしている。しかし，それを計算するとなるとそれほど楽な話ではない。

J.R.Rice, "Numerical Methods, Software, and Analysis, 2nd Ed.",

(Academic Press)

本書の一番最初に取り上げたように，数値計算の大きな目的の 1 つに，極限値もしくは極限操作を伴って導出される値の近似値を有限回の計算で求める，というものがある。その最終目標とされるのが，微分・積分の計算であり，その発展系として**常** (ordinary)・**偏** (partial) **微分方程式** (differential equation)，**積分方程式** (integral equation) がある。本章ではその基礎となる，微分の計算について少し触れた後，1 変数積分についてその概略を述べる。

## 12.1 ● 微分と差分商

1 変数関数 $f(x)$ の微分係数を求めるには次の**前進・後退・中心差分** (forward, backward and central difference)

$$[\text{前進差分}] \quad \Delta f(x) = f(x+h) - f(x)$$
$$[\text{後退差分}] \quad \nabla f(x) = f(x) - f(x-h)$$
$$[\text{中心差分}] \quad \delta f(x) = f(x+h) - f(x-h)$$

を用いて，ある幅 $h$ と商をとり

$$[\text{前進差分商}] \quad f'(x) \approx \frac{\Delta f(x)}{h} = \frac{f(x+h) - f(x)}{h}$$

$$[後退差分商] \quad f'(x) \approx \frac{\nabla f(x)}{h} = \frac{f(x) - f(x-h)}{h}$$

$$[中心差分商] \quad f'(x) \approx \frac{\delta f(x)}{2h} = \frac{f(x+h) - f(x-h)}{2h}$$

として近似的に計算する。これを**数値微分** (numerical differentiation) と呼ぶ。なお中心差分商については，$H = 2h$ と置き換えて

$$\frac{\delta f(x)}{H} = \frac{f(x + (1/2)H) - f(x - (1/2)H)}{H} \tag{12.1}$$

と考えてもよい。

$f(x)$ が十分な階数だけ連続微分可能であるという前提があれば，$f$ のテイラー展開を考えると，

$$\begin{aligned}
\frac{\Delta f(x)}{h} &= f'(x) + \frac{h}{2} f''(x) + \frac{h^2}{3!} f'''(x) + \cdots \\
&= f'(x) + O(h)
\end{aligned} \tag{12.2}$$

$$\begin{aligned}
\frac{\nabla f(x)}{h} &= f'(x) - \frac{h}{2} f''(x) + \frac{h^2}{3!} f'''(x) - \cdots \\
&= f'(x) + O(h)
\end{aligned} \tag{12.3}$$

より，

$$\frac{\delta f}{2h} = \frac{1}{2} \left( \frac{\Delta f(x)}{h} + \frac{\nabla f(x)}{h} \right) \tag{12.4}$$

$$\begin{aligned}
&= f'(x) + \frac{h^2}{3!} f'''(x) + \cdots \\
&= f'(x) + O(h^2)
\end{aligned} \tag{12.5}$$

から，中心差分の打ち切り誤差が最も小さくなる。前進・後退・中心差分商のいずれも微分係数の近似値として見ると，幅 $h$ を小さくするにつれて打ち切り誤差は減るが，同時に桁落ちも多くなって丸め誤差が増大し，ある時点からは打ち切り誤差以上に丸め誤差が上がってくる。

**例題 12.1**

関数を

$$f(x) = \sin(\cos x)$$

として，$x = \pi/4$ における前進・後退・中心差分商をそれぞれ IEEE754 倍精度で計算し，真の $f'(\pi/4)$ との相対誤差を出力する Python スクリプトを listing 12.1 に示す。この出力値をプロットしたのが図 12.1 である。∎

## listing 12.1　前進・後退・中心差分商

```python
# num_deriv.py: 前進・後退・中心差分商による数値微分
import numpy as np
from tktools import relerr  # 相対誤差


# 元の関数
def org_func(x):
    return np.sin(np.cos(x))


# 1階導関数
def diff_func(x):
    return np.cos(np.cos(x)) * (-np.sin(x))


# 前進差分商 : (func(x + h) - func(x)) / h
def forward_diff(func, x, h):
    return (func(x + h) - func(x)) / h


# 後退差分商 : (func(x) - func(x - h)) / h
def backward_diff(func, x, h):
    return (func(x) - func(x - h)) / h


# 中心差分商: (func(x + 0.5 * h) - func(x - 0.5 * h)) / h
def central_diff(func, x, h):
    return (func(x + 0.5 * h) - func(x - 0.5 * h)) / h


# 真の微分係数
x = np.pi / 4.0
true_deriv = diff_func(x)
print('真値                 = ', diff_func(x))

# 前進差分商, 後退差分商, 中心差分商
print('                        相対誤差                        ')
print('     h      前進差分商   後退差分商   中心差分商')
for p in range(0, 10, 1):
    h = 10.0 ** (-p)  # 刻み幅

    fderiv = forward_diff(org_func, x, h)  # 前進差分商
    bderiv = backward_diff(org_func, x, h)  # 後退差分商
    cderiv = central_diff(org_func, x, h)  # 中心差分商

    print(f'{h:10.3e}, {relerr(fderiv, true_deriv):10.3e}, {relerr(bderiv, rue_deriv):10.3e
        }, {relerr(cderiv, true_deriv):10.3e}')
```

　ある時点から，幅 $h$ を小さくしても丸め誤差の影響により精度が悪くなっているのが分かる (**図 12.1**)。

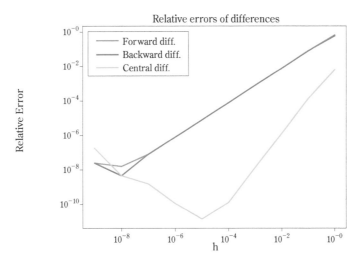

Relative errors of differences

図 12.1　前進・後退・中心差分商の相対誤差

差分商を組み合わせることによって，任意階数の微分係数の近似を作ることができる。例えば $f''(x)$ の近似は，前進差分商 (12.2) と後退差分商 (12.3) の打ち切り誤差の式より，

$$\frac{1}{h}\left(\frac{\Delta f(x)}{h} - \frac{\nabla f(x)}{h}\right) = \frac{f(x-h) - 2f(x) + f(x+h)}{h^2}$$
$$= f''(x) + O(h^2) \tag{12.6}$$

であることはすぐに分かる。

問題 12.1　$f(x) = \sin(\cos x)$ に対して，$f'(\pi/4)$ の近似値を $\Delta f(\pi/4)/h, \delta f(\pi/4)/h$ を用いてそれぞれ求めよ。ただし，図 12.1 を参考にしながら，相対誤差が $10^{-3}$ 以下になるよう $h$ を定め，listing 12.1 を参考にして計算せよ。

## 12.2 ● 高次の中央差分商による数値微分

前章で見てきたように，$n+1$ 個の補間点によって $n$ 次の補間多項式が得られる。これを用いて $x$ を中心に $h$ 刻みで補間点をとり，補間多項式の導関数として採用したものが**スターリング** (Stirling) **の公式**である。これによって任意の階数，任意の次数の中央差分商を求めることができる。SciPy の misc モジュールに定義されている `central_diff_weights` 関数を使うことで任意の差分階数 $m$ に対応する係数を得ることができ，`derivative` 関数を使うことでその係数を用いて導関数の値を得ることができる。

listing 12.2 のスクリプトでは，まず $m$ 階差分商の $n$ 点公式の係数を出力し，次に例題 12.1 の関数 $f(x)$ に対し 1 階導関数に対する近似を $n$ 点中央差分商公式を用いて計算を行っている。

## listing 12.2　数値微分

```python
# deriv.py: 数値微分
import scipy.misc as scmisc
import numpy as np
from tktools import relerr  # 相対誤差

# 中央差分式の係数 (奇数点数のみ)を出力
for m in range(1, 6):
    print('--- ', m, '階差分 ---')
    if m >= 3:
        min_num_points = 2 * m - 1
    else:
        min_num_points = 3
    for n in range(min_num_points, 10, 2):
        print(n, '点公式: ', scmisc.central_diff_weights(n, m))


# 元の関数
def org_func(x):
    return np.sin(np.cos(x))


# 1階導関数
def diff_func(x):
    return np.cos(np.cos(x)) * (-np.sin(x))


# 中心差分商に基づく数値微分
x = 1.5
print('真値                   = ', diff_func(x))

approx_diff = scmisc.derivative(org_func, x)
print(f'中央差分商　標準設定: {approx_diff:25.17e} {relerr(approx_diff,diff_func(x)):10.3e}')

n = 3
dx = 0.1
approx_diff = scmisc.derivative(org_func, x, dx, order=n)
print(f'中央差分商 {n:3d}点公式 : {approx_diff:25.17e} {relerr(approx_diff,diff_func(x)):10.3
    e}')

n = 5
dx = 0.1
approx_diff = scmisc.derivative(org_func, x, dx, order=n)
print(f'中央差分商 {n:3d}点公式 : {approx_diff:25.17e} {relerr(approx_diff,diff_func(x)):10.3
    e}')
```

問題 12.2　$f(x) = \exp(\sin(x))$ に対し，次の問いに答えよ。

1. $f'(x)$ を求めよ。

2. $n$ 点中央差分公式を用いて，最小の相対誤差となる $n$ と分割幅 $h$ を求めよ。

## 12.3 ● 自動微分

手計算で導関数を求める場合，いくつかの公式を組み合わせて導出する。代表的なものとしては下記のものがある。

1. $(g(x) \pm h(x))' = g'(x) \pm h'(x)$
2. $(g(h(x)))' = g'(h(x)) \cdot h'(x)$
3. $(x^n)' = nx^{n-1}$

例えば $f(x) = \exp(\cos x) - x^3$ の場合，上記の公式を用いて

1. $(\exp(\cos x) - x^3)' = (\exp(\cos x))' - (x^3)'$
2. $(\exp(\cos x))' = \exp(\cos x) \cdot (\cos x)' = -\exp(\cos x) \cdot \sin x$
3. $(x^3)' = 3x^2$

となり，最終的には $f'(x) = -\exp(\cos x) \cdot \sin x - 3x^2$ を得ることができる。

同様に，与えられた数式表現から自動的に導関数の公式を当てはめて導関数を導く機能を**自動微分** (automatic differentiation) と呼び，これを行うための Python パッケージとして autograd がある。listing 12.3 にそのスクリプトを示す。

**listing 12.3  自動微分**

```
1   # autograd_diff.py: 自動微分
2   import autograd.numpy as np
3   import autograd
4
5
6   # 元の関数
7   def func(x):
8       return np.exp(np.cos(x)) - x ** 3
9
10
11  # 真の導関数
12  def true_dfunc(x):
13      return -np.exp(np.cos(x)) * np.sin(x) - 3 * x ** 2
14
15
16  # x = [-5, 5]
17  x = np.linspace(-5, 5, 100)
18
19  # 自動微分による導関数
20  dfunc = autograd.elementwise_grad(func)
21
22  # 相対誤差チェック
```

```
23    reldiff = np.abs((dfunc(x) - true_dfunc(x)) / true_dfunc(x))
24    print('reldiff = ', reldiff)
```

問題 12.3

1. $f(x) = \exp(\sin x) + 2x^3$ のとき，$f'(x)$ を求めよ．
2. 適当な $x$ を設定し，上記の導関数が正しいかどうかを Python スクリプトで確認せよ．中央差分商を用いてもよいし，自動微分を使用してもよい．

## 12.4 ● 定積分を求める SciPy の integrate パッケージの使い方

第 1 章で定義した楕円積分 (1.3) の定積分を求めたいとする．このとき，SciPy の integrate パッケージを使って，listing 12.4 のように近似的に定積分値を求めることができる．これを一般に**数値積分** (numerical integration) と呼ぶ．返り値 ret には，近似値，絶対誤差の評価値が格納されているので，相対誤差を求めることができる．

listing 12.4　数値積分による定積分

```
1     # integration_scipy.py: 数値積分による定積分
2     import numpy as np
3     import scipy.integrate as scint   # integrate パッケージ
4
5
6     # 被積分関数
7     def func1(x, k):
8         return 5 * np.sqrt(1 - k ** 2 * x ** 2) / np.sqrt(1 - x ** 2)
9
10
11    # 定積分
12    k = 4 / 5
13    a, b = 0, k
14    ret = scint.quad(func1, a, b, args=(k))
15
16    print('integral[', a, ', ', b, '] : ', ret[0])
17    print('ret = ', ret)
18    print('aE(ans)              = ', ret[1])
19    print('rE(ans)              = ', np.abs(ret[1] / ret[0]))
```

現在の integrate パッケージでは，極限値を伴う広義積分もかなりの範囲で計算可能である．

問題 12.4 次の定積分の値を求めよ．

1.

$$\int_{-1}^{1} \log |x| \ dx = 2 \int_{0}^{1} \log x \ dx$$

2.

$$\int_0^\infty \exp(-x)\ dx$$

3.

$$\int_0^1 \frac{1}{\sqrt{x}}\ dx$$

## 12.5 ● ニュートン・コーツ型積分公式

**ニュートン・コーツ型** (Newton-Cotes type) **積分公式**は，積分区間内を等分割し，各分点 $(x_i, f(x_i))$ を補間点とするラグランジュ補間多項式を積分したものを，この積分の近似値として採用するという考え方である。

例えば，閉区間 $[x_0, x_k]$ が $k$ 等分割 (区間幅は $h$ とする) されているものとすると，$k+1$ 個の補間点 $(x_0, f(x_0)), ..., (x_k, f(x_k))$ をすべて通過する $k$ 次補間多項式 $p_k(x)$ が求められる (**図 12.2**)。

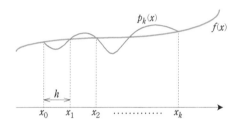

図 12.2　$k$ 次補間多項式の場合

このとき，この閉区間における $f(x)$ を $p_k(x)$ で近似したことにすると，定積分においても

$$\int_{x_0}^{x_k} f(x)dx \approx \int_{x_0}^{x_k} p_k(x)dx \tag{12.7}$$

という近似を行ったことになる。$p_k(x)$ はラグランジュ補間 (11.5) の形で表現できるので，式 (12.7) の右辺は

$$
\begin{aligned}
\int_{x_0}^{x_k} p_k(x)dx &= \int_{x_0}^{x_k} \sum_{j=0}^{k} \frac{\psi(x)}{(x-x_j)\psi'(x_j)} f(x_j)dx \\
&= \sum_{j=0}^{k} \left( \frac{1}{\psi'(x_j)} \int_{x_0}^{x_k} \frac{\psi(x)}{x-x_j}dx \right) f(x_j) \\
&= \sum_{j=0}^{k} \left( \frac{1}{\psi'(x_j)} \int_{x_0}^{x_k} \prod_{l=0,\ l\neq j}^{k} (x-x_l)\ dx \right) f(x_j)
\end{aligned}
$$

$$= \sum_{j=0}^{k} (cd_j h) f(x_j) = ch \sum_{j=0}^{k} d_j f(x_j) \tag{12.8}$$

と表現できる。参考までに $k = 2, 3, ..., 7$ 等分割したときの係数 $c, d_0, ..., d_k$ を**表 12.1**[1) に掲載しておく。

表 12.1　ニュートン・コーツ型積分公式の係数

| 2 点 (台形則)　$c = 1/2$ |
| --- |
| $d_0 = 1$ |
| $d_1 = 1$ |
| 3 点 (シンプソンの 1/3 公式)　$c = 1/3$ |
| $d_0 = 1$ |
| $d_1 = 4$ |
| $d_2 = 1$ |
| 4 点 (シンプソンの 3/8 公式)　$c = 3/8$ |
| $d_0 = 1$ |
| $d_1 = 3$ |
| $d_2 = 3$ |
| $d_3 = 1$ |
| 5 点　$c = 2/45$ |
| $d_0 = 7$ |
| $d_1 = 32$ |
| $d_2 = 12$ |
| $d_3 = 32$ |
| $d_4 = 7$ |
| 6 点　$c = 5/288$ |
| $d_0 = 19$ |
| $d_1 = 75$ |
| $d_2 = 50$ |
| $d_3 = 50$ |
| $d_4 = 75$ |
| $d_5 = 19$ |
| 7 点　$c = 1/140$ |
| $d_0 = 41$ |
| $d_1 = 216$ |
| $d_2 = 27$ |
| $d_3 = 272$ |
| $d_4 = 27$ |
| $d_5 = 216$ |
| $d_6 = 41$ |

■ **台形公式 (台形則)**　最も単純なものは 2 点間を線形補間し，その補間多項式を積分して近似値を求

める，**台形公式** (trapezoidal rule) である。図形的にはちょうど分割した関数と $x$ 座標で囲まれる台形の面積を求め，それをすべて加算するというものである。等間隔 $h = (b-a)/n$ で $n$ 分割した場合，その 1 区間 $[x_i, x_{i+1}]$ は

$$\int_{x_i}^{x_{i+1}} f(x)dx \approx \frac{h}{2}(f(x_i) + f(x_{i+1}))$$ (12.9)

となる。したがって，これに基づいた定積分全区間の近似値は

$$\int_a^b f(x)dx \approx \sum_{i=0}^{n-1} \frac{h}{2}(f(x_i) + f(x_{i+1}))$$

$$= \frac{h}{2}\left(f(x_0) + 2\sum_{i=1}^{n-1} f(x_i) + f(x_n)\right)$$ (12.10)

として計算できる。

■ シンプソンの 1/3 公式  3 点間を 2 次のラグランジュ補間多項式で近似し，その積分値を採用する方法を**シンプソン** (Simpson) **の 1/3 公式**と呼ぶ。この場合は，全区間を $2n$ 分割した 1 区間を

$$\int_{x_i}^{x_{i+2}} f(x)dx \approx \frac{h}{3}(f(x_i) + 4f(x_{i+1}) + f(x_{i+2}))$$ (12.11)

として計算するので，全体としては

$$\int_a^b f(x)dx \approx \sum_{i=0}^{2n} \frac{h}{3}\left\{f(x_i) + 4f(x_{i+1}) + f(x_{i+2})\right\}$$

$$= \frac{h}{3}\left\{f(x_0) + 4\sum_{i=1}^{n} f(x_{2i-1}) + 2\sum_{i=1}^{n-1} f(x_{2i}) + f(x_{2n})\right\}$$ (12.12)

となる。

問題 **12.5**  式 (1.3) の定積分を，台形公式およびシンプソンの 1/3 公式により求めよ。区間幅 $h$ は分割数 4 に応じ，$h = (4/5 - 0)/4 = 1/5$ とせよ。

## 12.6 ● ガウス型積分公式

**ガウス型積分公式** (Gaussian quadrature) とは，直交多項式 $p_n(x)$ の性質を利用して

$$\int_a^b w(x)f(x)dx \approx \sum_{i=1}^{n} w_i f(\alpha_i)$$ (12.13)

という重み付き定積分の近似公式を定めたものである。ここで，$w(x)$ は密度関数と呼ばれ，直交多項式ごとに与えられる関数であり，

$$\left| \int_a^b w(x)dx \right| < +\infty$$

を満足する。$\alpha_i$ $(i = 1, 2, ..., n)$ は，代数方程式 $p_n(x) = 0$ の根である。

以下，このガウス型積分公式を導出する手続きを述べる。

### 12.6.1 直交多項式補間

**直交多項式** (orthogonal polynomial) とは，適当な区間 $[a, b]$ における多項式 $p_0(x) = \mu_0$(定数)，$p_1(x), ..., p_n(x), ...$ が

$$\int_a^b w(x)p_i(x)p_j(x)dx = \begin{cases} \lambda_i > 0 & (i = j) \\ 0 & (i \neq j) \end{cases} \tag{12.14}$$

という性質を持つ多項式列 $\{p_n(x)\}$ のことである。

直交多項式は

$$a_1 p_{i+1}(x) = (a_2 + a_3 x)p_i(x) - a_4 p_{i-1}(x) \tag{12.15}$$

という形で与えられる[注1]。代表的な直交多項式である**ルジャンドル** (Legendre)，**チェビシェフ** (Chebyshev)，**ラゲール** (Laguerre)，**エルミート** (Hermite) **多項式**の性質を**表 12.2** に示す。

表 12.2　主な直交多項式

| 名称 | $p_0(x)$ | $p_1(x)$ | $a_1$ | $a_2$ | $a_3$ | $a_4$ | $w(x)$ | $[a, b]$ | $\lambda_i$ |
|---|---|---|---|---|---|---|---|---|---|
| ルジャンドル多項式 $P_i(x)$ | 1 | $x$ | $i+1$ | 0 | $2i+1$ | $i$ | 1 | $[-1, 1]$ | $\dfrac{2}{2i+1}$ |
| チェビシェフ多項式 $T_i(x)$ | 1 | $x$ | 1 | 0 | 2 | 1 | $\dfrac{1}{\sqrt{1-x^2}}$ | $[-1, 1]$ | $\pi/2$ $(\lambda_0 = \pi)$ |
| ラゲール多項式 $L_i(x)$ | 1 | $1-x$ | $i+1$ | $2i+1$ | $-1$ | $i$ | $\exp(-x)$ | $[0, \infty)$ | 1 |
| エルミート多項式 $H_i(x)$ | 1 | $2x$ | 1 | 0 | 2 | $2i$ | $\exp(-x^2)$ | $(-\infty, \infty)$ | $2^i i! \sqrt{\pi}$ |

これにより，最初の $p_0(x) = \mu_0$, $p_1(x) = \mu_1 x + r_0$ が与えられれば，$p_2(x) = \mu_2 x^2 + r_1(x)$(2次)，$p_3(x) = \mu_3 x^3 + r_2(x)$(3次)，...，$p_n(x) = \mu_n x^n + r_{n-1}(x)$(n次)，... が順次求められる。すなわち，$p_n(x)$ は必ず $n$ 次の多項式になる。

直交多項式には次のような性質がある。

1. 任意の $n$ 次多項式 $q_n(x)$ は $\{p_n(x)\}$ の 1 次結合として一意に表現できる。すなわち

$$q_n(x) = \sum_{i=0}^n c_i p_i(x)$$

---

注 1　その他，2 階線形常微分方程式による表現などさまざまある。詳しくは M.Abramowitz and I.A.Stegun の "Handbook of Mathematical Functions"(Dover) を参照のこと。

ここで

$$c_i = \frac{1}{\lambda_i} \int_a^b w(x) p_i(x) q_n(x) dx$$

である。

2. $p_n(x)$ $(n \geq 1)$ の零点 $\alpha_1, \alpha_2, ..., \alpha_n$ は $\alpha_i \neq \alpha_j$ $(i \neq j)$ で，$\alpha_i \in (a, b)$ に存在する。すなわち

$$p_n(x) = \mu_n(x - \alpha_1)(x - \alpha_2) \cdots (x - \alpha_n)$$

である。

3. クリストッフェル・ダルブー (Christoffel-Darboux) の公式

$$x \neq y \text{ に対して } \sum_{i=0}^{n-1} \frac{p_i(x) p_i(y)}{\lambda_i} = \frac{\mu_{n-1}}{\lambda_{n-1} \mu_n} \frac{p_n(x) p_{n-1}(y) - p_{n-1}(x) p_n(y)}{x - y} \tag{12.16}$$

$x = y$ のときは上式において

$$y \to x \text{ とし } \sum_{i=0}^{n-1} \frac{(p_i(x))^2}{\lambda_i} = \frac{\mu_{n-1}}{\lambda_{n-1} \mu_n} (-p_n(x) p'_{n-1}(x) + p_{n-1}(x) p'_n(x)) \tag{12.17}$$

が成立する。

この直交多項式の零点を補間点 $(\alpha_1, f(\alpha_1)), (\alpha_2, f(\alpha_2)), ..., (\alpha_n, f(\alpha_n))$ とするラグランジュ補間式 $f_n(x)$ は式 (11.5) より

$$f_n(x) = \sum_{k=1}^{n} \frac{p_n(x)}{(x - \alpha_k) p'_n(\alpha_k)} f(\alpha_k) \tag{12.18}$$

となる。この式はクリストッフェル・ダルブーの公式を使って変形することができる。

まず，式 (12.16) において $y = \alpha_k$, 式 (12.17) において $x = \alpha_k$ のときにはそれぞれ

$$\sum_{i=0}^{n-1} \frac{p_i(x) p_i(\alpha_k)}{\lambda_i} = \frac{\mu_{n-1}}{\lambda_{n-1} \mu_n} \frac{p_n(x) p_{n-1}(\alpha_k)}{x - \alpha_k}$$

$$\sum_{i=0}^{n-1} \frac{(p_i(\alpha_k))^2}{\lambda_i} = \frac{\mu_{n-1}}{\lambda_{n-1} \mu_n} (p_{n-1}(\alpha_k) p'_n(\alpha_k))$$

となる。ここで $w_k$ を

$$\frac{1}{w_k} = \sum_{i=0}^{n-1} \frac{(p_i(\alpha_k))^2}{\lambda_i} = \frac{\mu_{n-1}}{\lambda_{n-1} \mu_n} p_{n-1}(\alpha_k) p'_n(\alpha_k) \tag{12.19}$$

とおけば，

$$\frac{p_n(x)}{(x - \alpha_k)p_n'(\alpha_k)} = w_k \sum_{i=0}^{n-1} \frac{p_i(x)p_i(\alpha_k)}{\lambda_i}$$

となるので，$f_n(x)$ は

$$f_n(x) = \sum_{k=1}^{n} \left( w_k \sum_{i=0}^{n-1} \frac{p_i(x)p_i(\alpha_k)}{\lambda_i} \right) f(\alpha_k) \tag{12.20}$$

と表現できる。これを $f(x)$ の**直交多項式補間** (orthogonal polynomial interpolation) と呼ぶ。

### 12.6.2　ガウス型積分公式の重みと分点

ガウス型積分公式は，式 (12.13) の重み付き積分であり，$f(x)$ を直交多項式補間 $f_n(x)$ を用いて

$$\int_a^b w(x)f(x)dx \approx \int_a^b w(x)f_n(x)dx$$

と近似することで得られる。

式 (12.20) より

$$\int_a^b w(x)f_n(x)dx = \int_a^b w(x)\left\{ \sum_{k=1}^{n} w_k \left( \sum_{i=0}^{n-1} \frac{p_i(x)p_i(\alpha_k)}{\lambda_i} \right) f(\alpha_k) \right\} dx$$

$$= \sum_{i=0}^{n-1} \frac{1}{\lambda_i} \left\{ \sum_{k=1}^{n} w_k p_i(\alpha_k)f(\alpha_k) \left( \int_a^b w(x)p_i(x)dx \right) \right\} \tag{12.21}$$

を得る。ここで $\{p_n(x)\}$ の直交性 (12.14) より

$$\int_a^b w(x)p_i(x)dx = \frac{1}{\mu_0} \int_a^b w(x)p_i(x)p_0(x)dx = \begin{cases} \dfrac{\lambda_0}{\mu_0} & (i = 0) \\ 0 & (i \neq 0) \end{cases}$$

より，式 (12.21) は

$$\int_a^b w(x)f_n(x)dx = \sum_{k=1}^{n} w_k f(\alpha_k) \tag{12.22}$$

となる。これがガウス型積分公式である。このうち，$w_k$ を積分公式の重み係数，$p_n(x)$ の零点 $\alpha_1, \alpha_2,$ ..., $\alpha_n$ を積分公式の分点と呼ぶ。ニュートン・コーツ型積分公式と違い，使用する直交多項式 $p_n(x)$ に応じて自動的に分点が決定されることに注意せよ。

ルジャンドル多項式 $P_i(x)$ を用いたガウス型積分公式 (**ガウス・ルジャンドル公式**) の係数表を**表 12.3** に示す。分点が $P_i(x)$ の根 $\alpha_1, ..., \alpha_i$ で，重み係数が $w_i$ を意味する。この場合，$w(x) = 1$ であるから

$$\int_{-1}^{1} f(x)dx \approx \sum_{k=1}^{n} w_k f(\alpha_k)$$

となる。これを一般の区間 $[a, b]$ に対して用いるには変数の 1 次変換

$$x = \frac{b-a}{2}t + \frac{b+a}{2}$$

を行い, $dx/dt = (b-a)/2$ を用いて, 次を計算すればよい。

$$\int_a^b f(x)dx = \frac{b-a}{2}\int_{-1}^1 f\left(\frac{b-a}{2}t + \frac{b+a}{2}\right)dt$$

表 12.3 ガウス・ルジャンドル公式の分点と重み係数

| 分点 | 重み係数 |
|---|---|
| 2 点公式 | |
| $-0.57735026918962576450914878050$ | 1 |
| $+0.57735026918962576450914878050$ | 1 |
| 3 点公式 | |
| $-0.77459666924148337703585307995$ | 0.55555555555555555555555555555555 |
| 0 | 0.88888888888888888888888888888888 |
| $+0.77459666924148337703585307995$ | 0.55555555555555555555555555555555 |
| 4 点公式 | |
| $-0.86113631159405257522394648889$ | 0.34785484513745385737306394922 |
| $-0.33998104358485626480266575910$ | 0.65214515486254614262693605078 |
| $+0.33998104358485626480266575910$ | 0.65214515486254614262693605078 |
| $+0.86113631159405257522394648889$ | 0.34785484513745385737306394922 |
| 5 点公式 | |
| $-0.90617984593866399279762687829$ | 0.23692688505618908751426404072 |
| $-0.53846931010568309103631442070$ | 0.47862867049936646804129151484 |
| 0 | 0.56888888888888888888888888888 |
| $+0.53846931010568309103631442070$ | 0.47862867049936646804129151484 |
| $+0.90617984593866399279762687829$ | 0.23692688505618908751426404072 |
| 6 点公式 | |
| $-0.93246951420315202781230155449$ | 0.17132449237917034504029614217 |
| $-0.66120938646626451366139959502$ | 0.36076157304843860756983351384 |
| $-0.23861918608319690863050172168$ | 0.46791393457269104738987034399 |
| $+0.23861918608319690863050172168$ | 0.46791393457269104738987034399 |
| $+0.66120938646626451366139959502$ | 0.36076157304843860756983351384 |
| $+0.93246951420315202781230155449$ | 0.17132449237917034504029614217 |
| 7 点公式 | |
| $-0.94910791234275852452618968405$ | 0.12948496616886969327061143268 |
| $-0.74153118559939443986386477328$ | 0.27970539148927666790146777142 |
| $-0.40584515137739716906660641208$ | 0.38183005050511894495036977549 |
| 0 | 0.41795918367346938775510204082 |
| $+0.40584515137739716906660641208$ | 0.38183005050511894495036977549 |
| $+0.74153118559939443986386477328$ | 0.27970539148927666790146777142 |
| $+0.94910791234275852452618968405$ | 0.12948496616886969327061143268 |

■ Python スクリプト例　台形公式，シンプソンの 1/3 公式，ガウス型積分公式を固定刻み幅で求める Python スクリプトの実装例は listing 12.5 のようになる。

listing 12.5　台形公式，シンプソンの 1/3 公式，ガウス型積分公式による数値積分

```python
# integration_simple.py: 台形公式，シンプソンの 1/3公式，ガウス型積分公式による数値積分
import numpy as np


# 台形公式
def trapezoidal_int(int_func, min_x, max_x, num_div):
    # 積分区間刻み幅
    h = (max_x - min_x) / num_div

    # 区間内離散点と関数評価
    in_x = np.array([min_x + h * i for i in range(1, num_div)])
    ret = np.sum(int_func(in_x)) + 0.5 * (int_func(min_x) + int_func(max_x))
    ret *= h

    return ret


# シンプソンの 1/3公式
def simpson13_int(int_func, min_x, max_x, num_div):

    # 区間は偶数とする
    if num_div % 2 != 0:
        num_div += 1
    half_num_div = int(num_div / 2)

    # 積分区間刻み幅
    h = (max_x - min_x) / num_div

    # 区間内離散点と関数評価
    in_x_odd = np.array([min_x + h * (2 * i - 1) for i in range(1,half_num_div + 1)])
    in_x_even = np.array([min_x + h * (2 * i) for i in range(1,half_num_div)])

    ret = 4.0 * np.sum(int_func(in_x_odd)) + 2.0 * np.sum(int_fun(in_x_even)) + (int_func(
     min_x) + int_func(max_x))
    ret *= h / 3.0

    return ret


# ガウス型積分公式用の変数変換
def get_x(a, b, t): return (b - a) / 2 * t + (b + a) / 2


# ガウス型積分公式:2点公式を繰り返し使用
def gauss2_int(int_func, min_x, max_x, num_div):

    # 積分区間分割
```

```
47          h = (max_x - min_x) / num_div
48          in_x = np.array([min_x + h * i for i in range(num_div + 1)])    # 端点含む
49
50          # 分点と重み
51          abscissa = np.array([
52              -0.5773502691896257645091487805501,
53              0.5773502691896257645091487805501
54          ])
55          weight = np.array([1.0, 1.0])
56
57          # 区間ごとに変数変換
58          ret = 0.0
59          for i in range(num_div):
60              in_in_x = get_x(in_x[i], in_x[i + 1], abscissa)
61              ret += np.sum(int_func(in_in_x) * weight)
62
63          ret *= (max_x - min_x) / 2 / num_div
64
65          return ret
66
67
68      # ガウス型積分公式：3点公式を繰り返し使用
69      def gauss3_int(int_func, min_x, max_x, num_div):
70
71          # 積分区間分割
72          h = (max_x - min_x) / num_div
73          in_x = np.array([min_x + h * i for i in range(num_div + 1)])    # 端点含む
74
75          # 分点と重み
76          abscissa = np.array([
77              -0.7745966692414833770358531079956,
78              0.0,
79              0.7745966692414833770358531079956
80          ])
81          weight = np.array([
82              0.5555555555555555555555555555555,
83              0.8888888888888888888888888888888,
84              0.5555555555555555555555555555555
85          ])
86
87          # 区間ごとに変数変換
88          ret = 0.0
89          for i in range(num_div):
90              in_in_x = get_x(in_x[i], in_x[i + 1], abscissa)
91              ret += np.sum(int_func(in_in_x) * weight)
92
93          ret *= (max_x - min_x) / 2 / num_div
94
95          return ret
96
97
```

```
 98   # 被積分関数
 99   def func(x):
100       return x ** (-2)
101
102
103   # 定積分
104   a, b = 1.0, 2.0
105
106   print('Trapezoidal : ', trapezoidal_int(func, a, b, 1))
107   print('gauss2      : ', gauss2_int(func, a, b, 1))
108   print('Simpson13   : ', simpson13_int(func, a, b, 2))
109   print('gauss3      : ', gauss3_int(func, a, b, 1))
```

定積分

$$\int_1^2 \frac{1}{x^2}dx = \frac{1}{2}$$

を台形公式，シンプソンの1/3公式，ガウス・ルジャンドル公式を用いて，IEEE754倍精度計算で求めると次のようになる。

| 台形則 | $6.25000000000000000 \times 10^{-1}$ |
|---|---|
| ガウス・ルジャンドル (2 点) | $4.97041420118343180 \times 10^{-1}$ |
| シンプソン (1/3 公式) | $5.04629629629629539 \times 10^{-1}$ |
| ガウス・ルジャンドル (3 点) | $4.99874023683547497 \times 10^{-1}$ |

もし，$f(x)$ が $2n-1$ 次多項式 $g_{2n-1}(x)$ であれば，$n-1$ 次多項式 $h_{n-1}(x), q_{n-1}(x)$ を用いて

$$g_{2n-1}(x) = h_{n-1}(x)p_n(x) + q_{n-1}(x)$$

と表現できる。このとき，$p_n(x)$ の零点 $\alpha_i$ $(i = 1, 2, ..., n)$ においては

$$g_{2n-1}(\alpha_i) = q_{n-1}(\alpha_i) \ (i = 1, 2, ..., n)$$

となるので，$q_{n-1}(x)$ は $(\alpha_i, q_{n-1}(\alpha_i))$ $(i = 1, 2, ..., n)$ を通過する直交補間多項式である。また，直交多項式の性質より，$h_{n-1}(x)$ は $p_0(x), p_1(x), ..., p_{n-1}(x)$ の 1 次結合で表現できるので，

$$\int_a^b w(x)g_{2n-1}(x)dx = \int_a^b w(x)h_{n-1}(x)p_n(x)dx + \int_a^b w(x)q_{n-1}(x)dx$$

$$= 0 + \int_a^b w(x)q_{n-1}(x)dx = \sum_{k=1}^n w_k q_{n-1}(\alpha_k)$$

$$= \sum_{k=1}^n w_k g_{2n-1}(\alpha_k)$$

となり，ガウス型積分公式は $2n-1$ 次多項式の正確な重み付き定積分の値を与えていることが分か

る。つまり，一般の無限連続微分可能な関数 $f(x)$ の $2n-1$ 次部分までは正確な積分値を与えていることになる。$n$ 個の補間点で $2n-1$ 次のオーダの打ち切り誤差が得られるため，ガウス型積分公式は最適な積分公式と言われている。

**問題 12.6** 定積分

$$\int_0^\pi \sin x \; dx$$

の真値を求め，ガウス・ルジャンドル公式の 2 点，3 点，4 点公式を用いて求めた近似値の相対誤差をそれぞれ算出せよ。

# 演習問題

**12.1** 例題 12.1 において，次の問いに答えよ。

(a) 真の導関数 $f'(x)$ を求めよ。

(b) 図 12.1 を参考にし，$\Delta f(\pi/4)/h$ と $\delta f(\pi/4)/h$ が $f'(\pi/4)$ の近似値として 10 進 5 桁程度の精度を持つよう $h$ を決め，実際に計算してみよ。またそのときの相対誤差もあわせて求めよ。

**12.2** 定積分

$$\int_1^2 \log x \; dx$$

の値を求めたい。このとき，次の問いに答えよ。

(a) この定積分の真値を求めよ。

(b) この定積分の値を，積分区間の分割数は 4 として，台形公式を用いて求めよ。また，求めた近似値の相対誤差も算出せよ。

(c) この定積分の値を，積分区間の分割数は 4 として，シンプソンの 1/3 公式を用いて求めよ。また，求めた近似値の相対誤差も算出せよ。

(d) この定積分の値を，ガウス・ルジャンドル公式の 4 点公式を用いて求めよ。また，求めた近似値の相対誤差も算出せよ。

**12.3** 式 (12.8) から，シンプソンの 1/3 公式における係数 $c, d_0, d_1, d_2$ が導出できることを確認せよ。

**12.4** 改良台形公式

$$\int_a^b f(x)dx \approx \frac{h}{2}(f(x_0) + 2f(x_1) + \cdots + 2f(x_{n-1}) + f(x_n))$$
$$+ \frac{h}{24}(-f(x_0 - h) + f(x_1) + f(x_{n-1}) - f(x_n + h))$$

は台形公式よりも打ち切り誤差が小さいことを確認せよ。

# 第 **13** 章

# 常微分方程式の数値解法

山口 …(略)… 計算学そのものはものすごく健康な応用数学の１つの流れだと思うんだけれども，いままでに行なわれてきている数値解析というのは，その計算学がそのまま数学の影響を受けて，純粋な数値解析というような方向へ向かってしまって，１つの行きづまりを迎えている。例を挙げればルンゲ–クッタ法ですね。ルンゲが考えたときには猛烈に健康だったと思うし…(略)… それがだんだん発展していくと，たとえばルンゲ–クッタ法のいまの研究というのは，いかなる常微分方程式にもこれだけの次数のルンゲ–クッタ公式を作ったら，これだけの精度が出る，と。現象という側面はもう欠け落ちてしまっているのです。

山口昌哉 編「数値解析と非線型現象」(日本評論社)

本章では１変数関数を解として持つ**常微分方程式** (ordinary differential equation, ODE) の数値解法，特に**一段法** (single step method) を中心に解説する。自然界における捕食者・被捕食者の増減を記述したロトカ・ヴォルテラ (Lotka-Volterra) 方程式や，感染症の広がりを記述した SIR(Susceptible-Infected-Removed) モデルなど，解析的な解を得られない常微分方程式に対し，実際に起きている事象の現状を**初期条件** (initial condition) とし，将来予測を行うためには近似を行う数値解法が欠かせない。ここではごく簡単な一段法を取り上げ，多次元の常微分方程式向けに数値解を簡単に求めることができる integrate パッケージの使い方を紹介する。また，差分法に基づく境界値問題についても最後に紹介する。

## 13.1 ● 常微分方程式

常微分方程式とは導関数を含む方程式で，一般には以下のように表すことができる。

$$\phi\left(x, \mathbf{y}, \frac{d\mathbf{y}}{dx}, \frac{d^2\mathbf{y}}{dx^2}, ..., \frac{d^r\mathbf{y}}{dx^r}\right) = 0 \quad (x \in \mathbb{R}, \mathbf{y} \in \mathbb{R}^n) \tag{13.1}$$

この $n$ 次元 $r$ 階常微分方程式を満足する 1 変数関数 $\mathbf{y}(x)$ を見つけ出すには，代数的な操作を行うことになるが，積分と同様，すべての常微分方程式に対して適用できる公式というものは存在しない。したがって，一般には近似解を求めることしかできない。

本章では特に最高階数の導関数について**陽的** (explicit) な

$$\frac{d^r \mathbf{y}}{dx^r} = \widetilde{\phi}\left(x, \mathbf{y}, \frac{d\mathbf{y}}{dx}, \frac{d^2 \mathbf{y}}{dx^2}, ..., \frac{d^{r-1}\mathbf{y}}{dx^{r-1}}\right) \tag{13.2}$$

という形式で表現できる常微分方程式のみ取り扱うことにする。

基本となるのは 1 階の 1 次元常微分方程式

$$\frac{dy}{dx} = f(x, y) \tag{13.3}$$

である。2 階以上の常微分方程式については

$$\begin{bmatrix} y_1 \\ y_2 \\ \vdots \\ y_r \end{bmatrix} = \begin{bmatrix} y \\ dy/dx \\ \vdots \\ d^{r-1}y/dx^{r-1} \end{bmatrix}$$

と置き換えることによって，$r$ 階常微分方程式 (13.2) を 1 階常微分方程式

$$\frac{d}{dx}\begin{bmatrix} y_1 \\ y_2 \\ \vdots \\ y_{r-1} \\ y_r \end{bmatrix} = \begin{bmatrix} y_2 \\ y_3 \\ \vdots \\ y_r \\ \widetilde{\phi}(x, y_1, y_2, ..., y_{r-1}) \end{bmatrix} \tag{13.4}$$

と同一視できる。したがって，以降は $n$ 次元 1 階常微分方程式

$$\frac{d\mathbf{y}}{dx} = \mathbf{f}(x, \mathbf{y}) \tag{13.5}$$

のみ考えることにする。

## 13.2 ● 初期値問題とリプシッツ条件

常微分方程式の解は無数に存在する。最も簡単な次の例題でそれを示す。

**例題 13.1**

1 次元の常微分方程式

$$\frac{dy}{dx} = y$$

の解は右辺を左辺に移項して両辺を $x$ について積分することによって得られる。このとき，積分定数 $c \in \mathbb{R}$ が残り，結局，解 $y(x)$ は

$$y(x) = c \exp(x)$$

となる。すなわち，この解は無数に存在する。 ∎

解を一意に定めるためには，常微分方程式に対して条件を設定する必要がある。そのうち，変数 $x$ が $x = x_0$ と固定された地点での $\mathbf{y}(x_0) = \mathbf{y}_0$ を与えられた問題を，**初期値問題** (initial value problem, IVP) と呼び，この $\mathbf{y}_0$ を初期値もしくは**初期条件** (initial condition) と呼ぶ。したがって，常微分方程式の初期値問題とは

$$\begin{cases} \dfrac{d\mathbf{y}}{dx} &=& \mathbf{f}(x, \mathbf{y}) \\ \mathbf{y}(x_0) &=& \mathbf{y}_0 \end{cases} \tag{13.6}$$

という形で与えられる。

この初期値問題の解が一意に決まるためには次の**リプシッツ条件** (Lipschitz condition) を必要とする。

---

**定理 13.1　リプシッツ条件**

$x \in [x_0, \alpha]$ と任意のベクトル $\mathbf{z}_1, \mathbf{z}_2 \in \mathbb{R}^n$ に対し

$$\|\mathbf{f}(x, \mathbf{z}_1) - \mathbf{f}(x, \mathbf{z}_2)\| \leq L \|\mathbf{z}_1 - \mathbf{z}_2\| \tag{13.7}$$

を満足する正の定数 $L \in \mathbb{R}$ が存在するとき，常微分方程式の初期値問題 (13.6) は一意の解 $\mathbf{y}(x)$ を持つ。この $L$ を**リプシッツ定数**と呼ぶ。

---

このリプシッツ定数が大きい常微分方程式を「硬い (stiff) 方程式」と呼び，後述するように A 安定でない解法では計算時間を要する，解きづらい問題となる。

次の例題でこれを確認してみる。

**例題 13.2**

常微分方程式の初期値問題

$$\begin{cases} \dfrac{dy}{dx} &=& y \\ y(0) &=& 1 \end{cases}$$

においては，リプシッツ定数が $L = 1$ となり，リプシッツ条件 (13.7) を満足するため，一意な解が

存在する。この解は解析的に求めることができ，初期値を満足するものとして

$$y(x) = \exp(x)$$

が選ばれる。

**問題 13.1** 例題 13.2 における常微分方程式のリプシッツ定数 $L$ が 1 となることを説明せよ。(ヒント：$f(x, y) = y$ である。)

■ **Python スクリプト例** 常微分方程式のソルバーは integrate パッケージに存在する。初期値問題の場合は solve_ivp 関数をソルバーとして使うのが標準である。独立変数 $x$ は t としてソルバーでは使用される。listing 13.1 のスクリプトでは，ソルバーに積分区間内の評価点を決めさせる方法 (デフォルト) と，ユーザが必要となる評価点を指定する方法で，それぞれ数値解を求め，そのグラフを matplotlib パッケージを用いて描いている。後者のようにしておくと，積分区間におけるグラフを滑らかに描くことができる。

**listing 13.1 常微分方程式の初期値問題**

```python
# ode_ivp.py: 常微分方程式の初期値問題
import numpy as np
import scipy.integrate as scint   # integrate パッケージ
import matplotlib.pyplot as plt   # グラフ描画


# 陽的形式の右辺
# y' = func(t, y) = y
def func(t, y):
    return y


# 初期値
# y(0) = 1
y0 = [1.0]

# t = [0, 1]
t_interval = [0.0, 1.0]
print(t_interval)

# 常微分方程式を解く (1)
ret = scint.solve_ivp(func, t_interval, y0)   # 評価点t が可変になる
ret_fix = scint.solve_ivp(
    func, t_interval, y0,
    t_eval=np.linspace(t_interval[0], t_interval[1], 10)
)   # 評価点t が固定化される

```

```
28    # 結果を表示
29    print(ret)
30
31    # y を表示
32    print(ret.y)
33
34    # t-y グラフを描画
35    # グラフ初期化
36    figure, axis = plt.subplots()
37
38    # 値をセット
39    axis.plot(ret.t, ret.y[0, :], label='Automatic')
40    axis.plot(ret_fix.t, ret_fix.y[0, :], label='t_eval')
41
42    # x 軸，y 軸，グラフタイトルをセット
43    axis.set(xlabel='t', ylabel='y', title='y\' = y')
44
45    # グリッドを描画
46    axis.grid()
47
48    # 凡例
49    axis.legend()
50
51    # グラフ保存ファイル名
52    figure.savefig('ode.png')
53
54    # グラフを画面に描画
55    plt.show()
```

## 13.3 ● 差分からの導出：オイラー法，中点法，古典的ルンゲ・クッタ法

1 階常微分方程式の初期値問題を数値的に解くには，初期値を含むある閉区間 $[x_0, \alpha]$ を $l$ 分割し，各地点 $x_i = x_0 + \sum_{j=0}^{i-1} h_j$ における解 $y(x_i)$ の近似解 $\mathbf{y}_i$ を逐次求める。この分割した小区間の幅 $h_i$ $(i = 0, 1, ..., l - 1)$ を **刻み幅** (step size) と呼ぶ。刻み幅は特段支障がない限りはすべて等間隔にしてもよいが，解の変動が激しい箇所や，「硬い (stiff) 問題」では部分的に小さくしたり，全体的に調整する必要が出てくる。

最も単純なアルゴリズムは，前章で示したように 1 階導関数を差分商に置き換えることですぐに得られる。例えば，前進差分商 $\Delta\mathbf{y}/h = (\mathbf{y}(x + h) - \mathbf{y}(x))/h$ で $d\mathbf{y}/dx$ を置き換えれば

$$\mathbf{y}_{i+1} := \mathbf{y}_i + h_i\mathbf{f}(x_i, \mathbf{y}_i) \tag{13.8}$$

という漸化式がすぐに導出できる。これを **(陽的) オイラー法** と呼ぶ。これに対し，後退差分商 $\nabla\mathbf{y}/h = (\mathbf{y}(x) - \mathbf{y}(x - h))/h$ で $d\mathbf{y}/dx$ を置き換えれば

$$\mathbf{y}_{i+1} := \mathbf{y}_i + h_i\mathbf{f}(x_{i+1}, \mathbf{y}_{i+1}) \tag{13.9}$$

という漸化式になる。これを **陰的オイラー法** と呼ぶ。この場合は $\mathbf{y}_{i+1}$ に関する方程式を毎回解く必

要がある。

また，同様に中心差分商 $\delta\mathbf{y}/(2h)=(\mathbf{y}(x+h)-\mathbf{y}(x-h))/(2h)$ で置き換えれば

$$\mathbf{y}_{i+1} := \mathbf{y}_{i-1} + 2h_i\mathbf{f}(x_i,\mathbf{y}_i) \tag{13.10}$$

となる。これを**中点法**と呼ぶ。中点法の場合は，最初の $\mathbf{y}_{-1} = \mathbf{y}(x_0 - h_{-1})$ を初期値とは別に与える
か，$\mathbf{y}_1$ をオイラー法で求めた後，$\mathbf{y}_2$ から出発する必要がある。通常は後者を使用する。

これらをまとめると次のようなアルゴリズムになる。

アルゴリズム 13.1　オイラー法

1. 各離散点 $x_i$ $(i = 0, 1, ..., l-1)$ に対して以下を計算する。

$$\mathbf{y}_{i+1} := \mathbf{y}_i + h_i\mathbf{f}(x_i,\mathbf{y}_i)$$

アルゴリズム 13.2　中点法

1. $\mathbf{y}_1$ をオイラー法で求めておく。
2. 各離散点 $x_i$ $(i = 1, ..., l-1)$ に対して以下を計算する。

$$\mathbf{y}_{i+1} := \mathbf{y}_{i-1} + 2h_i\mathbf{f}(x_i,\mathbf{y}_i)$$

このオイラー法，中点法の打ち切り誤差 (離散化誤差) は先に示した通りそれぞれ刻み幅の 1 乗，2
乗に比例して減少する。さらに打ち切り誤差を減少させる方法として，次の**古典的ルンゲ・クッタ法**
がある。

アルゴリズム 13.3　古典的ルンゲ・クッタ法

1. 各離散点 $x_i$ $(i = 0, 1, ..., l-1)$ に対して以下を計算する。

(a) $\mathbf{k}_1, \mathbf{k}_2, \mathbf{k}_3, \mathbf{k}_4$ を次式から求める。

$$\begin{cases} \mathbf{k}_1 &=& \mathbf{f}(x_i,\mathbf{y}_i) \\ \mathbf{k}_2 &=& \mathbf{f}(x_i + \frac{1}{2}h_i, \mathbf{y}_i + \frac{1}{2}h_i\mathbf{k}_1) \\ \mathbf{k}_3 &=& \mathbf{f}(x_i + \frac{1}{2}h_i, \mathbf{y}_i + \frac{1}{2}h_i\mathbf{k}_2) \\ \mathbf{k}_4 &=& \mathbf{f}(x_i + h_i, \mathbf{y}_i + h_i\mathbf{k}_3) \end{cases}$$

(b) $\mathbf{y}_{i+1} := \mathbf{y}_i + \frac{1}{6}h_i(\mathbf{k}_1 + 2\mathbf{k}_2 + 2\mathbf{k}_3 + \mathbf{k}_4)$

これは中点法の倍のオーダの公式であり，刻み幅の 4 乗に比例して打ち切り誤差を小さくできる。

■ Python スクリプト例　オイラー法，中点法，古典的ルンゲ・クッタ法を，積分区間を等分割した

ときの固定刻み幅 ($h$) で計算する Python スクリプトを listing 13.2 に示す。例題として 1 次元常微分方程式

$$\begin{cases} \dfrac{dy}{dx} & = & x + y \\ y(0) & = & 1 \end{cases}$$

を使用しているが，多次元常微分方程式にも適用できる。

listing 13.2　オイラー法，中点法，古典的ルンゲ・クッタ法

```
1   # ode_ivp_fixed_step.py: 常微分方程式の初期値問題 (固定刻み幅)
2   # euler: オイラー法
3   # mid_point: 中点法
4   # erk44: 古典的ルンゲ・クッタ法
5   import numpy as np
6   from tktools import relerr   # 相対誤差
7
8
9   # オイラー法
10  def euler(t_end, ode_func, t0, y0, max_num_div):
11
12      old_t = t0
13      old_y = y0
14      h = (t_end - t0) / max_num_div
15
16      t = [t0]
17      y = [y0]
18
19      # メインループ
20      for num_step in range(max_num_div):
21          new_t = old_t + h
22
23          # オイラー法
24          new_y = old_y + h * ode_func(old_t, old_y)
25
26          old_t = new_t
27          old_y = new_y
28
29          t.append(old_t)
30          y.append(old_y)
31
32      return t, y
33
34
35  # 中点法
36  def mid_point(t_end, ode_func, t0, y0, max_num_div):
37
38      old_t = [0.0, 0.0]
39      old_y = [y0, y0]
40
41      old_t[0] = t0
```

```
42      old_y[0] = y0
43      h = (t_end - t0) / max_num_div
44
45      # 最初はオイラー法
46      old_t[1] = old_t[0] + h
47      old_y[1] = old_y[0] + h * ode_func(old_t[0], old_y[0])
48
49      t = [old_t[0], old_t[1]]
50      y = [old_y[0], old_y[1]]
51
52      # メインループ
53      for num_step in range(1, max_num_div):
54          new_t = old_t[1] + h
55
56          # 中点法
57          new_y = old_y[0] + 2 * h * ode_func(old_t[1], old_y[1])
58
59          old_t[0] = old_t[1]
60          old_y[0] = old_y[1]
61          old_t[1] = new_t
62          old_y[1] = new_y
63
64          t.append(old_t[1])
65          y.append(old_y[1])
66
67      return t, y
68
69
70  # 古典的ルンゲ・クッタ法
71  def erk44(t_end, ode_func, t0, y0, max_num_div):
72
73      old_t = t0
74      hk = [y0, y0, y0, y0]  # hk[i] := h * k[i]
75      old_y = y0
76
77      t = [t0]
78      y = [y0]
79
80      h = (t_end - t0) / max_num_div
81
82      # メインループ
83      for num_step in range(max_num_div):
84          new_t = old_t + h
85
86          # k[0]〜k[3]の計算
87          hk[0] = h * ode_func(old_t, old_y)
88          hk[1] = h * ode_func(old_t + 0.5 * h, old_y + 0.5 * hk[0])
89          hk[2] = h * ode_func(old_t + 0.5 * h, old_y + 0.5 * hk[1])
90          hk[3] = h * ode_func(old_t +       h, old_y +       hk[2])
91
92          # 陽的ルンゲ・クッタ法
```

```
 93          new_y = old_y + (hk[0] + 2 * hk[1] + 2 * hk[2] + hk[3]) / 6.0
 94
 95          old_t = new_t
 96          old_y = new_y
 97
 98          t.append(old_t)
 99          y.append(old_y)
100
101      return t, y
102
103
104  # 陽的形式の右辺
105  # y' = func(t, y)
106  def func(t, y):
107      ret_y = np.array([t + y[0]])
108
109      return ret_y
110
111
112  # 真の解
113  def true_y(t, y0):
114      y = np.array([2 * np.exp(t) - 1.0 - t])
115      return y
116
117
118  # 初期値
119  # y(0) = 1
120  y0 = np.array([1.0])
121
122  # t = [0, 1]
123  t_interval = [0.0, 1.0]
124  print('t in ', t_interval)
125
126  # 刻み数と刻み幅
127  max_div_t = 10
128
129  # 常微分方程式を解く: オイラー法
130  euler_ret_t, euler_ret_y = euler(t_interval[1], func, t_interval[0], y0,max_div_t)
131  euler_relerr_y = relerr(euler_ret_y, true_y(euler_ret_t, y0).T)
132
133  # 常微分方程式を解く: 中点法
134  mid_point_ret_t, mid_point_ret_y = mid_point(t_interval[1], func, t_interva[0], y0,
          max_div_t)
135  mid_point_relerr_y = relerr(mid_point_ret_y, true_y(mid_point_ret_t, y0).T)
136
137  # 常微分方程式を解く: 古典的ルンゲ・クッタ法
138  erk44_ret_t, erk44_ret_y = erk44(t_interval[1], func, t_interval[0], y0,max_div_t)
139  erk44_relerr_y = relerr(erk44_ret_y, true_y(erk44_ret_t, y0).T)
140
141  # 表形式で出力
142  h = (t_interval[1] - t_interval[0]) / max_div_t
```

```
143    print('h = ', h)
144    print('                              Relative error of y[0]     ')
145    print('       t               euler      mid_point       erk44')
146    for i in range(max_div_t + 1):
147        print(f'{t_interval[0] + i * h:15.7e}, {euler_relerr_y[i][0]:10.3e},{mid_point_relerr_y
                [i][0]:10.3e}, {erk44_relerr_y[i][0]:10.3e}')
```

　これを用いてオイラー法，中点法，古典的ルンゲ・クッタ法で求めた数値解の相対誤差を**図 13.1** に示す。左図が刻み幅 $h = 1/10$，右図が刻み幅 $h = 1/10000$ である。どちらも，オイラー法，中点法，古典的ルンゲ・クッタ法の順に相対誤差が小さくなっていることが分かる。

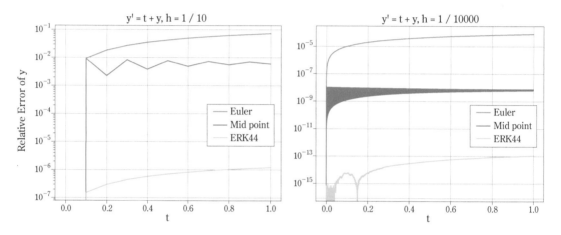

図 13.1　オイラー法, 中点法, 古典的ルンゲ・クッタ法の相対誤差

問題 13.2

1. 例題 13.2 の常微分方程式の初期値問題の解析解を求めよ。また，$x = 1$ における近似値を $h = 1/2$，$1/4$ としてオイラー法，中点法でそれぞれ求め，相対誤差もあわせて求めよ。
2. 古典的ルンゲ・クッタ法が刻み幅の 4 乗に比例することを確認せよ。(ヒント：$f$ に対して 2 変数のテイラー展開を適用し，4 次までその係数が一致することを確認すればよい。)

## 13.4 ● 一般のルンゲ・クッタ法

　前述のように，常微分方程式には代数的演算では求積不可能なものが存在する。したがって，解の全体像を把握するためには離散化による数値解法が不可欠である。以降では常微分方程式の初期値問題における数値解法，特に一段法に分類される**ルンゲ・クッタ法**全般について，数値例を交えつつ解説する。

$m$ 段ルンゲ・クッタ法のアルゴリズムは一般にアルゴリズム 13.4 のように表すことができる。

**アルゴリズム 13.4**　$m$ 段ルンゲ・クッタ法

1. 区間 $[x_0, \alpha]$ を $l$ 分割し，各離散点を $x_0, x_1, ..., x_l = \alpha$ とする。離散点 $x_i$ と $x_{i+1}$ の刻み幅を $h_i$ とおく。

2. 各離散点 $x_i$ $(i = 0, 1, ..., l-1)$ に対して以下を計算する。

   (a) $\mathbf{k}_1, \mathbf{k}_2, ..., \mathbf{k}_m$ を次式から求める。

$$
\begin{cases}
\mathbf{k}_1 & = & \mathbf{f}(x_i + c_1 h_i, \mathbf{y}_i + h_i \cdot \sum_{j=1}^{m} a_{1j} \mathbf{k}_j) \\
\mathbf{k}_2 & = & \mathbf{f}(x_i + c_2 h_i, \mathbf{y}_i + h_i \cdot \sum_{j=1}^{m} a_{2j} \mathbf{k}_j) \\
& \vdots & \\
\mathbf{k}_m & = & \mathbf{f}(x_i + c_m h_i, \mathbf{y}_i + h_i \cdot \sum_{j=1}^{m} a_{mj} \mathbf{k}_j)
\end{cases}
\tag{13.11}
$$

   (b) $\mathbf{y}_{i+1} := \mathbf{y}_i + h_i \cdot \sum_{j=1}^{m} w_j \mathbf{k}_j$

定数 $c_1, c_2, ..., c_m, a_{11}, ..., a_{mm}, w_1, w_2, ..., w_m$ を **表 13.1** のように表形式[注1]で表す。

表 13.1　$m$ 段ルンゲ・クッタ法の係数

| $c_1$ | $a_{11}$ | $a_{12}$ | $\cdots$ | $a_{1m}$ |
|---|---|---|---|---|
| $c_2$ | $a_{21}$ | $a_{21}$ | $\cdots$ | $a_{2m}$ |
| $\vdots$ | $\vdots$ | $\vdots$ | | $\vdots$ |
| $c_m$ | $a_{m1}$ | $a_{m2}$ | $\cdots$ | $a_{m,m}$ |
| | $w_1$ | $w_2$ | $\cdots$ | $w_m$ |

1 ステップの局所離散化誤差が $O(h^{p+1})$ 次のとき，式 (13.11) は $m$ 段 $p$ 次であると呼ぶ。

ルンゲ・クッタ法は係数 (表 13.1) の決め方によって大きく 3 つに分類できる。

1. 陽的ルンゲ・クッタ法

| $c_2$ | $a_{21}$ | | | | |
|---|---|---|---|---|---|
| $c_3$ | $a_{31}$ | $a_{32}$ | | | |
| $\vdots$ | $\vdots$ | $\vdots$ | $\ddots$ | | |
| $c_m$ | $a_{m1}$ | $a_{m2}$ | $\cdots$ | $a_{m,m-1}$ | |
| | $w_1$ | $w_2$ | $\cdots$ | $w_{m-1}$ | $w_m$ |

$$c_1 = 0$$

$$a_{ij} = 0 \quad (i \leq j)$$

---

注 1　この係数表を創始者の名をとって，ブッチャーテーブル (Butcher Table) と呼ぶこともある。

- $\mathbf{k}_1$ から $\mathbf{k}_m$ まで逐次的に計算できる。

2. 半陰的ルンゲ・クッタ法

$$
\begin{array}{c|ccccc}
c_1 & a_{11} \\
c_2 & a_{21} & a_{22} \\
\vdots & \vdots & \vdots & \ddots \\
c_m & a_{m1} & a_{m2} & \cdots & a_{m,m} \\
\hline
 & w_1 & w_2 & \cdots & w_m
\end{array}
$$

$$
a_{ij} = 0 \quad (i < j)
$$

- $\mathbf{k}_1, ..., \mathbf{k}_m$ を求めるには，次のような $n$ 次元非線形方程式を解かねばならない。

$$
\mathbf{k}_j = \mathbf{f}(x_i + c_j h_i, \mathbf{y}_i + h_i \sum_{s=1}^{j-1} a_{js} \mathbf{k}_j + h_i a_{jj} \mathbf{k}_j) \tag{13.12}
$$

3. 陰的ルンゲ・クッタ法

$$
\begin{array}{c|cccc}
c_1 & a_{11} & a_{12} & \cdots & a_{1m} \\
c_2 & a_{21} & a_{22} & \cdots & a_{2m} \\
\vdots & \vdots & \vdots & & \vdots \\
c_m & a_{m1} & a_{m2} & \cdots & a_{m,m} \\
\hline
 & w_1 & w_2 & \cdots & w_m
\end{array}
$$

- $\mathbf{k}_1, ..., \mathbf{k}_m$ を求めるには，次のような $mn$ 次元非線形連立方程式を解かねばならない。

$$
\begin{cases}
\mathbf{k}_1 &= \mathbf{f}(x_i + c_1 h_i, \mathbf{y}_i + h_i \cdot \sum_{j=1}^{m} a_{1j} \mathbf{k}_j) \\
\mathbf{k}_2 &= \mathbf{f}(x_i + c_2 h_i, \mathbf{y}_i + h_i \cdot \sum_{j=1}^{m} a_{2j} \mathbf{k}_j) \\
& \vdots \\
\mathbf{k}_m &= \mathbf{f}(x_i + c_m h_i, \mathbf{y}_i + h_i \cdot \sum_{j=1}^{m} a_{mj} \mathbf{k}_j)
\end{cases} \tag{13.13}
$$

ルンゲ・クッタ法はブッチャー[4]，ローソン (Lawson)，フッタ (Huta)，シャンクス (Shanks)，田中[35-38]らが精力的に開発し，その性能評価を行っている。

陰的ルンゲ・クッタ法は，陽的ルンゲ・クッタ法に比較して次の点で優れている。

1. 少ない段数で高い次数 (最大次数 = 段数 × 2) の公式が実現できる。
2. 「硬い (stiff) 問題」に対して，同じ精度の近似解を得るための $x$ の刻み幅 ($h$) を大きくとることができ，結果的に効率が良くなる。理論的には陰的ルンゲ・クッタ法は A 安定な公式[注2]が得ら

---

注 2　常微分方程式 $dy/dx = \lambda y$ に対してある解法を適用したとする。刻み幅 $h$ に対して漸化式 $y_{n+1} := R(\lambda h) y_n$ と表現されるとき，$\mathrm{Re}(z) < 0$ となる任意の $z \in \mathbb{C}$ に対し，$|R(z)| < 1$ が保証される解法を A 安定 (Absolutely stable) な解法と呼ぶ。この場合，$h$ をことさらに小さくしなくても近似解 $y_n$ が発散しづらくなることから，A 安定な解法はリプシッツ定数 $L = |\lambda|$ が大きい硬い問題には適している。陽的ルンゲ・クッタ法では A 安定な解法を作れないことが知られている。

れ，陽的ルンゲ・クッタ法では不可能であることが知られている。

ただし，陰的ルンゲ・クッタ法は，非線形常微分方程式の場合は上で述べたように非線形方程式を解く必要があり，ニュートン法などの反復解法 (以下，これを内部反復と称する) を使用することになる。このため，アルゴリズムは陽的ルンゲ・クッタ法より格段に複雑になる。実際に高速かどうかは問題による。

線形常微分方程式であれば，陰的ルンゲ・クッタ法でも内部反復を必要とせず，連立一次方程式を一度だけ解けばよい。また，刻み幅を小さくすれば，この連立一次方程式の解の存在も保証されており[24]，陽的ルンゲ・クッタ法より高速に解くことができる。

## 13.5 ● 陽的・陰的ルンゲ・クッタ法の比較

ここでは実際には陽的・陰的ルンゲ・クッタ法のどちらがより少ない時間で実行できるのか，線形常微分方程式を例にベンチマークテストを行ってみる。

### 13.5.1 線形常微分方程式による解法の比較

ここでは数値実験により，陽的ルンゲ・クッタ法，陰的ルンゲ・クッタ法の精度の比較を，線形常微分方程式に対して，固定刻み幅で計算することによって行う。計算はすべて 2 進 53 桁倍精度で行った。

まず，ここで使用する陰的解法の係数を示す。どちらも SciPy の `solve_ivp` 関数で採用されているものである。

3 段 5 次 : 陰的解法ラダウ (Radau) IIA[9][10]

$$
\begin{array}{c|ccc}
\frac{4-\sqrt{6}}{10} & \frac{88-7\sqrt{6}}{360} & \frac{260-169\sqrt{6}}{1800} & \frac{-2+3\sqrt{6}}{225} \\
\frac{4+\sqrt{6}}{10} & \frac{296+169\sqrt{6}}{1800} & \frac{88+7\sqrt{6}}{360} & \frac{-2-3\sqrt{6}}{225} \\
1 & \frac{16-\sqrt{6}}{36} & \frac{16+\sqrt{6}}{36} & \frac{1}{9} \\
\hline
& \frac{16-\sqrt{6}}{36} & \frac{16+\sqrt{6}}{36} & \frac{1}{9}
\end{array}
$$

次に，陽的解法の係数を示す。これは埋め込み型公式と呼ばれるもので，一部のみ改変した次数の異なる近似値を導出できる。本書では解説しないが，これを用いて近似解の誤差を計測し，刻み幅の自動設定を行うために使用される。

7段 5(4) 次：陽的解法ドルマン・プリンス (Dormand-Prince) の埋め込み型公式 RK45[5)31)]

$$
\begin{array}{c|ccccccc}
\frac{1}{5} & \frac{1}{5} \\[4pt]
\frac{3}{10} & \frac{3}{40} & \frac{9}{40} \\[4pt]
\frac{4}{5} & \frac{44}{45} & -\frac{56}{15} & \frac{32}{9} \\[4pt]
\frac{8}{9} & \frac{19372}{6561} & -\frac{25360}{2187} & \frac{64448}{6561} & -\frac{212}{729} \\[4pt]
1 & \frac{9017}{3168} & -\frac{355}{33} & \frac{46732}{5247} & \frac{49}{176} & -\frac{5103}{18656} \\[4pt]
1 & \frac{35}{384} & 0 & \frac{500}{1113} & \frac{125}{192} & -\frac{2187}{6784} & \frac{11}{84} \\[4pt]
\hline
\text{4 次近似} & \frac{35}{384} & 0 & \frac{500}{1113} & \frac{125}{192} & -\frac{2187}{6784} & \frac{11}{84} & 0 \\[4pt]
\hline
\text{5 次近似} & \frac{5179}{57600} & 0 & \frac{7571}{16695} & \frac{393}{640} & -\frac{92097}{339200} & \frac{187}{2100} & \frac{1}{40}
\end{array}
$$

　その他にもさまざまな陰的・半陰的・陽的ルンゲ・クッタ法の係数が存在する．陰的解法は直交多項式の零点から自動的に求められるので，任意の $m$ 段公式が容易に導出できる[21)22)]．陽的解法については大野による 25 段 12 次係数[30)] が最高次数の公式である．

　これらの係数を利用して次の 2 つの線形常微分方程式 ($\mathbf{f}(x,\mathbf{y}) = A\mathbf{y} + \mathbf{g}(x)$) の初期値問題を解いてみる．この問題を取り上げたのは，どちらも同じ解析解でありながら，前者に比べて後者の方が格段に硬く，比較対照しやすいためである．

**硬くない方程式**：

$$
\frac{d\mathbf{y}}{dx} = \begin{bmatrix} -2 & 1 \\ 2 & -3 \end{bmatrix}\mathbf{y} + \begin{bmatrix} -\cos x \\ 3\cos - \sin x \end{bmatrix} = A_1\mathbf{y} + \mathbf{g}_1(x)
$$
$$
\mathbf{y}(0) = [1\ 2]^{\mathrm{T}}
$$
(13.14)

**硬い方程式**：

$$
\frac{d\mathbf{y}}{dx} = \begin{bmatrix} -2 & 1 \\ 1998 & -1999 \end{bmatrix}\mathbf{y} + \begin{bmatrix} -\cos x \\ 1999\cos - \sin x \end{bmatrix} = A_2\mathbf{y} + \mathbf{g}_2(x)
$$
$$
\mathbf{y}(0) = [1\ 2]^{\mathrm{T}}
$$
(13.15)

　式 (13.14)，(13.15) とも三井[25)] の問題である．どちらも同じ解析解 (13.16) を持つ．

$$
\mathbf{y}(x) = [\exp(-x)\ \exp(-x) + \cos x]^{\mathrm{T}}
$$
(13.16)

　しかし，後者は硬い方程式になっている．実際，リプシッツ条件の不等式 (13.7) の左辺を求めてみると，線形常微分方程式の場合は $L = \|A\|$ であるので，$\|A_1\|$ に比べて $\|A_2\|$ は格段に大きくなっている．このように $L$ が格段に大きい問題は，陽的解法では刻み幅を小さくしないとオーバーフローを起こす．

　実際，陽的解法であるドルマン・プリンスの埋め込み型公式 RK45 と陰的解法であるラダウ IIA を用いて計算した結果を**図 13.2** に示す．三井の数値実験と同じく，積分区間を $[0, 20]$ とし，この区間

で RK45(陽的ルンゲ・クッタ法) とラダウ IIA (陰的ルンゲ・クッタ法) を用いて近似解をそれぞれ求め，その相対誤差をプロットしたものである．右図の硬い方程式では RK45 の近似解の相対誤差がラダウ IIA より大きく，細かくゆれ動いていることが分かる．実際，**表 13.2** に示すように，ステップ数が 377 倍も多く計算時間も 121 倍多くなっている．

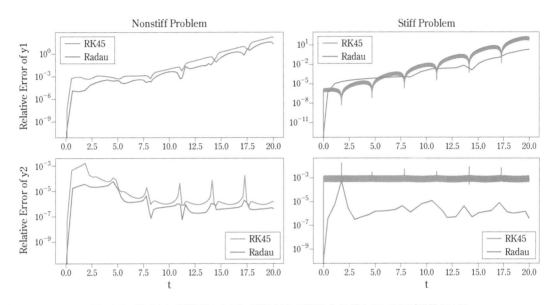

図 13.2 硬くない問題 (左) と硬い問題 (右): RK45 とラダウ IIA の相対誤差の比較

表 13.2 RK45 とラダウ IIA による計算時間と総ステップ数

|  | RK45 | | ラダウ IIA | |
|---|---|---|---|---|
|  | 秒数 | ステップ数 | 秒数 | ステップ数 |
| 硬くない方程式: 式 (13.14) | 0.019 | 112 | 0.030 | 72 |
| 硬い方程式: 式 (13.15) | 1.7 | 12086 | 0.014 | 32 |

**問題 13.3** 上の 2 つの線形常微分方程式 (13.14)，(13.15) について次の問いに答えよ．

1. この 2 つの線形常微分方程式の解析解が式 (13.16) であることを確認せよ．
2. $\|A_1\|_1, \|A_1\|_2, \|A_1\|_\infty, \|A_2\|_1, \|A_2\|_2, \|A_2\|_\infty$ の値をそれぞれ求めよ．
3. $x = 20$ における $\mathbf{y}(20) = [y_1(20)\ y_2(20)]^{\mathrm{T}}$ の近似解のすべての成分が $10^{-5}$ 以下となるよう solve_ivp 関数のオプション rtol, atol を定め，適切な公式を選択し，式 (13.14) と式 (13.15) の近似解を最短時間で求めよ．

## 13.6 ● 2階線形常微分方程式の境界値問題

一般に，常微分方程式の境界値問題は

$$
\begin{cases}
\dfrac{d\mathbf{y}}{dx} & = & \mathbf{f}(x, \mathbf{y}) \\
r(\mathbf{y}(a), \mathbf{y}(b)) & = & 0
\end{cases}
\tag{13.17}
$$

という形で与えられる。閉区間 $[a, b]$ の端点における条件に基づいて解が確定するので，**境界値問題** (boundary value problem, BVP) と呼ばれる。

ここでは1次元2階線形常微分方程式における境界値問題

$$
\begin{cases}
\dfrac{d^2 y}{dx^2} & = & p(x)y + q(x) \\
y(a) = \alpha & , & y(b) = \beta
\end{cases}
\tag{13.18}
$$

について考えることにする。

**問題 13.4** 1次元2階線形常微分方程式の一般形は

$$
\frac{d^2 y}{dx^2} = R(x)\frac{dy}{dx} + P(x)y + Q(x)
$$

であるが，式 (13.18) のように変形が可能である。これを示せ。(ヒント：$y(x) = u(x)v(x)$ とおき，$u(x)$ についての常微分方程式として考えればよい。)

### 13.6.1 差分法

閉区間 $[a, b]$ を $n$ 等分割し，その1区間幅を $h = (b-a)/n$，各分点を $x_i = a + ih$ $(i = 0, 1, ..., n)$ とおく。このとき，$x_i$ における $y$ の2階導関数を式 (12.6) に基づき

$$
\frac{d^2 y}{dx^2}(x_i) \approx \frac{y(x_{i+1}) - 2y(x_i) + y(x_{i-1})}{h^2}
\tag{13.19}
$$

と置き換える。以下，$y(x_i)$ の近似値を $y_i$ と書くことにする。

そうすれば，端点を除いた各分点 $x_1, x_2, ..., x_{n-1}$ において

$$
\frac{y_2 - 2y_1 + y_0}{h^2} = p(x_1)y_1 + q(x_1)
$$

$$
\frac{y_3 - 2y_2 + y_1}{h^2} = p(x_2)y_2 + q(x_2)
$$

$$
\vdots
$$

$$
\frac{y_n - 2y_{n-1} + y_{n-2}}{h^2} = p(x_{n-1})y_{n-1} + q(x_{n-1})
$$

となる。$y_0 = \alpha$, $y_n = \beta$ であるから，これを置き換え，さらに行列とベクトルの積の形で書き直すと

$$
\frac{1}{h^2}
\begin{bmatrix}
-2 - p(x_1)h^2 & 1 & & & \\
1 & -2 - p(x_2)h^2 & 1 & & \\
& \ddots & \ddots & \ddots & \\
& & 1 & -2 - p(x_{n-2})h^2 & 1 \\
& & & 1 & -2 - p(x_{n-1})h^2
\end{bmatrix}
\begin{bmatrix}
y_1 \\ y_2 \\ \vdots \\ y_{n-2} \\ y_{n-1}
\end{bmatrix}
$$

$$
=
\begin{bmatrix}
-\alpha + q(x_1) \\
q(x_2) \\
\vdots \\
q(x_{n-2}) \\
-\beta + q(x_{n-1})
\end{bmatrix}
\tag{13.20}
$$

となる。この連立一次方程式を解くことで，端点を除いた各分点における近似値 $y_1, y_2, ..., y_{n-1}$ を得ることができる。このように，導関数を差分商で近似して離散解法に置き換える方法を**差分法**と呼ぶ。

**例題 13.3**

　Stoer & Bulirsch の例題[33]

$$
\begin{cases}
\dfrac{d^2 y}{dx^2} = 400y + 400\cos^2 \pi x + 2\pi^2 \cos 2\pi x \\
y(0) = 0 \quad , \quad y(1) = 0
\end{cases}
\tag{13.21}
$$

に差分法を適用してみる。解析解は

$$
y(x) = \frac{\exp(-20)}{1 + \exp(-20)}\exp(20x) + \frac{1}{1 + \exp(-20)}\exp(-20x) - \cos^2 \pi x
\tag{13.22}
$$

である。三重対角行列を係数行列とする連立一次方程式になるので，SciPy の疎行列パッケージ (sparse, sparse.linalg) を使用すればよい。例えば，listing 13.3 のようになる。

**listing 13.3　境界値問題**

```
1    # ode_bvp_linear.py: ODE 境界値問題（三重対角行列）
2    import numpy as np
3    import scipy.sparse as scsp
4    import scipy.sparse.linalg as scsplinalg
5
6
7    # Stoer & Bulirsch
8    def p(x):
9        return 400 * x ** 0.0   # x ごとに値を計算
10
```

```
11
12   def q(x):
13       return 400 * (np.cos(np.pi * x)) ** 2 + 2 * np.pi ** 2 * np.cos(2 * nppi * x)
14
15
16   def func(x, y):
17       return p(x) * y + q(x)
18
19
20   # 真の解
21   def true_sol(x):
22       return (np.exp(-20) / (1 + np.exp(-20))) * np.exp(20 * x) + (1 / (1 +np.exp(-20))) * np
         .exp(-20 * x) - (np.cos(np.pi * x)) ** 2
23
24
25   # [a, b] = [0, 1]
26   div = 501   # div: x 方向分割数
27   # 境界条件
28   a, b = 0.0, 1.0
29   y_a, y_b = 0.0, 0.0
30
31   h = (b - a) / (div + 1)
32   x = np.linspace(a, b, div + 1)
33   in_x = x[1:div]   # 端点を除去
34
35   # 三重対角行列を生成
36   diag_element = -2.0 - p(in_x) * h ** 2
37   print('diag = ', diag_element)
38   bvp_mat = scsp.csr_matrix(scsp.spdiags(np.array([
39       [ 1.0] * (div - 1),
40       diag_element,
41       [ 1.0] * (div - 1)
42   ]), [-1, 0, 1], div - 1, div - 1))
43   print('bvp_mat = ', bvp_mat.toarray())
44
45   # 定数ベクトルを生成
46   bvp_vec = q(in_x)
47   bvp_vec[0] += -y_a
48   bvp_vec[-1] += -y_b
49   bvp_vec = (h ** 2) * bvp_vec
50   print('bvp_vec = ', bvp_vec)
51
52   # 直接法で解く
53   ret_y = scsplinalg.spsolve(bvp_mat, bvp_vec)
54
55   # 近似解の相対誤差を求める
56   true_y = true_sol(in_x)
57   relerr_y = np.abs(np.divide(ret_y - true_y, true_y))
58   print('div = ', div)
59   print('relerr = ', relerr_y)
```

分割数 $n$(上記スクリプトでは div)を $n = 11, 101, 1001$ としたときの各近似値の相対誤差を**図 13.3** に示す。

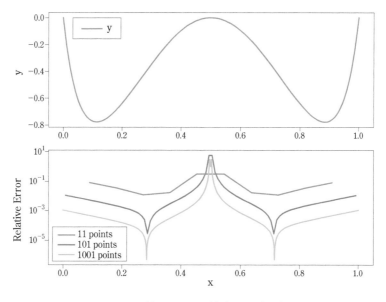

図 13.3　差分法による数値解の相対誤差

問題 13.5

1. 2 階導関数が式 (13.19) で近似できることを示せ。
2. 図 13.3 ではちょうど $x = 1/2$ 近辺で相対誤差が極端に悪化している。その原因を調べよ。
3. [発展] 分割幅 $h = (b - a)/n$ を小さくしていくと，連立一次方程式 (13.20) の係数行列の条件数 はどのように変化していくか？

### 13.6.2　SciPy のソルバーによる数値解の導出

SciPy の integrate パッケージに，境界値問題を解くためのソルバー solve_bvp 関数が用意されて いるので，それを用いて前述の Stoer & Bulirsch の例題 (式 (13.21)) を解いてみよう。

listing 13.4　ソルバーによる境界値問題の解法

```
1  # ode_bvp.py: ODE 境界値問題
2  import numpy as np
3  import scipy.integrate as scint
4
5
6  # Stoer & Bulirsch
```

```
 7  def func(x, y):
 8      return np.vstack((y[1], 400 * y[0] + 400 * (np.cos(np.pi * x)) ** 2 +2 * np.pi ** 2 *
         np.cos(2 * np.pi * x)))
 9
10
11  # 境界条件
12  def boundary_condition(y_left, y_right):
13      return np.array([y_left[0], y_right[0]])
14
15
16  # 真の解
17  def true_sol(x):
18      return (np.exp(-20) / (1 + np.exp(-20))) * np.exp(20 * x) + (1 / (1 +np.exp(-20))) * np
         .exp(-20 * x) - (np.cos(np.pi * x)) ** 2
19
20
21  # [a, b] = [0, 1]
22  div = 10   # div: x 方向分割数
23  div2 = div * 50   # 上記の 50倍の分割数
24  x  = np.linspace(0, 1, div)
25  x2 = np.linspace(0, 1, div2)
26  print('[a, b] = [', x[0], x[-1], ']')
27
28  # 境界値を設定
29  y  = np.zeros((2, x.size))
30  y2 = np.zeros((2, x2.size))
31
32  # 境界値問題を解く
33  res  = scint.solve_bvp(func, boundary_condition, x, y, verbose=2)
34  res2 = scint.solve_bvp(func, boundary_condition, x2, y2)
35
36  print('x   = ', res.x)
37  print('sol = ', res.y[0])
38  print('sol2 = ', res2.y[0])
39
40  true_y = true_sol(res.x)
41  relerr_x = res.x
42  relerr_y = np.abs(np.divide(res.y[0] - true_y, true_y))
43  print('div = ', div)
44  print('relerr = ', relerr_y)
45
46  true_y2 = true_sol(res2.x)
47  relerr_x = res2.x
48  relerr_y2 = np.abs(np.divide(res2.y[0] - true_y2, true_y2))
49  print('relerr2 = ', relerr_y2)
```

数値解と相対誤差のグラフを**図 13.4** に示す。ある程度自動的に打ち切り誤差の制御を行っているため，固定刻み幅の差分法 (図 13.3) より，同じ刻み幅でも精度が良くなっていることが分かる。

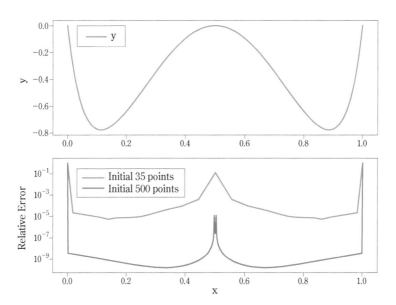

図 13.4 `solve_bvp` 関数を用いた数値解 (上) とその相対誤差 (下)

# 演習問題

**13.1** 下記の 7 段 6 次ブッチャー[16] の係数を用いて，固定刻み幅の陽的ルンゲ・クッタ法を実装し，同じ刻み幅でも他の公式より高精度な近似解が得られることを示せ。

$$7 段 6 次：ブッチャー$$

| $\frac{1}{3}$ | $\frac{1}{3}$ | | | | | |
|---|---|---|---|---|---|---|
| $\frac{2}{3}$ | $0$ | $\frac{2}{3}$ | | | | |
| $\frac{1}{3}$ | $\frac{1}{12}$ | $\frac{1}{3}$ | $-\frac{1}{12}$ | | | |
| $\frac{1}{2}$ | $-\frac{1}{16}$ | $\frac{9}{8}$ | $-\frac{3}{16}$ | $-\frac{3}{8}$ | | |
| $\frac{1}{2}$ | $0$ | $\frac{9}{8}$ | $-\frac{3}{8}$ | $-\frac{3}{4}$ | $\frac{1}{2}$ | |
| $1$ | $\frac{9}{44}$ | $-\frac{9}{11}$ | $\frac{63}{44}$ | $\frac{18}{11}$ | $0$ | $-\frac{16}{11}$ |
| | $\frac{11}{120}$ | $0$ | $\frac{27}{40}$ | $\frac{27}{40}$ | $-\frac{4}{15}$ | $-\frac{4}{15}$ | $\frac{11}{120}$ |

**13.2** 常微分方程式の初期値問題

$$
\begin{cases}
\dfrac{dy}{dx} & = & x^2 y \\
y(0) & = & 1
\end{cases}
$$

に対し，次の問いに答えよ。

(a) この常微分方程式の解析解を求めよ。

(b) 刻み幅を $h = 1/4$ とするとき，オイラー法と中点法で $y(1)$ の近似解 $\widetilde{y(1)}$ をそれぞれ求めよ。

(c) 上で求めた $\widetilde{y(1)}$ に含まれる相対誤差をそれぞれ求めよ。

**13.3** レスラーモデル (Rössler model) はカオス現象が見られる比較的簡単な 3 次元力学系の 1 つで，次の 3 次元常微分方程式で表現されるものである[32]。

$$
\frac{d}{dt}
\begin{bmatrix} x \\ y \\ z \end{bmatrix}
=
\begin{bmatrix} -(y+z) \\ x + \alpha y \\ \beta + z(x - \mu) \end{bmatrix}
\tag{13.23}
$$

ここでは $\alpha = \beta = 1/5$ と固定して考える。$\mu$ を $3, 4, 5$ と増やしていくと，この常微分方程式の解の周期が増加し，その運動はカオスになることが知られている[32]。このとき，初期値を $[1\ 0\ 0]^{\mathrm{T}}$ とし，積分区間を $[0, 500]$ に設定し，$\mu = 3, 4, 5$ のときの数値解を求めよ。またその誤差についても考察せよ。

### 第 14 章

# 偏微分方程式の数値解法

実際，流体力学，弾性論，熱伝導論，電磁気学，など，いろいろな分野での
基本的な物理法則は，偏微分方程式で記述されるものがきわめて多い。・・・
(略) ・・・世界最初の電子計算機 ENIAC の発明の目的は弾道の計算という技
術計算にあったが，その後の高速化・大容量化の主要な動機の 1 つが，偏微
分方程式の数値解法への適用であったことは確かである。

森口繁一「数値計算工学」(岩波書店)

大規模な科学技術シミュレーションにおいては，**偏微分方程式** (partial differential equation, PDE)
の近似解法を用いるケースが多い。本章では偏微分方程式のうち，ごく基本的なもののみを取り上げ，
偏微分を差分商で置き換える近似解法を紹介する。結果として疎行列が現れるケースが多いことが理
解できるだろう。

## 14.1 ● 偏微分方程式の分類

$n$ 変数の 1 次元関数 $u(x_1, x_2, ..., x_n)$ に対して

$$\phi\left(x_1, ..., x_n, u, \frac{\partial u}{\partial x_1}, ..., \frac{\partial^{i_1+i_2+\cdots+i_n} u}{\partial x_1^{i_1} \partial x_2^{i_2} \cdots \partial x_n^{i_n}}, ..., \frac{\partial^{i_1+i_2+\cdots+i_n} u}{\partial x_n^{i_1+i_2+\cdots+i_n}}\right) = 0 \tag{14.1}$$

となる関係式が成立するとき，この式 (14.1) を $i_1+i_2+\cdots+i_n$ 階の**偏微分方程式** (partial differential
equation, PDE) と呼び，関数 $u(x_1, x_2, ..., x_n)$ をこの偏微分方程式の解と呼ぶ。

偏微分方程式の数値解法には，**(有限) 差分法** (finite difference method, FDM)，**有限要素法** (finite
element method, FEM)，**境界要素法** (boundary element method, BEM) がある。このうち前者の
2 解法が数値計算らしく，解析解が不明な場合でも有効である。熱力学や流体力学などでのシミュレー
ションによく登場するため，その分野独特の手法が存在するようである。本章ではこのうち差分法の
例のみ示す。

偏微分方程式の例としては2階線形偏微分方程式がよく取り上げられる。その一般式は

$$A(x,y)\frac{\partial^2 u}{\partial x^2} + B(x,y)\frac{\partial^2 u}{\partial x \partial y} + C(x,y)\frac{\partial^2 u}{\partial y^2} = F\left(x,y,u,\frac{\partial u}{\partial x},\frac{\partial u}{\partial y}\right) \tag{14.2}$$

と書ける。これをさらに分類する方法として2次曲線の分類法を用いる。すなわち，ある領域 $(x,y) \in D \subset \mathbb{R}^2$ において次の関係が成立するとき，それぞれを次のように命名する。

$$(B(x,y))^2 - 4A(x,y)C(x,y) > 0 \iff \text{双曲型 (hyperbolic)}$$
$$(B(x,y))^2 - 4A(x,y)C(x,y) = 0 \iff \text{放物型 (parabolic)}$$
$$(B(x,y))^2 - 4A(x,y)C(x,y) < 0 \iff \text{楕円型 (elliptic)}$$

これらの具体例を以下に挙げる。

**双曲型の例**

波動方程式

$$\frac{\partial^2 u}{\partial t^2} = \frac{\partial^2 u}{\partial x^2} \tag{14.3}$$

は，$B(t,x) = 0, A(t,x) = 1, C(t,x) = -1$ という定数関数になるので双曲型に分類される。これが平面 $(x,y) \in \mathbb{R}^2$，および立体 $(x,y,z) \in \mathbb{R}^3$ においてはそれぞれ

$$\frac{\partial^2 u}{\partial t^2} = \frac{\partial^2 u}{\partial x^2} + \frac{\partial^2 u}{\partial y^2} \tag{14.4}$$

$$\frac{\partial^2 u}{\partial t^2} = \frac{\partial^2 u}{\partial x^2} + \frac{\partial^2 u}{\partial y^2} + \frac{\partial^2 u}{\partial z^2} \tag{14.5}$$

となる。

**放物型の例**

熱 (伝導) 方程式

$$\frac{\partial u}{\partial t} = \frac{\partial^2 u}{\partial x^2} \tag{14.6}$$

は，$B(t,x) = 0, A(t,x) = 0, C(t,x) = 0$ より，放物型に分類される。これが平面 $(x,y) \in \mathbb{R}^2$，および立体 $(x,y,z) \in \mathbb{R}^3$ においてはそれぞれ

$$\frac{\partial u}{\partial t} = \frac{\partial^2 u}{\partial x^2} + \frac{\partial^2 u}{\partial y^2} \tag{14.7}$$

$$\frac{\partial u}{\partial t} = \frac{\partial^2 u}{\partial x^2} + \frac{\partial^2 u}{\partial y^2} + \frac{\partial^2 u}{\partial z^2} \tag{14.8}$$

となる。

**楕円型の例**

**ポアソン方程式** (Poisson equation)

$$\frac{\partial^2 u}{\partial x^2} + \frac{\partial^2 u}{\partial y^2} = g(x,y) \tag{14.9}$$

は，$B(x,y) = 0$, $A(x,y) = 1$, $C(x,y) = 1$ より，楕円型に分類される。これが $g(x,y) = 0$ であるときは**ラプラス方程式** (Laplace equation) と呼ぶ。

## 14.2 ● 差分法による偏微分方程式の数値解導出

12.1 節で示したように，導関数は差分商で近似ができる。常微分方程式同様，偏微分方程式においても，偏微分を差分商で近似することで，コンピュータが扱える離散的な形式で偏微分方程式の近似解を記述できる。これを **(有限) 差分法** (finite difference method, FDM) と呼ぶ。ここでは，差分法の事例を 3 つの 2 階偏微分方程式に対して見ていくことにする。

### 14.2.1 双曲型偏微分方程式の例：1 次元波動方程式

1 次元波動方程式に対する境界値問題

$$\begin{aligned}
&\frac{\partial^2 u}{\partial t^2} = c^2 \frac{\partial^2 u}{\partial x^2},\ x \in (a,b)\ t > 0 \\
&境界条件： u(0,x) = u_0(x), \frac{\partial u}{\partial t}(0,x) = v_0(x) \\
&\quad\quad u(t,a) = \alpha(t),\ u(t,b) = \beta(t) \\
&\quad\quad ここで c は定数で, u_0(x), v_0(x), \alpha(t), \\
&\quad\quad \beta(t) は t > 0, x \in (a,b) を定義域とする関数。
\end{aligned} \tag{14.10}$$

に対する差分法を考える。時間は $t = 0$ から $\Delta t$ ずつ進めるものとして $t$ 上の離散点を $t_k = k\Delta t$ とし，その終端を $t_{\mathrm{end}} = n\Delta t$ とする。$x$ 方向には $[a,b]$ を $m$ 等分して $\Delta x = (b-a)/m$ とし，各離散点を $x_j = a + \Delta x$ とする。したがって，数値解は $(t_k, x_j)(k = 0,1,2,...,n, j = 0,1,...,m)$ 上の $u(t_k, x_j) = u_{kj}$ の近似値を求めることになる。

2 階導関数を式 (12.6) で近似すると，

$$\frac{\partial^2 u}{\partial t^2}(t_k, x_j) = \frac{u_{k+1,j} - 2u_{kj} + u_{k-1,j}}{\Delta t^2} + O(\Delta t^2) \tag{14.11}$$

$$\frac{\partial^2 u}{\partial x^2}(t_k, x_j) = \frac{u_{k,j+1} - 2u_{kj} + u_{k,j-1}}{\Delta x^2} + O(\Delta x^2) \tag{14.12}$$

となるので，点 $(t_k, x_j)$ における式 (14.10) は

$$\frac{u_{k+1,j} - 2u_{kj} + u_{k-1,j}}{\Delta t^2} = c^2 \frac{u_{k,j+1} - 2u_{kj} + u_{k,j-1}}{\Delta x^2}$$

となる。$r^2 := (c\Delta t/\Delta x)^2$ とおき，時間発展方向 ($k$ の順) に上式を整理すると，$k = 0,1,...$ に対して

$$u_{k+1,j} = -u_{k-1,j} + 2(1-r^2)u_{kj} + r^2(u_{k,j+1} + u_{k,j-1}) \tag{14.13}$$

となる。ただし $k = 0$ のときは

$$u_{1j} = -u_{-1,j} + 2(1-r^2)u_{0j} + r^2(u_{0,j+1} + u_{0,j-1}) \ (j = 1, ..., m-1)$$

を用いて $u_{1j}$ を求めることになるが，領域外の $u_{-1,j}$ の値を決めるには一工夫必要になる。

境界条件から $u_{0j} = u_0(x_j)$, $u_{k0} = \alpha(t_k)$, $u_{km} = \beta(t_k)$ となることはすぐに分かる。$u_{-1,j} = u(-\Delta t, x_j)$ は，中心差分商 (12.5) を使って $v_0(x)$ に関する境界条件

$$\frac{\partial u}{\partial t}(0, x) = \frac{u_{0j} - u_{-1,j}}{2\Delta t} + O(\Delta t^2) = v_0(x)$$

より，式 (14.11) と同じ打ち切り誤差のオーダ，つまり $O(\Delta t^2)$ で $u_{-1,j} \approx u_{0j} - 2\Delta t v_0(x)$ が得られることから，これを $u_{-1,j}$ に代入して使用する。

そうすれば式 (14.13) を，$\mathbf{u}_k = [u_{k1} \ u_{k2} \ \cdots \ u_{k,m-1}]^{\mathrm{T}}$ という $m-1$ 次元ベクトルと，

$$C = \begin{bmatrix} 2(1-r^2) & r^2 & & \\ r^2 & \ddots & \ddots & \\ & \ddots & 2(1-r^2) & r^2 \\ & & r^2 & 2(1-r^2) \end{bmatrix} \tag{14.14}$$

という三重対角行列 $C$ を用いて

$$\mathbf{u}_{k+1} = C\mathbf{u}_k - \mathbf{u}_{k-1} + r^2[u_{k0} \ 0 \ \cdots \ 0 \ u_{km}]^{\mathrm{T}} \tag{14.15}$$

と表現できることが分かる。このように初期条件・境界条件から出発し，右辺をそのまま計算すれば $\mathbf{u}_{k+1}$ が自動的に求められる解法を**陽的差分法** (explicit FDM) と呼ぶ。

---

**例題 14.1**

高田[34](140 ページ) より，境界条件を少し変えて

$$u_0(x) = 0, v_0(x) = 0, [a, b] = [0, 1], \alpha(t) = \exp(-ct/\gamma), \beta(t) = 1$$

として解いてみる。この境界条件は $x = b = 1$ で固定された弾性のある棒に対し，$x = a = 0$ の側を一発叩いたという状況に相当する。

1 次元波動方程式の Python スクリプト例を listing 14.1 に示す。　　　　　　　■

---

listing 14.1　波動方程式

```
1  # pde_wave1d.py: 波動方程式ソルバー
2  import numpy as np
3  import scipy.sparse as scsp
```

```
 4
 5   # 境界条件 x in [a, b]
 6   a, b = 0.0, 1.0
 7
 8   # t in [t0, t_end]
 9   t0, t_end = 0.0, 10.0
10
11
12   # alpha(t) = u(t, a), beta(t) = u(t, b)
13   def alpha(t):
14       return np.exp(-t / 2.0)
15
16
17   def beta(t):
18       return 1.0
19
20
21   # u0(x) = u(0, x), v0(t) = Du(0, x)
22   def u0(x):
23       return 0.0
24
25
26   def v0(x):
27       return 0.0
28
29
30   # h = delta t = (t_end - t0) / div_t
31   # k = delta x = (b - a) / div_x
32   div_t = 1000
33   div_x = 50
34   h_t = (t_end - t0) / div_t
35   h_x = (b - a) / div_x
36
37   # t_k, x_j
38   t = [t0 + h_t * k for k in range(1, div_t + 1)]
39   x = [a + h_x * j for j in range(1, div_x)]
40   print('t = ', t)
41   print('x = ', x)
42
43   # lambda = h_x / h_t
44   nlambda = h_x / h_t
45   print('lambda = ', nlambda)
46   if nlambda > 1:
47       print('!!!! Not Converge !!!!')
48
49   # r2 = (c * h / k)^2
50   c = 1.0
51   r2 = (c * h_t / h_x) ** 2
52
53   # 三重対角行列生成
54   dim = div_x - 2
```

```
55   c_upper = [0.0] + [r2] * (dim - 1)
56   c_diag = [2.0 * (1 - r2)] * dim
57   c_lower = [r2] * (dim - 1) + [0.0]
58   c_element = np.array([c_upper, c_diag, c_lower])
59   print('element = \n', c_element)
60   C = scsp.dia_matrix((c_element, [1, 0, -1]), shape=(dim, dim))
61
62   print('C = \n', C.toarray())
63
64   # u_{k-1}, u_k
65   u_km1 = np.array([u0(x[j]) - 2 * h_t * v0(x[j]) for j in range(dim)])
66   u_k = np.array([u0(x[j]) for j in range(dim)])
67   print('u_km1 = ', u_km1)
68   print('u_k   = ', u_k)
69
70   # u_{k+1} := C u_k - u_{k-1} + r2 [u_k0 0...0 u_km]
71   for k in range(div_t):
72       u_kp1 = C @ u_k - u_km1
73       u_kp1[0] += r2 * alpha(t[k])
74       u_kp1[dim - 1] += r2 * beta(t[k])
75
76       u_km1 = u_k
77       u_k = u_kp1
78
79   # u(t_end, x)
80   print('u = ', alpha(t_end), u_kp1, beta(t_end))
```

これを実行して得られた数値解を**図 14.1** に示す。

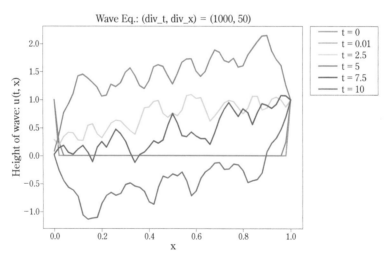

図 14.1　1 次元波動方程式の数値解

## 14.2.2 放物型偏微分方程式の例：1次元熱方程式

1次元熱方程式 (14.6) に対して境界条件

$$t > 0, x \in (0,1), u(0,x) = 1, u(t,0) = u(t,1) = 0 \tag{14.16}$$

を設定し，差分法で解いてみる。波動方程式の差分法同様，$t_k = k\Delta t$, $x_j = j\Delta x$, $\Delta x = 1/m$ と離散化して考える。

■ **陽的差分法**　前進差分商 (12.2) と 2 階導関数の近似式 (12.6) で式 (14.6) を近似すると

$$\frac{\partial u}{\partial t}(t_k, x_j) = \frac{u_{k+1,j} - u_{kj}}{\Delta t^2} + O(\Delta t) \tag{14.17}$$

$$\frac{\partial^2 u}{\partial x^2}(t_k, x_j) = \frac{u_{k,j+1} - 2u_{kj} + u_{k,j-1}}{\Delta x^2} + O(\Delta x^2) \tag{14.18}$$

から，

$$u_{k+1,j} = u_{k,j} + s(u_{k,j+1} - 2u_{kj} + u_{k,j-1}) \tag{14.19}$$

となる。ここで $s = \Delta t/(\Delta x)^2$ である。境界条件より $u_{0j} = 1$, $u_{k0} = u_{km} = 0$ となる。

そうすれば，$\mathbf{u}_k = [u_{k1}\ u_{k2}\ \cdots\ u_{k,m-1}]^\mathrm{T}$ とすると

$$D = \begin{bmatrix} -2 & 1 & & \\ 1 & \ddots & \ddots & \\ & \ddots & -2 & 1 \\ & & 1 & -2 \end{bmatrix} \tag{14.20}$$

という三重対角行列 $D$ を用いて式 (14.19) は

$$\begin{aligned} \mathbf{u}_{k+1} &= sD\mathbf{u}_k + \mathbf{u}_k + s[u_{k0}\ 0\ \cdots\ 0\ u_{km}]^\mathrm{T} \\ &= (I + sD)\mathbf{u}_k \end{aligned} \tag{14.21}$$

と記述できる。これは対称な三重対角行列 $I + sD$ に対して正規化を行わないべき乗法 (アルゴリズム 9.1) を適用していることになり，発散しないためには絶対値最大固有値が 1 を超えないように $s$ を小さくとる必要があることが分かる。この場合の Python スクリプト例を listing 14.2 に示す。

**listing 14.2**　熱方程式 (陽的差分法)

```
1  # pde_heat1d.py  :熱方程式ソルバー（陽的解法）
2  import numpy as np
3  import scipy as sc
4  import scipy.sparse as scsp
5
```

```
 6    # 境界条件  x in [a, b]
 7    a, b = 0.0, 1.0
 8
 9    # t in [t0, t_end]
10    t0, t_end = 0.0, 1.0
11
12
13    # ut0(x) = u(0, x), uxa(t) = u(t, a), uxb(t) = u(t, b)
14    def ut0(x):
15        return 1.0
16
17
18    def uxa(t):
19        return 0.0
20
21
22    def uxb(t):
23        return 0.0
24
25
26    # h = delta t = (t_end - t0) / div_t
27    # k = delta x = (b - a) / div_x
28    div_t = 100
29    div_x = 5
30    h_t = (t_end - t0) / div_t
31    h_x = (b - a) / div_x
32
33    # t_k, x_j
34    t = [t0 + h_t * k for k in range(1, div_t + 1)]
35    x = [a + h_x * j for j in range(1, div_x)]
36    print('t = ', t)
37    print('x = ', x)
38
39    # s = h_t / h_x^2
40    s = h_t / (h_x ** 2)
41
42    # 三重対角行列生成 (*)
43    dim = div_x - 2
44    d_upper = [0.0] + [1.0] * (dim - 1)
45    d_diag  = [-2.0] * dim
46    d_lower = [1.0] * (dim - 1) + [0.0]
47    d_element = np.array([d_upper, d_diag, d_lower])
48    print('element = \n', d_element)
49    D = scsp.dia_matrix((d_element, [1, 0, -1]), shape=(dim, dim))
50    IpsD = scsp.eye(dim) + s * D
51
52    print('s = ', s)
53    print('I + sD = \n', IpsD.toarray())
54
55    # u_k
56    u_k = np.array([ut0(x[j]) for j in range(dim)])
```

```
57    print('u_k    = ', u_k)
58
59    # u_{k+1} := (I + sD) u_k
60    for k in range(div_t):
61        u_kp1 = IpsD @ u_k
62        u_k = u_kp1
63        t = t0 + (k + 1) * h_t
64        print(t, u_kp1)
65
66    # u(t_end, x)
67    print('u = ', uxa(t_end), u_kp1, uxb(t_end))
```

listing 14.2 を使って数値解を求めた結果を**図 14.2** に示す。$\Delta t = 1/100$ と固定し，左図は $\Delta x = 1/5$，右図は $\Delta x = 1/10$ と指定した。この結果，右図の方は不安定化した数値解となっている。

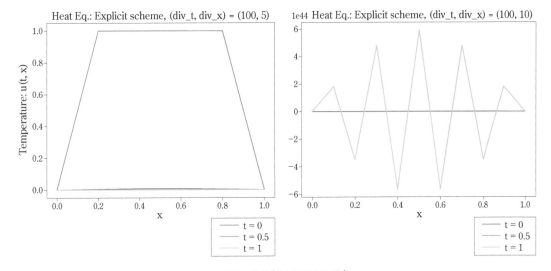

図 14.2 　陽的解法の不安定現象

■ **陰的差分法** 　陰的オイラー法 (13.9) と同様に，式 (14.6) の 2 階導関数の近似式 (12.6) を $t_{k+1}$ でとるようにし，左辺は前述同様，時間に対する前進差分商 (14.17) で近似すると

$$-su_{k+1,j+1} + (2s+1)u_{k+1,j} - su_{k+1,j-1} = u_{k,j} + s[u_{k0}\ 0\ \cdots\ 0\ u_{km}]^{\mathrm{T}} \tag{14.22}$$

となる。$s = \Delta t/(\Delta x)^2$ である。そうすれば $u_k = [u_{k1} \cdots u_{k,m-1}]^{\mathrm{T}}$ とし，行列 $E = I - sD$，すなわち式 (14.20) の三重対角行列を用いて

$$E = I - sD = \begin{bmatrix} 2s+1 & -s & & \\ -s & \ddots & \ddots & \\ & \ddots & 2s+1 & -s \\ & & -s & 2s+1 \end{bmatrix}$$

とし，境界条件を考慮して

$$E\mathbf{u}_{k+1} = \mathbf{u}_k \tag{14.23}$$

という連立一次方程式を得るので，$\mathbf{u}_{k+1}$ について解けばよいことになる。この場合，$s$ の大きさによらず，安定的に解が得られることが知られている。

listing 14.2 において (*) 以下を，三重対角行列を生成し疎行列用の直接法で解くために，次のように書き換えれば陰的差分法のスクリプトになる。

**listing 14.3 熱方程式 (陰的差分法)(抜粋)**

```
42  # 三重対角行列生成 (**)
43  dim = div_x - 2
44  e_upper = [0.0] + [-s] * (dim - 1)
45  e_diag  = [2.0 * s + 1.0] * dim
46  e_lower = [-s] * (dim - 1) + [0.0]
47  e_element = np.array([e_upper, e_diag, e_lower])
48  print('element = ', e_element)
49  E = scsp.dia_matrix((e_element, [1, 0, -1]), shape=(dim, dim))
50
51  print('s = ', s)
52  print('E = \n', E.toarray())
53
54  # LU 分解
55  E_csc = E.tocsc()   # SuperLU は CSC 形式のみ
56  lu_E = scsplinalg.splu(E_csc)  # LU 分解
57  # u_k
58  u_k = np.array([ut0(x[j]) for j in range(dim)])
59  print('u_k   = ', u_k)
60
61  # E u_{k+1} = u_k
62  for k in range(div_t):
63      u_kp1 = lu_E.solve(u_k)
64      u_k = u_kp1
65
66  # u(t_end, x)
67  print('u = ', uxa(t_end), u_kp1, uxb(t_end))
```

上記の書き換えを行って陰的差分法で求めた数値解を**図 14.3** に示す。$\Delta t = 1/100$ と固定し，左図は $\Delta x = 1/10$，右図は $\Delta x = 1/100$ と指定したものである。陰的差分法ではどちらも不安定化することなく数値解が得られていることが分かる。

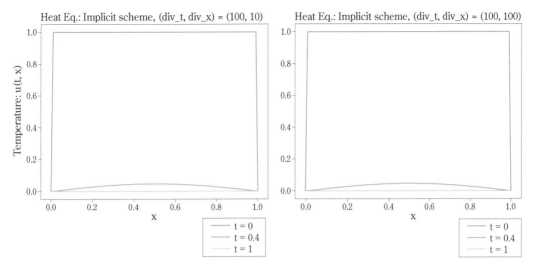

図 14.3　陰的差分法による数値解

### 14.2.3　楕円型偏微分方程式の例：2次元ポアソン方程式

楕円型偏微分方程式の例として，ポアソン方程式を考える。以下の解説は Stoer & Bulirsch[33] に基づくものである。

ポアソン方程式 (14.9) に次のディリクレ (Dirichlet) 境界条件

$$u(x,y) = 0 \quad (x,y) \in \partial D, D \subset \mathbb{R}^2 \tag{14.24}$$

が添えられるとき，これを差分法で解いてみる。簡単のため，2次元閉領域 $D$ は $D = [0,1] \times [0,1]$ の矩形とする。

この矩形を $x$ 方向，$y$ 方向にそれぞれ $n$ 等分割し，区間幅を $h = 1/n$ とする。各端点を $x_i = x_0 + ih$, $y_j = y_0 + jh$ とする。ただし $x_0 = 0$, $y_0 = 0$ である。このとき，ポアソン方程式 (14.9) の左辺を，$x$ 方向，$y$ 方向の式 (12.6) に基づく差分商で置き換えると，点 $(x_i, y_j)$ においては，差分商の誤差を除いて

$$\frac{1}{h^2}\left(u(x_i, y_{j-1}) + u(x_{i-1}, y_j) - 4u(x_i, y_j) + u(x_{i+1}, y_j) + u(x_i, y_{j+1})\right) = g(x_i, y_j) \tag{14.25}$$

$$(i = 1, 2, ..., n-1, \ j = 1, 2, ..., n-1)$$

という等式を満足すればよいことになる。以下，$u_{ij} = u(x_i, y_j)$, $g_{ij} = g(x_i, y_j)$ と書き換え，$x$ 方向にこの近似式を並べていくと，次のような $(n-1)^2$ 次元の連立一次方程式となる。

$$\frac{1}{h^2}
\begin{bmatrix}
\begin{array}{cccc|cccc|cccc|cccc}
-4 & 1 & & & 1 & & & & & & & & & & & \\
1 & \ddots & \ddots & & & \ddots & & & & & & & & & & \\
 & \ddots & \ddots & 1 & & & \ddots & & & & & & & & & \\
 & & 1 & -4 & & & & 1 & & & & & & & & \\
\hline
1 & & & & -4 & 1 & & & \ddots & & & & & & & \\
 & \ddots & & & 1 & \ddots & \ddots & & & \ddots & & & & & & \\
 & & \ddots & & & \ddots & \ddots & 1 & & & \ddots & & & & & \\
 & & & 1 & & & 1 & -4 & & & & \ddots & & & & \\
\hline
 & & & & \ddots & & & & \ddots & & & & 1 & & & \\
 & & & & & \ddots & & & & \ddots & & & & \ddots & & \\
 & & & & & & \ddots & & & & \ddots & & & & \ddots & \\
 & & & & & & & \ddots & & & & \ddots & & & & 1 \\
\hline
 & & & & & & & & 1 & & & & -4 & 1 & & \\
 & & & & & & & & & \ddots & & & 1 & \ddots & \ddots & \\
 & & & & & & & & & & \ddots & & & \ddots & \ddots & 1 \\
 & & & & & & & & & & & 1 & & & 1 & -4 \\
\end{array}
\end{bmatrix}$$

$$\times
\begin{bmatrix}
u_{11} \\ \vdots \\ u_{n-1,1} \\ \hline u_{12} \\ \vdots \\ u_{n-1,2} \\ \hline \vdots \\ \hline u_{1,n-1} \\ \vdots \\ u_{n-1,n-1}
\end{bmatrix}
=
\begin{bmatrix}
g_{11} \\ \vdots \\ g_{n-1,1} \\ \hline g_{12} \\ \vdots \\ g_{n-1,2} \\ \hline \vdots \\ \hline g_{1,n-1} \\ \vdots \\ g_{n-1,n-1}
\end{bmatrix}
\tag{14.26}$$

問題 14.1 ポアソン方程式の差分法から得られる連立一次方程式が式 (14.26) のようになることを確認せよ。特にディリクレ境界条件に留意して考えよ。

■ Python スクリプト例 (1/2): 係数行列の生成　ポアソン方程式の近似解を求める Python スクリプ

トの前半部分を listing 14.4 に示す。

式 (14.26) の左辺の係数行列のような，小行列を組み合わせた疎行列を**ブロック疎行列** (block sparse matrix) と呼ぶ。これを生成するために，以下のスクリプトでは行列の**クロネッカー積** (Kronecker product) を計算する kron 関数を用いて係数行列を求めている。

listing 14.4　ポアソン方程式 (前半部分)

```python
# pde_poisson.py: ポアソン方程式ソルバー
import numpy as np
import scipy.sparse as scsp
import scipy.sparse.linalg as scsplinalg


# ポアソン方程式用の係数行列生成
def poisson_2d_matrix(h, n, ldim):

    # 対角ブロック成分
    tmp_diag_element = np.array([
        [ 1.0] * (n - 1),
        [-4.0] * (n - 1),
        [ 1.0] * (n - 1)
    ])
    poisson_diag_mat = scsp.spdiags(tmp_diag_element, [-1, 0, 1], n - 1, n - 1 )

    # ポアソン方程式の係数行列生成
    # I kprod A + L kprod B
    # L: Tridiagonal matrix with all one element - I
    poisson_mat_pattern = scsp.spdiags(
        np.array([[1] * ldim, [0] * ldim, [1] * ldim]),
        [-1, 0, 1],
        ldim,
        ldim
    )
    poisson_mat = scsp.kron(scsp.eye(ldim), poisson_diag_mat) + scsp.kropoisson_mat_pattern
    , scsp.eye(n - 1))
    print(poisson_mat.toarray())

    return poisson_mat
```

例えば $n = 4, 8$ のときの係数行列は**図 14.4** のようになる。

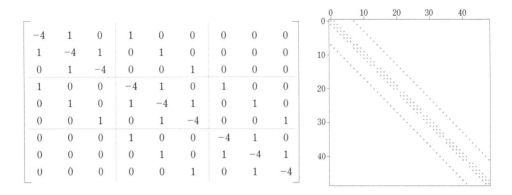

図 14.4 　ポアソン方程式離散化後の係数行列: $n = 4$ のときの係数行列 (左), $n = 8$ のときの係数行列 (右)

■ **Python スクリプト例 (2/2): 連立一次方程式の求解**　式 (14.26) の連立一次方程式を生成し，疎行列用のソルバーを使って解くスクリプトの続きを listing 14.5 に示す。デフォルトでは spsolve 関数を使っているが，他の反復法も利用してみるとよい。

listing 14.5 　ポアソン方程式 (後半部分)

```
31   # g(x, y)
32   def gfunc(x, y):
33       return -1.0
34
35
36   # 定数ベクトルb 生成
37   def poisson_2d_vec(min_x, max_x, num_div_x, min_y, max_y, num_div_y):
38       b = np.array([0.0] * ((num_div_x - 1) * (num_div_y - 1)))
39       h_x = (max_x - min_x) / num_div_x
40       h_y = (max_y - min_y) / num_div_y
41       for i in range(1, num_div_x):
42           x = min_x + h_x * i
43           index = (num_div_x - 1) * (i - 1)
44           for j in range(1, num_div_y):
45               y = min_y + h_y * j
46               b[index] = gfunc(x, y)
47               index += 1
48
49       return b
50
51
52   # ブロック疎行列生成
53   n = 8   # x, y 方向分割数
54   num_div_x = n
55   num_div_y = n
56
57   # x in [min_x, max_x]
58   min_x, max_x = 0.0, 1.0
```

```
59
60   # y in [min_y, max_y]
61   min_y, max_y = min_x, max_x
62
63   # x, y 座標値をセット
64   x = np.linspace(min_x, max_x, num_div_x)
65   y = np.linspace(min_y, max_y, num_div_y)
66
67   h = (max_x - min_x) / float(n) ** 2
68   ldim = n - 1  # ブロック数
69
70   # 行列生成
71   spmat = poisson_2d_matrix(h, n, ldim)
72   print(spmat)
73   # to CSR
74   spmat_a = scsp.csr_matrix(spmat)
75
76   # 定数ベクトル生成
77   vec_b = poisson_2d_vec(min_x, max_x, num_div_x, min_y, max_y, num_div_y)
78   vec_b = h * vec_b
79   print(vec_b)
80
81   # 連立一次方程式を解く
82   tmp_u = scsplinalg.spsolve(spmat_a, vec_b)
83   print('tmp_u = ', tmp_u)
84
85   # u(x, y)を表示
86   u = np.array([[0.0] * (num_div_x + 1)] * (num_div_y + 1))
87   for i in range(1, num_div_x):
88       for j in range(1, num_div_y):
89           u[i, j] = tmp_u[(i - 1) * (num_div_x - 1) + (j - 1)]
90
91   print(u)
```

解いた結果得られる $u(x, y)$ を 3 次元グラフとして表現したものを**図 14.5** に示す。

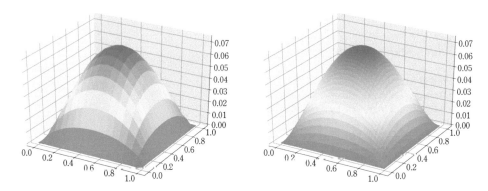

図 14.5　ポアソン方程式の解：$n = 16, 128$

# 演習問題

**14.1**　[発展] 3 次元のポアソン方程式

$$\frac{\partial^2 u}{\partial x^2} + \frac{\partial^2 u}{\partial y^2} + \frac{\partial^2 u}{\partial z^2} = g(x, y, z) \tag{14.27}$$

に，次のディリクレ境界条件

$$u(x, y, z) = 0 \quad (x, y, z) \in \partial D, D \subset \mathbb{R}^3 \tag{14.28}$$

が添えられたとする。ここで 3 次元閉領域 $D$ は $D = [0, 1] \times [0, 1] \times [0, 1]$ の矩形とする。

　式 (14.27) を 2 次元のポアソン方程式 (14.9) と同様にして差分法で解くための数値スキームを考えよ。そのとき，解くべき連立一次方程式の次元数はどうなるか？

## ● 参考文献

1) M. Abramowitz and I. A. Stegun. *Handbook of Mathematical Functions*. Dover, 1965.

2) 安藤洋美. 最小二乗法の歴史. 現代数学社, 1995.

3) D. H. Bailey. QD. `https://www.davidhbailey.com/`

4) J. C. Butcher. *The Numerical Analysis of Ordinary Differential Equations*. John Wiley & Sons, 1987.

5) J. R. Dormand and P. J. Prince. A family of embedded Runge-Kutta formulae. *Journal of Computational and Applied Mathematics*, Vol. 6, No. 1, pp. 19–26, 1980.

6) A. Enge, P. Théveny, and P. Zimmermann. MPC. `http://www.multiprecision.org/mpc/`

7) G. E. フォーサイス・C. B. モウラー 著, 渋谷政昭・田辺國士 訳. 計算機のための線形計算の基礎. 培風館, 1969.

8) T.Granlund and GMP development team. The GNU Multiple Precision Arithmetic Library. `https://gmplib.org/`

9) E. ハイラー・G. ヴァンナー 著, 三井斌友 監訳. 常微分方程式の数値解法 II 応用編. シュプリンガー・ジャパン, 2008.

10) E. ハイラー・S.P. ネルセット・G. ヴァンナー 著, 三井斌友 監訳. 常微分方程式の数値解法 I 基礎編. シュプリンガー・ジャパン, 2007.

11) P. ヘンリチ 著, 清水留三郎・小林光夫 訳. 計算機による常微分方程式の解法 I, II. サイエンス社, 1973.

12) N. J. Higham and T. Mary. A new approach to probabilistic rounding error analysis. *SIAM Journal on Scientific Computing*, Vol. 41, No. 5, pp. A2815–A2835, 2019.

13) C. V. Horsen. General multi-precision arithmetic for python 2.6+/3+ (gmp, mpir, mpfr, mpc). `https://github.com/aleaxit/gmpy`

14) 井上正雄. 簡明 微積分ハンドブック. 聖文社, 1991.

15) 伊理正夫, 藤野和建. 数値計算の常識. 共立出版, 1985.

16) M. K. Jain. *Numerical Solution of Differential Equations*. Wiley Eastern Limited, second edition, 1987.

17) 神保進一. 最新マイクロプロセサテクノロジ. 日経 BP 社, 1999.

18) F. Johansson, et al.. *mpmath: a Python library for arbitrary-precision floating-point arithmetic (version 0.18)*, December 2013. `http://mpmath.org/`

19) R. T. Kneusel. *Numbers and Computers*. Springer, 2015.

20) 幸谷智紀, 永坂秀子. IEEE754 規格を利用した丸め誤差の測定法について. 日本応用数理学会論文誌, Vol. 7, No. 1, pp. 79–89, 1997.

21) 幸谷智紀. 並列化した多倍長陰的 Runge-Kutta 法の性能分析. 情報処理学会研究報告 (HPC), Vol. 2013, No. 18, pp. 1–8, 2013.

22) T. Kouya. Practical implementation of high-order multiple precision fully implicit Runge-Kutta methods with step size control using embedded formula. *International Journal of Numerical Methods and Applications*, Vol. 9, No. 2, pp. 85–108, 2013.

23) 幸谷智紀. 多倍長精度数値計算. 森北出版, 2019.

24) 三井斌友. 数値解析入門. 朝倉書店, 1985.

25) 三井斌友. 微分方程式の数値解法 I. 岩波書店, 1998.

26) MPFR Project. The GNU MPFR library. https://www.mpfr.org/

27) 二宮市三 編. 数値計算のつぼ. 共立出版, 2004.

28) 二宮市三. 科学計算への二つの提案. 応用数理, Vol. 2, No. 1, pp. 2–8, 1992.

29) 奥村晴彦 他. Java によるアルゴリズム事典. 技術評論社, 2003.

30) 大野博. 25 段 12 次陽的ルンゲ・クッタ法構成の試み. 日本応用数理学会論文誌, Vol. 16, No. 3, pp. 177–186, 2006.

31) L. F. Shampine. Some practical Runge-Kutta formulas. *Mathematics of Computation*, Vol. 46, No. 173, pp. 135–150, 1986.

32) 下條隆嗣. カオス力学入門. 近代科学社, 1992.

33) J. Stoer and R. Bulirsch. *Introduction to Numerical Analysis*. Springer-Verlarg, 1980.

34) 高田勝. 機械計算法. 養賢堂, 1981.

35) 田中正次, 高山尚文, 山下茂. 7 段数 6 次陽的 Runge-Kutta 法の最適化について. 情報処理学会論文誌, Vol. 33, No. 8, pp. 993–1005, 1992.

36) 田中正次, 村松茂, 山下茂. 9 段数 7 次陽的 Runge-Kutta 法の最適化について. 情報処理学会論文誌, Vol. 33, No. 12, pp. 1512–1526, 1992.

37) 田中正次, 山下忠志, 山下茂. 2 段数陰的 Runge-Kutta 法について. 情報処理学会論文誌, Vol. 36, No. 2, pp. 226–235, 1995.

38) 田中正次, 山下忠志, 三村和正, 山下茂. 3 段数陰的 Runge-Kutta 法について. 情報処理学会論文誌, Vol. 36, No. 3, pp. 509–518, 1995.

39) L. N. Trefethen 著, 岡田裕・三井斌友 訳. 数値解析の定義. 日本応用数理学会論文誌, Vol. 3, No. 2, pp. 133–137, 1993.

## ● 問題略解

Python スクリプトはサポートページ (https://github.com/tkouya/inapy) から提供しているので，そちらもあわせて参照されたい。

### ● 第1章

**問題 1.1** (略) Excel でも OpenCalc でも簡単にできる。

#### ■ 演習問題

1.1 $1.20196971\cdots$

1.2 一般に，操作が容易でとっつきやすいソフトウェアは計算時間を要し，必要最小限の機能しか持たないソフトウェアは高速な処理が可能であるが，ユーザには習熟を要求しがちである。また，ハードウェアの高速化機能 (マルチスレッド，SIMD 命令) を最大限発揮できるかどうかも高速化のためには重要である。ただし，「高速化」よりも「使いやすさ」が重要な場合もあるので，両者の重みづけを勘案しながら最適なものを選ぶことが求められる。

1.3 数値計算結果の精度 (accuracy) を上げるには，打ち切り誤差 (理論誤差) と丸め誤差を小さく抑える必要がある。前者は高精度化，後者は多倍長精度浮動小数点数の利用で達成することができる。一方，計算時間の短縮は，目的とする結果に対して最少の計算回数で実行できるようにすることに尽きる。これは精度向上とは反するものである。数値計算を実用に供する場合は，このトレード・オフの要求の最適点を探ることが常に求められる。

### ● 第2章

#### ■ 演習問題

2.1 `test_decimal.py` 参照。

2.2 $x \approx (3 + 6.6667 \times 10^{-1})/1.4142$ を計算。`test_decimal.py` 参照。

2.3 $n$ ビットで $0 \sim 2^{n-1}$ の自然数が表現可能。

2.4 $0.\dot{a_1}a_2a_3\dot{a_4} = a_1a_2a_3a_4/9999$。

2.5 `test_decimal.py` 参照。

2.6 RN$(\pm\sqrt{2})$ = RZ$(\pm\sqrt{2})$ = $\pm 1.4142$, RM$(+\sqrt{2})$ = $1.4142$, RM$(-\sqrt{2})$ = $-1.4143$, RP$(+\sqrt{2})$ = $1.4143$, RP$(-\sqrt{2})$ = $1.4142$。

### 第 3 章

**問題 3.1** (略)

**問題 3.2** `quadratic_eq.py` 参照。

**問題 3.3** `quadratic_eq_c.py` 参照。

**問題 3.4** `quadratic_eq_np.py` 参照。

**問題 3.5** `relerr.py` 参照。

**問題 3.6** (略)

**問題 3.7** `quadratic_eq_mod.py` 参照。

■ 演習問題

3.1 `quadratic_eq_c2.py` 参照。

3.2 `sum_3cubes.py` 参照。入力数の桁数が増えると，浮動小数点数では桁落ちのため正確な計算ができない。

● 第 4 章

**問題 4.1** それぞれのスクリプト参照。

**問題 4.2** 10 進 300 桁以上は確保する必要がある。ちなみに $x_{1000} = 0.353754611 \cdots$。

● 第 5 章

**問題 5.1** アルゴリズム 10.3 参照。

**問題 5.2** `newton_sqrt.py` 参照。

**問題 5.3** $1/(17 + 1)! = 1.5619 \cdots \times 10^{-16}$ なので，$m = 17$ 項まで計算しておけばよい。

**問題 5.4** `maclaurin_exp2.py` 参照。

**問題 5.5** `maclaurin_sin.py` 参照。

**問題 5.6** `maclaurin_log.py` 参照。

■ 演習問題

5.1 `newton_cbrt.py` 参照。平方根用のニュートン法より初期値が解より遠いと収束しづらくなる。

5.2 `hyperbolic_sincos.py` 参照。

● 第 6 章

**問題 6.1** (略)

**問題 6.2**

|  | 加減算 | 乗算 | 計算量 |
|---|:---:|:---:|:---:|
| $\alpha\mathbf{a} \pm \beta\mathbf{b}$ | $n$ | $2n$ | $O(n)$ |
| $(\alpha A \pm \beta B)C$ | $n^3$ | $n^3 + 2n^2$ | $O(n^3)$ |
| $(\mathbf{a}, \mathbf{b})$ | $4n-2$ | $4n$ | $O(n)$ |

**問題 6.3** $\mathbf{z} = [-23, -22, -21, -20, -19]^{\mathrm{T}}$。

1. $(\mathbf{z}, \mathbf{x}) = -305$

2. $\|\mathbf{z}\|_1 = 105, \|\mathbf{z}\|_2 = \sqrt{2215}, \|\mathbf{z}\|_\infty = 23$

■ 演習問題

6.1 `relerr_norm_complete.py` 参照。

6.2 `bench_matmul.py` 参照。既存の dot メソッドや@演算子に比べて圧倒的に低速である。

● 第7章

**問題 7.1** $L(D(U\mathbf{x})) = \mathbf{b}$ より, $L\mathbf{z} = \mathbf{b} \rightarrow D\mathbf{y} = \mathbf{z} \rightarrow U\mathbf{x} = \mathbf{y}$ の順に解けばよい。

**問題 7.2** `lu2.py` 参照。

**問題 7.3** (略)

**問題 7.4** `linear_eq_cholesky2.py` 参照。

■ 演習問題

7.1 (a)

$$L = \begin{bmatrix} 1 & 0 & 0 & 0 \\ \boxed{(1)\ 0} & 1 & 0 & \boxed{(2)\ 0} \\ 0 & -\frac{3}{8} & \boxed{(3)\ 1} & 0 \\ \boxed{(4)\ 0} & 0 & \boxed{(5)\ -\frac{8}{21}} & 1 \end{bmatrix}$$

$$U = \begin{bmatrix} 3 & \boxed{(6)\ -1} & 0 & \boxed{(7)\ 0} \\ \boxed{(8)\ 0} & \frac{8}{3} & -1 & 0 \\ 0 & 0 & \boxed{(9)\ \frac{21}{8}} & -1 \\ 0 & 0 & 0 & \boxed{(10)\ \frac{55}{21}} \end{bmatrix}$$

(b)

$$Ly = \mathbf{b} \rightarrow \mathbf{y} = \begin{bmatrix} -1 \\ \frac{2}{3} \\ -\frac{7}{4} \\ \frac{55}{3} \end{bmatrix}$$

$$U\mathbf{x} = \mathbf{y} \rightarrow \mathbf{x} = \begin{bmatrix} 0 \\ 1 \\ 2 \\ 7 \end{bmatrix}$$

7.2 lu3.py 参照。

7.3 $L$ と $U$ も二重対角行列となるので，LU 分解も前進・後退代入も大幅に計算量を減らすことができる。

● 第 8 章

**問題 8.1** 密行列形式では以下の通り。COO, CSC 形式の場合は sparse_format_detail.py を実行して確認せよ。

$$B = \begin{bmatrix} 4 & 0 & 3 \\ 0 & 2 & 0 \\ 0 & 0 & 1 \end{bmatrix}$$

**問題 8.2** サイズ $n$ に比例して計算時間は増加する。この 4 つの行列すべてが倍精度計算で有効 6 桁以上の数値解を直接法で求めることができる。

**問題 8.3** bcsstm22 と memplus は収束する。jacobi_iteration_sparse.py を実行して確認すること。

**問題 8.4** 計算環境によって変化するが，経験上 200〜300 桁ぐらいが最短になることが多いようである。

■ 演習問題

8.1 (略)

● 第 9 章

**問題 9.1** eig.py 参照。

**問題 9.2** まず $(\mathbf{q}_1, \mathbf{q}_2) = 0$ を確認する。次に $\mathbf{q}_1, \mathbf{q}_2, ..., \mathbf{q}_k$ が正規直交基底であるという仮定のもとで，$\mathbf{q}_{k+1} = \mathbf{a}_k - \sum_{j=1}^{k}(\mathbf{a}_i, \mathbf{q}_j)\mathbf{q}_j$ を使って，$(\mathbf{q}_{k+1}, \mathbf{q}_k) = 0$ を示す。

**問題 9.3** 一般的傾向としてべき乗法が最も高速で，QR 分解法ですべての固有値を求める場合は最も

低速になる。実用的には収束を加速させる方法が使用されているので，サイズの小さい行列の場合，良条件問題に対しては何も工夫しない逆べき乗法より高速になるかもしれない。

■ 演習問題

9.1 `power_eig_pro1.py` 参照。
9.2 `eig2.py` 参照。
9.3 (略)

● 第 10 章

**問題 10.1** 1. と 3. は代数方程式，2. は非線形方程式。
**問題 10.2** 1. $x_{k+1} := x_k - (1 - \cos x_k)/(x_k - \sin x_k)$　2. 実数解は $x = \phi$。収束は遅い。
**問題 10.3**

$$\begin{bmatrix} 1 & 1 & 1 \\ x_2 x_3 & x_1 x_3 & x_1 x_2 \\ 2x_1 & 2x_2 & 2x_3 \end{bmatrix}$$

**問題 10.4** (略)

■ 演習問題

10.1 漸化式を $f(x) = x^2 - \tan 2x + 2$ として $f'(x)$ を求めること。
10.2 (略)
10.3 $A\mathbf{x} = \mathbf{b}$ より $\mathbf{f}(\mathbf{x}) = \mathbf{b} - A\mathbf{x}$ とすれば $\mathbf{f}(\mathbf{x}) = 0$ を解けば良いことになる。
10.4 (略)
10.5 (略)
10.6 `cardano_ferrari.py` 参照。
10.7 `cardano_ferrari.py` 参照。

● 第 11 章

**問題 11.1** $n = 6, 11, 21$ のとき，それぞれ $\kappa_2(V) \approx 3785.8, 30484433.0, 3122632562091173.0$ となる。
**問題 11.2** どちらも連立一次方程式 (11.2) の一意解と一致する。
**問題 11.3** $p_3(x) = (3/2)x^2 + (3/2)x - x + 1$ となる。
**問題 11.4** 式 (11.2) の $i$ 行目は補間条件 $p_n(x_i) = \sum_{k=1}^n c_k x_i^{k-1} = f_i (i = 1, 2, ..., n)$ を意味する。まずこの $n$ 個の等式の左辺と右辺をそれぞれ足して整理すると $c_1 n + c_2 \sum_{k=1}^n x_k + \cdots + c_n \sum_{k=1}^n x_k^{n-1} = \sum_{k=1}^n f_k$ を得る。次に，両辺に $x_i$ を乗じて同様に足して整理すると $c_1 \sum_{k=1}^n x_k + c_2 \sum_{k=1}^n x_k^2 + \cdots + c_n \sum_{k=1}^n x_k^n = \sum_{k=1}^n f_k x_k$ を得る。同様に $x_i^2, ..., x_i^{n-1}$

を両辺に乗じて加えて整理すると，$c_1 \sum_{k=1}^{n} x_k^2 + c_2 \sum_{k=1}^{n} x_k^3 + \cdots + c_n \sum_{k=1}^{n} x_k^{n+1} = \sum_{k=1}^{n} f_k x_k^2, ..., c_1 \sum_{k=1}^{n} x_k^{n-1} + c_2 \sum_{k=1}^{n} x_k^n + \cdots + c_n \sum_{k=1}^{n} x_k^{2(n-1)} = \sum_{k=1}^{n} f_k x_k^{n-1}$ を得るので，まとめると式 (11.10) の形に表現される。したがって，$n = m$ かつ $\phi_i(x) = x^{i-1}$ のときは，式 (11.2) と式 (11.10) は同じものと言える。

**問題 11.5** 下図のように，スムーズに補間されている。

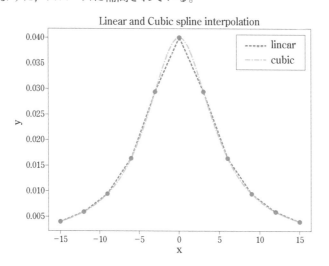

■ 演習問題

11.1 (a)

| $f_{i2}(x)$ | $f_{i3}(x)$ | $f_{i4}(x)$ |
|---|---|---|
| (1) $-3x + 5$ | | |
| (2) $7x - 15$ | (3) $5x^2 - 18x + 15$ | |
| $-3x + 15$ | (4) $-5x^2 + 32x - 45$ | (5) $-10/3x^3 + 25x^2 - 164/3x + 35$ |

    (b) (略)

11.2 (a) $p_3(x) = (5/3)x^3 - x^2 - (11/3)x + 2$ より，$p_3(0.5) = 0.125$。

    (b) $p_4(x) = (1/3)x^4 + x^3 - (4/3)x^2 - 3x + 2$ より，$p_4(0.5) = 0.3125$。

11.3 (略)

11.4 (略)

● 第 12 章

**問題 12.1** 前進差分商，後退差分商は，$h = 10^{-3}$ で相対誤差が $8.0 \times 10^{-4}$ となる。中心差分商は

$h = 10^{-1}$ で $1.3 \times 10^{-4}$ の相対誤差になる。

**問題 12.2** `deriv2.py` 参照。

**問題 12.3** $f'(x) = \exp(\sin x) \cdot \cos x + 6x^2$。スクリプトは `autograd_diff2.py` 参照。

**問題 12.4** `integration_scipy.py` 参照。すべて広義積分だが良い定積分の近似値が得られていることが分かる。

**問題 12.5** `integration_simple2.py` 参照。

**問題 12.6** `integration_simple2.py` 参照。

■ 演習問題

12.1 `integration_simple2.py` 参照。

12.2 `integration_simple2.py` 参照。4 点公式は `gauss4_int` 関数参照。

12.3 (略)

12.4 `integration_simple2.py` の `modtrapezoidal_int` 関数参照。

● 第13章

**問題 13.1** $|f(x, z_1) - f(x, z_2)| = |z_1 - z_2|$ より $L = 1$。

**問題 13.2** 1. 詳細は `ode_ivp_fixed_step.py` 参照。解析解も記述してある。

   2. ヒントの通りに $k_1$, $k_2$, $k_3$, $k_4$ の右辺を $f(x, y)$ についてテイラー展開し，項別に整理すると係数が一致していることが分かる。

**問題 13.3** (略)

**問題 13.4** $y(x) = u(x)v(x)$ とすると，$dy/dx = y'(x) = u'(x)v(x) + u(x)v'(x)$, $dy^2/dx^2 = y''(x) = u''(x)v(x) + 2u'(x)v'(x) + u(x)v''(x)$ である。これを代入して $u''(x)$ について解き，$v'(x) = R(x)v(x)/2$ を解いて得られる $v(x)$ を使用すると $u'(x)$ の項を消去でき，式 (11.18) を得る。このとき，$p(x) = (R(x)v'(x) - v''(x) + P(x)v(x))/v(x)$, $q(x) = Q(x)/v(x)$ となる。

**問題 13.5** 1. 式 (12.6) の数値微分に基づく。

   2. $y(0) = 0$ となり，$x = 0$ 近辺で桁落ちするため。

   3. $h \to 0$ となるので，対角成分が $-2$ に近づいていき，$n$ が大きくなるにつれて徐々に条件数も大きくなっていくことが予想される。

■ 演習問題

13.1 `ode_ivp_fixed_step_graph.py` の `erk76` 関数参照。

13.2 (a) 解析解は $y(x) = \exp(x^3/3)$。(b)(c) (略)

13.3 `ode_roessler.py` 参照。$\mu = 5$ で倍精度計算ではギリギリ $x = 500$ の数値解に精度があるかどうか。丸め誤差の影響なので，数値解の精度を増やすには多倍長精度計算を行う必要がある。

### 第14章

**問題 14.1** (略)

### ■ 演習問題

14.1 2次元で三重のブロック対角行列になったので，3次元でも同様に，より広いブロック対角行列になる。次元数は $x, y, z$ 方向それぞれ $n$ 分割したとすると，境界条件分を除いて $(n-1)^3$ になる。

# 索引

**著者紹介**

幸谷智紀 博士（理学）
1997 年 日本大学大学院理工学研究科博士後期課程修了
現 在 静岡理工科大学情報学部 教授
著 書 （共著）『基礎から身につける線形代数』共立出版（2014）
『LAPACK/BLAS 入門』森北出版（2016）
『多倍長精度数値計算』森北出版（2019）
（共著）『情報数学の基礎 第 2 版』森北出版（2020）

NDC418.1　271p　24cm

**Python数値計算プログラミング**

2021 年 3 月 19 日　第 1 刷発行
2023 年 7 月 21 日　第 3 刷発行

著　者　幸谷智紀
発行者　髙橋明男
発行所　株式会社　講談社
　　　　〒 112-8001　東京都文京区音羽 2-12-21
　　　　　　販売　(03)5395-4415
　　　　　　業務　(03)5395-3615
編　集　株式会社　講談社サイエンティフィク
　　　　代表　堀越俊一
　　　　〒 162-0825　東京都新宿区神楽坂 2-14　ノービィビル
　　　　　　編集　(03)3235-3701
本文データ制作　藤原印刷株式会社
印刷・製本　株式会社ＫＰＳプロダクツ

KODANSHA